普通高等教育机电大类应用型系列规划教材

机械制造基础

主　编　武　同

副主编　陈　晓　郭伟民　王均杰

科学出版社

北　京

内 容 简 介

本教材是按照高职高专机械类学科专业设置、人才培养方案和课程教学大纲的要求，组织具有多年教学和实践经验的一线专业教师编写而成。主要内容包括：金属材料的力学性能、金属的晶体结构与结晶、铁碳合金、钢的热处理、常用钢铁材料、有色金属及其合金、非金属材料、铸造、塑性成形加工技术、焊接、典型零件的选材及工艺分析等内容。

本书可作为高职高专类工科院校、高等工科院校机械类专业教材和参考书，也可作为机械制造工程技术人员的学习参考。

图书在版编目(CIP)数据

机械制造基础/武同主编. —北京：科学出版社，2015.6
普通高等教育机电大类应用型系列规划教材
ISBN 978-7-03-045010-4

Ⅰ.①机… Ⅱ.①武 Ⅲ. ①机械制造-高等学校-教材 Ⅳ.①TH

中国版本图书馆 CIP 数据核字（2015）第 130820 号

责任编辑：于海云 / 责任校对：郑金红
责任印制：霍 兵 / 封面设计：迷底书装

科学出版社 出版
北京东黄城根北街 16 号
邮政编码：100717
http://www.sciencep.com
文林印刷有限公司印刷
科学出版社发行 各地新华书店经销
*
2015 年 6 月第 一 版 开本：787×1092 1/16
2015 年 6 月第一次印刷 印张：17 1/2
字数：414 000

定价：40.00 元
（如有印装质量问题，我社负责调换）

普通高等教育机电大类应用型系列规划教材
编 委 会

主任委员

贾积身　河南机电高等专科学校副校长

副主任委员

赵玉奇　河南化工职业学院副院长

王庆海　河南机电职业学院副院长

张占杰　洛阳职业技术学院教务处长

郭天松　河南工业贸易职业学院教务处副处长

委　　员（按姓名笔画为序）

王东辉　河南职业技术学院机电工程系副主任

朱跃峰　开封大学机械与汽车工程学院院长

张凌云　鹤壁职业技术学院机电工程学院院长

赵　军　济源职业技术学院机电工程系主任

胡修池　黄河水利职业技术学院机电工程系主任

娄　琳　漯河职业技术学院机电工程系主任

前　言

　　本书是高职职业教育规划教材，是高等职业院校机械类、近机械类专业的通用教材，也可供相关工程技术人员、企业管理人员选用或参考。

　　本书根据高职高专院校的教学特点，遵循"以就业为导向，工学结合"的原则，突出应用性和实践性，以必需、够用的基本理论知识为基础，以工程材料及其毛坯成形工艺为主线，力求理论与实践紧密结合，内容深入浅出。

　　本书共 11 模块，主要内容包括：金属材料的力学性能、金属的晶体结构与结晶、铁碳合金、钢的热处理、常用钢铁材料、有色金属及其合金、非金属材料与复合材料、铸锻焊热加工工艺和应用、典型零件的选材及工艺路线等。通过课程的学习，了解常用工程材料的成分、组织结构与性能的关系及变化规律，掌握常用工程材料的牌号、性能、用途及选用原则，掌握制订热加工成形工艺的方法，掌握对典型零件进行选材及制订工艺路线等，从而为后续专业课程学习和毕业后从事机械及相关工作打下基础。

　　参加本书编写的有河南职业技术学院武同（模块 4，模块 11），河南职业技术学院郭伟民（模块 1，模块 7），郑州职业技术学院王均杰（模块 2，模块 3），鹤壁职业技术学院杨晓红（绪论，模块 8，模块 9），河南工业贸易职业学院陈银银（模块 6，模块 10），河南省经贸工程技术学校陈晓（模块 5）。全书由武同主编，陈晓、王均杰、郭伟民副主编。

　　在本书的编写过程中，编者借鉴、参考和引用了其他优秀教材的部分内容和其他书刊、网络文章的相关内容，在此对相关作者一并表示衷心的感谢。

　　由于编者水平有限，书中难免存在不少缺点和错误，恳请读者批评指正。

编　者

2015 年 4 月

目　　录

绪　　论

一、课程的性质和地位

机械制造基础是一门将机械专业现有的金属工艺学、机械工程材料及热处理、工模具材料及失效三门技术基础课和专业课进行整合后的一门新课程体系教材。它系统地介绍了机械工程和工模具材料的类型、力学性能、成型方法，工模具对材料要求、选材方法，及机械和工模零件的失效，是机械类专业的一门重要课程。

机械工业是国民经济中十分重要的产业，其中的材料是决定机械和工模具的工作性能和寿命的关键之一。材料与能源、信息构成了当今三大支柱产业，它是人类生产和生活的物质基础，人类社会的历史证明，生产技术的进步和生活水平的提高与新材料的应用息息相关。

作为一个机械工业中高技能、应用型人才或高水平研究型人才，都必须掌握、甚至要求精通材料工程基础知识。

二、课程的内容与特点

本课程的内容主要包括：材料基本性能、材料结构基本知识、金属材料热处理基本知识、金属的热加工、金属材料的选取等内容。

本教材有下列特点：

1. 构成了新的结构体系

它突破了传统的学科内容结构，综合了传统的金属工艺学、工程材料及热处理、工模具材料及失效三门课程的内容。

2. 打破了传统的课程界线

长期以来在工科院校中执行的公共基础课、专业基础课、专业课的三段制教学模式的课程结构，自立体系，泛泛介绍，针对性、实践性差，本课程强调专业基础课必须针对专业课，以此介绍了材料的基础知识。

3. 涵盖了较广的基础知识

以材料为中心。重点突出金属材料，简要介绍高分子材料，了解复合材料的发展。

以制造为主线。突出铸锻成形工艺的基本方法，重点保证焊接结构的质量。

以应用为目标。紧密结合实际、注意实践应用，强调理论与技能结合，着重培养学生应用基础知识解决工程实际问题的能力。

三、培养目标

机械制造基础课程的教学目标是培养学生掌握机械零件常用材料的基本知识、热处理知识、毛坯生产方法，培养学生选择机械零件材料、毛坯生产方法、热处理方法的能力。通过完成典型零件生产过程的设计训练，培养学生分析问题、解决问题的能力及团队协作能力。具体如下：

1. 方法能力目标

具有较好的学习新知识和技能的能力；具有较好的分析和解决问题的方法能力；具有通过查找资料、文献获取信息的能力；具有制订、实施工作计划的能力。

2. 社会能力目标

具有严谨的工作态度和较强的质量和成本意识；具有较强的敬业精神和良好的职业道德；具有较强的沟通能力及团队协作精神。

3. 专业能力目标

能使用硬度计检测材料硬度；能根据机械零件的性能、应用范围，正确确定典型机械零件的材料种类和牌号；能根据机械零件的结构和用途，选择典型机械零件的毛坯生产方法；能根据机械零件的材料和性能要求，选择典型零件的热处理方法；能根据机械零件的材料种类、毛坯种类及用途，合理安排典型机械零件的加工路线；能根据机械零件的材料、毛坯、生产方法等，正确分析零件结构工艺性。

四、课程学习要求

本教材是高职高专院校机电类专业的必学教材，它适合于机械类所有专业。

通过本课程的理论教学以及与实践环节的配合，应使学生：

1. 了解工程材料结构组织和性能、常用材料的类型和力学性能、铸造性能、塑性加工、焊接工艺的基本原理、机械和模具零件的选择方法。

2. 熟悉热处理的组织转变、表面热处理和化学热处理的类型和目的及应用、铸造成形、塑性加工、焊接工艺的基本方法。

3. 掌握工程材料力学性能、铁碳合金状态图，普通热处理基本类型和目的，铸造成形、塑性加工、焊接工艺、主要工艺参数和应用、机械和模具失效的基本方式和典型零件的常用材料。

通过本课程的学习，要求学生达到利用课程理论知识，结合技能训练，综合解决有关由机械和模具零件工作条件为依据，合理选择材料和成型方法，防止零件失效，提高零件使用寿命的基本方法和知识。

模块一　金属材料的力学性能

知识目标：

1. 掌握材料的主要力学性能指标及含义；
2. 掌握拉伸实验过程及相关指标概念和意义；
3. 掌握各种硬度实验测试方法和应用范围；
4. 了解冲击实验方法和所测指标的意义。

技能目标：

掌握材料力学性能指标的测量方法。

教学重点：

材料的力学性能指标。

教学难点：

拉伸实验过程及各阶段分析。

金属材料广泛应用于工业生产各领域，是工业生产和生活中必不可少的物质基础，对现代科学技术发展和国民经济建设有重要作用。金属材料的力学性能直接关系到机械产品的质量、使用寿命和成本，是机械零件设计、选材、拟定加工工艺方案的重要依据，故学习金属材料的力学性能对合理使用各种金属材料具有重要的意义。金属材料力学性能的测试方法是工程技术人员必备的基础知识。

材料的力学性能是指材料在不同环境（如温度、介质、湿度）下，承受各种外加载荷（拉伸、压缩、弯曲、扭转、冲击、交变应力等）时所表现出的力学特征。

本模块全面系统地介绍了金属材料的各种力学性能测试方法，并归纳出了常用金属材料力学性能指标，包括强度、塑性、硬度、冲击韧性和疲劳强度等。

1.1　强度和塑性

对同一种钢材，人们既想要它有较高的强度，也希望它有较高的塑性，以增加韧性，但这二者之间往往是矛盾的，那该如何选择呢？我们应该根据工程实际需要在二者中权衡选择。生产实际中通常使用拉伸试验来测定机械零件的强度和塑性。

1.1.1　拉伸试验与拉伸曲线

拉伸试验是标准拉伸试样在静态轴向拉伸力不断作用下以规定的拉伸速度拉至断裂，并在拉伸过程中连续记录力与伸长量，从而求出其强度判据和塑性判据的力学性能试验。

1. 拉伸试样

拉伸试样的形状通常有圆柱形和板状两类。图 1-1(a) 所示为圆柱形拉伸试样。在圆柱形拉伸试样中 d_0 为试样直径，l_0 为试样的标距长度，根据标距长度和直径之间的关系，试样可分为长试样 ($l_0 = 10d_0$) 和短试样 ($l_0 = 5d_0$)。

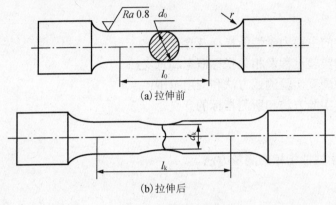

(a) 拉伸前

(b) 拉伸后

图 1-1　圆形拉伸试样

2. 拉伸曲线

试验时，将试样两端夹装在试验机的上、下夹头上，随后缓慢地增加载荷，随着载荷的增加，试样逐步变形而伸长，直到被拉断为止。图 1-1(b) 所示为拉断后的试样。在试验过程中，试验机自动记录了每一瞬间外力 P 和伸长量 Δl，并给出了它们之间的关系曲线，故称为拉伸曲线(或拉伸图)。拉伸曲线反映了材料在拉伸过程中的弹性变形、塑性变形和直到拉断时的力学特性。

图 1-2 所示为低碳钢的拉伸曲线。由图可见，低碳钢试样在拉伸过程中，可分为以下几个阶段。

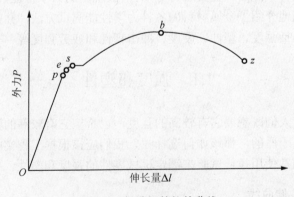

图 1-2　低碳钢的拉伸曲线

1) 弹性变形阶段 (Oe)

在此阶段，若将载荷卸除，则加载时产生的变形将全部消失，说明这个阶段内试件只产生弹性变形，故 Oe 段称为弹性阶段。初始段 Op 为直线，表明应力与应变成正比关系，即在这一直线段内材料服从胡克定律，p 点处的应力 σ_p 称为比例极限。e 点对应的应力 σ_e 是材料产生弹性变形时的最大应力，称为弹性极限。它与比例极限数值非常接近，试验中也很难区分开，所以工程中对弹性极限和比例极限并不加以严格区分，一般认为 $\sigma_p \approx \sigma_e$。

2）屈服阶段（es）

当载荷增超过 P_e 时，除产生弹性变形外，还产生塑性变形，若这时将载荷卸除，则产生的变形不能完全消失，保留一部分残余变形，这种不能恢复的残余变形称为塑性变形，又称永久变形。拉伸曲线上 es 段呈水平锯齿形状，即试样所承受的载荷几乎不变，但产生了不断增加的塑性变形，这种现象称为屈服。

3）强化阶段（sb）

当屈服达到一定程度之后，材料的内部结构经过调整变化又恢复了抵抗变形的能力，要使它继续变形，就必须增加载荷，这时拉伸曲线将开始上升，故 sb 段称为强化阶段。此时应力增加较慢而应变较大。最高点 b 所对应的应力 σ_b 称为材料的强度极限。

4）颈缩阶段（bz）

过 b 点后，在试件的某一局部范围内，横向尺寸突然急剧缩小，出现颈缩现象，此阶段称为颈缩阶段。试件继续变形所需的拉力相应减小，拉伸曲线是下降趋势，达到 z 点时，试件被拉断。

1.1.2　强度指标

强度是指零件承受载荷后抵抗发生断裂或超过容许限度的残余变形的能力。也就是说，强度是衡量零件本身承载能力（即抵抗失效能力）的重要指标。强度是机械零部件首先应满足的基本要求。在使用中一般多以屈服强度和抗拉强度作为基本的强度指标。

1. 屈服强度

金属材料开始明显塑性变形时的最低应力称为屈服强度，用符号 σ_s 表示。

$$\sigma_s = \frac{F_s}{s_0} \text{（MPa）}$$

式中，F_s——试样产生明显塑性变形时所受的最小载荷，即拉伸曲线中 s 所对应的外力（N）；s_0——试样的原始截面积（mm^2）。

生产中使用的某些金属材料，在拉伸试验中不出现明显的屈服现象，无法确定其屈服点 σ_s。所以国标中规定，以试样塑性变形量为试样标距长度的 0.2% 时，材料承受的应力称为"条件屈服强度"，并以符号 $\sigma_{0.2}$ 表示。$\sigma_{0.2}$ 的确定方法如图 1-3 所示，在拉伸曲线横坐标上截取 C 点，使 $Oc = 0.2\% l_0$，过 C 点作 OP 斜线的平行线，交曲线于 S 点，则可找出相应的载荷 $F_{0.2}$，从而计算出 $\sigma_{0.2}$。

没有明显的屈服现象发生的材料，用试样标距长度产生 0.2% 塑性变形时的应力值作为该材料的屈服强度，用 $\sigma_{0.2}$ 表示，称为条件屈服强度，意义同 σ_s。

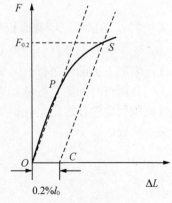

图 1-3　屈服强度测定

2. 抗拉强度

抗拉强度是金属材料断裂前所承受的最大应力，故又称强度极限，常用 σ_b 来表示。

$$\sigma_b = \frac{F_b}{S_0}\ (\text{MPa})$$

式中：σ_b—指试样被拉断前所承受的最大外力，即拉伸曲线上 b 点所对应的外力(N)；s_0—试样的原始横截面积(mm^2)。

屈服强度和抗拉强度在设计机械和选择、评定金属材料时有重要意义，因为金属材料不能在超过其 σ_s 的条件下工作，否则会引起机件的塑性变形；金属材料也不能超过其 σ_b 的条件下工作，否则会导致机件的破坏。

1.1.3 塑性指标

塑性是指金属材料在外力作用下产生永久变形而不致引起破坏的性能。在外力消失后留下来的这部分不可恢复的变形，叫作塑性变形。

金属材料的塑性通常用伸长率(δ)和断面收缩率(ψ)来表示。

1. 伸长率

试样拉断后，标距长度的增加量与原标距长度的百分比称为伸长率，用 δ 表示。

$$\delta = \frac{l - l_0}{l_0} \times 100\%$$

式中，l_0—试样原标距的长度(mm)；l—试样拉断后的标距长度(mm)。

材料的伸长率随标距长度增加而减少。所以，同一材料短试样的伸长率 δ_5 大于长试样的伸长率 δ_{10}。

2. 断面收缩率

试样拉断后，标距横截面积的缩减量与原横截面积的百分比称为断面收缩率，用 ψ 表示。

$$\psi = \frac{s_0 - s}{s_0} \times 100\%$$

式中，s_0—试棒原始截面积(mm^2)；s—试棒受拉伸断裂后的截面积(mm^2)。

δ、ψ 是衡量材料塑性变形能力大小的指标，δ、ψ 越大，表示材料塑性越好，既保证压力加工的顺利进行，又保证机件工作时的安全可靠。

金属材料的塑性好坏，对零件的加工和使用都具有重要的实际意义。塑性好的材料不仅能顺利地进行锻压、轧制等成型工艺，而且在使用时万一超载，由于塑性变形，能避免突然断裂。

1.2 硬　　度

金属材料抵抗其他更硬的物体压入其内的能力，叫硬度。它是材料性能的一个综合的物理量。表示金属材料在一个小的体积范围内抵抗弹性变形、塑性变形或破断的能力。通常材料的强度越高，硬度也越高，耐磨性也越好。

金属材料的硬度可用专门仪器来测试，常用的有布氏硬度机、洛氏硬度机、维氏硬度机等。金属材料的硬度指标与试验方法有关，生产上，常用静载压入法。常用硬度有布氏硬度、洛氏硬度和维氏硬度。

1.2.1 布氏硬度

一定直径的淬火钢球或硬质合金球，以规定的载荷 F 压入被测材料表面，保持一定时间后卸除载荷，测出压痕直径 d，求出压痕面积，实验载荷除以球面压痕表面积所得的商即为布氏硬度。布氏硬度因压痕面积较大，HB 值的代表性较全面，而且实验数据的重复性也好，但由于淬火钢球本身的变形问题，不能试验太硬的材料，一般在 HB450 以上的就不能使用。

布氏硬度试验原理如图 1-4 所示。它是用一定直径的钢球或硬质合金球，以相应的实验力压入试样表面，经规定的保持时间后，卸除试验力，用读数显微镜测量试样表面的压痕直径。布氏硬度值 HBS 或 HBW 是试验力 F 除以压痕球形表面积所得的商，即

$$HBS(HBW) = \frac{F}{S} = 0.102 \times \frac{2F}{\pi D(D - \sqrt{D^2 - d^2})}$$

式中，F—压入载荷（N）；S—压痕表面积（mm^2）；d—压痕直径（mm）；D—淬火钢球（或硬质合金球）直径（mm）；

布氏硬度值的单位为 MPa，一般情况下可不标出。

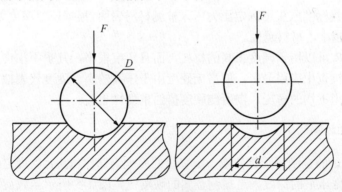

图 1-4 布氏硬度试验原理

压头为淬火钢球时，布氏硬度用符号 HBS 表示，适用于布氏硬度值在 450 以下的材料；压头为硬质合金球时，用 HBW 表示，适用于布氏硬度值在 650 以下的材料。符号 HBS 或 HBW 之前为硬度值，符号后面按以下顺序用数值表示试验条件：球体直径、试验力、试验力保持时间（10～15s 不标注）。

例如：125HBS10/1000/30 表示用直径 10mm 淬火钢球在 1000×9.8N 试验力作用下保持30s 测得的布氏硬度值为 125；500HBW5/750 表示用直径 5mm 硬质合金球在 750×9.8N 试验力作用下保持 10～15s 测得的布氏硬度值为 500。

布氏硬度因压痕面积较大，HB 值的代表性较全面，而且实验数据的重复性也好，但

由于淬火钢球本身的变形问题，不能试验太硬的材料，一般在 HB450 以上的就不能使用。由于压痕较大，不适用于成品检验。布氏硬度通常用于测定铸铁、有色金属、低合金结构钢等材料的硬度。布氏硬度试验规范如表 1-1 所示。

表 1-1　布氏硬度试验规范

材料种类	布氏硬度使用范围(HBS)	球直径 D/mm	$0.102F/D^2$	试验力 F/N	试验力保持时间/s	备注
钢铸铁	≥140	10	30	29420	10	压痕中心距试样边缘距离不应小于压痕平均直径的 2.5 倍；两相邻压痕中心距离不应小于压痕平均直径的 4 倍；试样厚度至少应为压痕深度的 10 倍。试验后，试样支撑面应无可见变形痕迹
		5		7355		
		2.5		1839		
	<140	10	10	9807	10~15	
		5		2452		
		2.5		613		
非铁金属材料	≥130	10	30	29420	30	
		5		7355		
		2.5		1839		
	35~130	10	10	9807	30	
		5		2452		
		2.5		613		
	<35	10	2.5	2452	60	
		5		613		
		2.5		153		

1.2.2　洛氏硬度

洛氏硬度是将标准压头用规定压力压入被测材料表面，根据压痕深度 h 来确定硬度值，用 HR 表示，值越小，材料越硬。

洛氏硬度 HR 可以用于硬度很高的材料，而且压痕很小，几乎不损伤工件表面，故在钢件热处理质量检查中应用最多。但洛氏硬度由于压痕较小，硬度代表性就差些，如果材料中有偏析或组织不均的情况，则所测硬度值的重复性也差。

1.　洛氏硬度的测试

以顶角为 120° 的金刚石圆锥体或一定直径的淬火钢球作压头，以规定的试验力使其压入试样表面，根据压痕的深度确定被测金属的硬度值。图 1-5 所示当载荷和压头一定时，所测得的压痕深度 $h(h_3-h_1)$ 愈大，表示材料硬度愈低，一般来说人们习惯数值越大硬度越高。为此，用一个常数 K(对 HRC，K 为 0.2；对 HRB，K 为 0.26)减去 h，并规定每 0.002mm 深为一个硬度单位，因此，洛氏硬度计算公式为

$$HR = \frac{K - h}{0.002}$$

根据所加的载荷和压头不同，洛氏硬度值有三种标度：HRA、HRB、HRC，常用 HRC，其有效值范围是 20~67HRC。

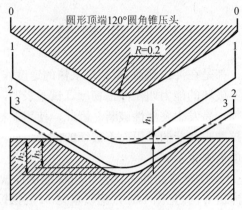

图1-5　洛氏硬度实验原理图

2. 常见洛氏硬度的试验条件及应用范围

洛氏硬度试验规范见表1-2。

表1-2　洛氏硬度试验规范

硬度符号	压头	总载荷/kgf	表盘上刻度颜色	常用硬度值范围	使用范围
HRA	金刚石圆锥	60	黑色	20～85	碳化物、硬质合金、表面淬火层等
HRB	φ1.5875mm 钢球	100	红色	25～100	有色金属、退火及正火钢等
HRC	金刚石圆锥	150	黑色	20～67	调质钢、淬火钢等

1.2.3　维氏硬度

　　维氏硬度试验原理与布氏硬度相同，同样是根据压痕单位面积上所受的平均载荷计量硬度值，是用一种顶角为136°的正四棱锥体金刚压头，在载荷 F(kgf) 作用下，试样表面压出一个四方锥形压痕，测量压痕对角线长度 d(mm) 供以计算试样的硬度值。根据 d 值查表即可得到硬度值。维氏硬度试验原理如图1-6所示。

　　维氏硬度适于测定薄件和经表面处理零件的表面层的硬度，如渗碳层、表面淬硬层、电镀层等，以及微观组织的硬度。维氏硬度测定的硬度值比布氏、洛氏精确，压痕小，改变负荷可测定从极软到极硬的各种材料的硬度，并统一比较。

　　维氏硬度用符号 HV 表示，HV 前面为硬度值，HV 后面的数字按试验载荷、试验载荷保持时间(10～15s 不标注)的顺序表示试验条件。例如：640HV30 表示用 294.2N(30kgf) 的试验载荷，保持 10～15s(不标出) 测定的维氏硬度值为 640；640HV30/20 表示用 294.2N(30kgf) 的试验载荷，保持 20s 测定的维氏硬度值为 640。

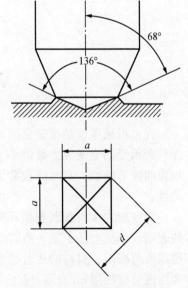

图1-6　维氏硬度实验原理图

1.3　冲　击　韧　性

生产中许多机器零件，都是在冲击载荷(载荷以很快的速度作用于机件)下工作。金属材料抵抗冲击载荷作用而不破坏的能力叫作冲击韧度。试验表明，载荷速度增加，材料的塑性、韧性下降，脆性增加，易发生突然性破断。因此，使用的材料就不能用静载荷下的性能来衡量，而必须用抵抗冲击载荷的作用而不破坏的能力，即冲击韧性来衡量。材料的冲击韧性的好坏用冲击韧度值来表示。

目前应用最普遍的是一次摆锤弯曲冲击试验。将标准试样放在冲击试验机的两支座上，使试样缺口背向摆锤冲击方向(见图 1-7)，把质量为 M 的摆锤提升到 h_1 高度，摆锤由此高度下落时将试样冲断，试样被冲断后，摆锤升高到 h_2 高度。因此冲击吸收功为 $A_k = Mg(h_1 - h_2)$。金属的冲击韧度 a_k 就是冲断试样时在缺口处单位面积所消耗的功，即

$$a_k = \frac{A_k}{S} \ (\mathrm{J/cm}^2)$$

式中，a_k——冲击韧度值($\mathrm{J/cm}^2$)；S——试样缺口处原始截面积(cm^2)；A_k——冲断试样所消耗的功(J)。

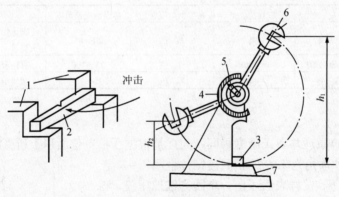

图 1-7　摆锤冲击

1.4　疲　劳　强　度

许多机械零件是在交变应力作用下工作的，如轴类、弹簧、齿轮、滚动轴承等。虽然零件所承受的交变应力数值小于材料的屈服强度，但在长时间运转后也会发生断裂，这种现象叫疲劳断裂。它与静载荷下的断裂不同，断裂前无明显塑性变形，因此具有更大的危险性。

交变应力大小和断裂循环周次之间的关系通常用疲劳曲线来描述(见图 1-8)。疲劳曲线表明，当应力低于某一值时，即使循环次数无穷多也不发生断裂，此应力值称为疲劳强度或疲劳极限。材料的疲劳强度通常在旋转对称弯曲疲劳试验机上测定。光滑试样的对称弯曲疲劳极限用 σ_{-1} 表示。在疲劳强度的测定中，不可能把循环次数做到无穷大，而是规定一定的循环次数作为基数，超过这个基数就认为不再发生疲劳破坏。常用钢材的循环基数

为 10^7，有色金属和某些超高强度钢的循环基数为 10^8。

疲劳破断常发生于金属材料最薄弱的部位，如热处理产生的氧化、脱碳、过热、裂纹；钢中的非金属夹杂物、试样表面有气孔、划痕等缺陷均会产生应力集中，使疲劳强度下降。为了提高疲劳强度加工时要降低零件的表面粗糙度和进行表面强化处理，如表面淬火、渗碳、氮化、喷丸等，使零件表层产生残余的压应力，以抵消零件工作时的一部分拉应力，从而使零件的疲劳强度提高。

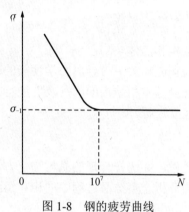

图 1-8   钢的疲劳曲线

习   题

1. 表示金属材料屈服强度的符号是_____；表示金属材料弹性极限的符号是_____。
2. 在测量薄片工件的硬度时，常用的硬度测试方法的表示符号是_____。
3. 金属材料在载荷作用下抵抗变形和破坏的能力叫_____。
4. 金属材料的机械性能是指在载荷作用下其抵抗_____或_____的能力。
5. 金属塑性的指标主要有_____和_____两种。
6. 低碳钢拉伸试验的过程可以分为弹性变形、_____、_____和_____四个阶段。
7. 常用测定硬度的方法有_____、_____和维氏硬度测试法。
8. 疲劳强度是表示材料经_____作用而_____的最大应力值。
9. 说明下列机械性能指标符号所表示的意思：σ_S、$\sigma_{0.2}$、HRC、σ_{-1}、σ_b、HBS。

模块二　金属的晶体结构与结晶

知识目标：

1. 掌握晶体与非晶体；
2. 熟悉常见的典型晶体结构和晶体缺陷；
3. 了解纯金属的结晶过程和晶粒大小对金属力学性能的影响及细化晶粒的方法；
4. 掌握固溶体和金属化合物基本相结构的区别及性能特点；
5. 理解基本二元相图的建立过程。

技能目标：

1. 能够分析金属的结晶过程，并选择合理的晶粒细化方法；
2. 能够根据基本二元相图分析合金结晶过程中的相和组织变化。

教学重点：

1. 典型晶体结构和晶体缺陷；
2. 细化晶粒的方法；
3. 晶体基本相结构。

教学难点：

1. 合金结晶过程中的相和组织变化；
2. 二元相图分析。

各类机电产品，大多是由种类繁多、性能各异的工程材料通过机械加工制成的零件构成的。工程材料分为金属材料和非金属材料，其中金属材料在工程中的应用尤为广泛。金属材料的性能受到许多因素的影响，即使是同一种金属材料，在不同条件下其性能也不大相同。金属和合金在固态下通常都是晶体，它们的很多特性与其结晶状态有关。本模块将阐明液态金属和合金的结晶过程及规律，这些规律对金属和合金在固态下的转变具有直接意义，内容主要涉及金属与合金的晶体结构、晶体缺陷、结晶过程以及典型基本二元相图的建立和相变分析，重点讲授金属材料的内部组织结构和相图的基本概念。

2.1　金属的晶体结构

2.1.1　晶体与非晶体

自然界的物质是由原子、离子或分子等微粒组成的，根据组成微粒在其内部的排列特征，一般认为固态物质可分为晶体与非晶体两大类。

晶体是指其内部组成微粒按一定的几何形状周期性规则排列的物质，大多数固态无机物都是晶体，如雪花、骨骼、石墨、矿物岩石及一般固态金属材料等均是晶体；非晶体是指其组成微粒杂乱无章地堆积在一起的物质，如橡胶、塑料、沥青、松香、琥珀、珍珠及普通玻璃等。

晶体相对于非晶体有许多明显的特征，晶体的结构有序而外形规则，有固定的熔点，呈现出各向异性（在不同方向上具有不同的性质）。晶体和非晶体不是绝对的，在一定条件下相互之间可以转化，晶体的规则排列是其组成微粒之间相互作用的引力和斥力达到平衡的结果，无论各组成微粒间的距离发生怎样变化都会导致其势能的增加，此状态的内能最小而最稳定，非晶体有逐渐变为低能量的晶体的趋势。如普通玻璃经过相当长的时间后里面会生成微小的晶体，或者将普通玻璃经过适当的热处理也可形成晶体玻璃。水晶熔化后在一定条件下冷却凝固可得到非晶体的石英玻璃。

另外，以色列学者丹尼尔·谢德曼在 1982 年所发现的"准晶体"使人们对固态物质的认知更为准确和全面。谢德曼观察到 Al-Mn 合金的原子在晶体内的堆积排列虽然有规律而符合数学法则，但却不是以周期性重复的形态出现，这类不完全符合晶体定义的特殊固态物质一度被称作"准晶体"，谢德曼也因此荣获 2011 年的诺贝尔化学奖。

2.1.2 晶体结构的基本概念

1. 晶格与晶胞

如果把原子看成是一个小球，则金属晶体就可视作由这些小球有规律堆积而成的物质。为了形象地表示晶体中原子排列的规律，可以将视为小球的原子简化成一个结点，用假想的线将这些连接起来，从而构成有明显几何规律性的空间格架。这种表示原子在晶体中排列规律的空间格架叫做晶格，又称点阵，是描述原子在晶体中排列规则的三维空间几何图形，如图 2-1 所示。

由图 2-1 可看出晶格内有很多重复的单元，我们把能反映晶格特征的最小单元体叫作晶胞。晶胞并置起来，则得到晶体。晶胞的代表性体现在以下两个方面：一是代表晶体的化学组成；二是代表晶体的对称性。

在晶体学中，用来描述晶胞大小与形状的几何参数称为晶格常数（或称点阵常数），包括晶胞的三个棱边 a、b、c 和三个棱边夹角 α、β、γ 共六个参数。

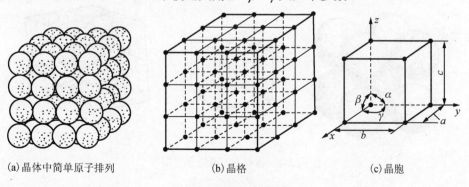

(a)晶体中简单原子排列　　　　(b)晶格　　　　(c)晶胞

图 2-1　晶体结构示意图

2. 晶面与晶向

在晶体中由不同方位原子组成的平面，称为晶面。图 2-2 所示阴影部分表示简单立方晶格的晶面。

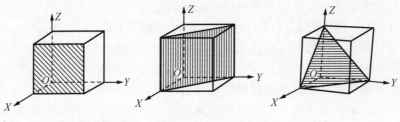

图 2-2　晶面

通过两个或两个以上原子中心的直线，可代表晶格空间排列的一定方向，称为晶向，如图 2-3 所示。由于在同一晶格的不同晶面和晶向上原子排列的疏密程度不同，因此原子结合力也就不同，从而在不同的晶面和晶向上显示出不同的性能，这就是晶体具有各向异性的原因。

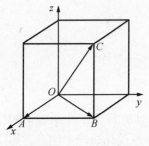

图 2-3　晶向

2.1.3　金属晶格的类型

金属原子结合在一起总是趋于最为紧密的排列方式，在已知的八十余种金属元素中，除了少数十几种金属具有复杂的晶体结构外，大多数金属都具有比较简单的晶体结构。其中约有 90%以上的金属晶体都属于如下三种晶格类型，即体心立方晶格、面心立方晶格和密排六方晶格。

1. 体心立方晶格

单位晶胞原子数为 2 个，晶胞的空间格架是一个立方体，其 8 个顶角上各排列有一个原子，立方体中心有一个原子，如图 2-4 所示。属于这种晶格类型的金属有：铬(Cr)、钨(W)、钼(Mo)、铌(Nb)、钒(V)、铁(α-Fe)和钛(β-Ti)等。这种晶格类型的金属材料一般具有较高的强度和较好的塑性。

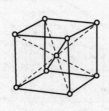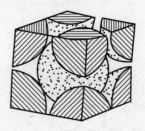

图 2-4　体心立方晶格示意图

2. 面心立方晶格

单位晶胞原子数为 4 个，晶胞的空间格架也是一个立方体，其 8 个顶角和 6 个面的中心各排列有一个原子，如图 2-5 所示。属于这种晶格类型的金属一般塑性很好，常见的有：铝（Al）、铜（Cu）、镍（Ni）、铅（Pb）、金（Au）、银（Ag）、铁（γ-Fe）和钴（β-Co）等。

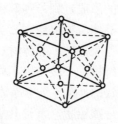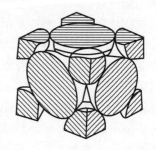

图 2-5　面心立方晶格示意图

3. 密排六方晶格

单位晶胞原子数为 6 个，晶胞的空间格架是一个六棱柱，其 12 个顶角和上、下面的中心各排列有一个原子，六棱柱的中间还有三个原子，如图 2-6 所示。属于这种晶格类型的金属大多较脆，较为典型的有：镁（Mg）、锌（Zn）、铍（Be）、镉（Cd）、钛（α-Ti）和钴（α-Co）等。

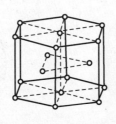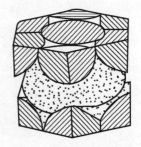

图 2-6　密排六方晶格示意图

4. 晶格类比

一般情况，面心立方的金属塑性最好，体心立方次之，密排六方的金属塑性较差。致密度是指晶胞中原子所占体积与晶胞总体积的比值。晶格类型不同，原子排列的致密度也不同，体心立方晶格的致密度为 68%，面心立方晶格和密排六方晶格的致密度均为 74%。面心立方晶格的致密程度大于体心立方晶格，所以 γ-Fe 转变为 α-Fe 时，铁的体积要增大 1%，从而产生较大的内应力。

2.1.4　实际晶体结构

1. 单晶体与多晶体

理想的金属晶体结构的内部原子严格按一定的几何规律作周期性的排列而成，其晶格位向是完全一致的。现实中能得到的金属晶体，受制备条件所限，往往存在一些缺陷，若采用特殊的处理方法严格控制晶体的形成过程，使其由单独一个晶生长而成，就可能获得接近理想状态的晶体，常称之为单晶体，如冰糖、石英、单晶硅和红宝石等。在工业材料生产和制备中，常用的经过特殊制作获得的单晶体材料有半导体元件、磁性材料、高温合金材料等。实际金属材料是多晶体结构，一般是由不同位向的多个小单晶体组成的，每个小单晶体内部晶格位向基本上是一致的，而各小单晶体之间位向却不相同，如图 2-7 所示。由于这些小单晶体的外形不规则，呈颗粒状，常将其称为晶粒。组成多晶体材料的晶粒与晶粒之间的界面称为晶界。在晶界处，原子排列为适应两晶粒间不同晶格位向的过渡，总是不规则的。在晶粒内部也并非像理想的单晶体那样晶格规律统一完美，晶粒不同部位往往存在有一定的位向差（2°～3°），这些位向上彼此有微小差别的晶内小区域被称作亚晶，实际为晶粒内部的小晶块。相邻的有小位向差的亚晶（小晶块）之间也存在原子排列不太规则的过渡交界区，常称其为亚晶界。

对于单晶体，由于各个方向上原子排列不同，导致各个方向上的性能不同，即表现出"各向异性"的特点。机械制造中常采用的金属材料实际上由许多位向不同的单晶体（晶粒）组成的多晶体，各向异性的小单晶体任意分布，性能在各方向上相互补充与抵消，再加上晶界的作用，其整体性能是位向不同的晶粒的平均性能，表现出各向同性。

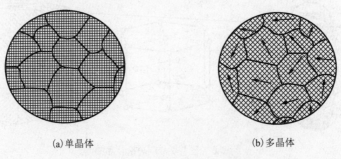

(a)单晶体　　　　　　　　(b)多晶体

图 2-7　单晶体与多晶体示意图

2. 晶体缺陷

实际金属的晶体结构不仅是多晶体，而且由于晶体形成条件及原子热运动的影响，其内部组成原子的排列在很多区域也不是理想的规则和完整，这些原子偏离规则排列的不完整区域常被称为晶体缺陷。晶体缺陷一般会对金属材料的物理、化学性能产生显著的不利影响，据推测完全没有缺陷存在的理想金属晶体的强度约为有缺陷的实际金属晶体的 1000 倍以上。现实世界中自然时效产生的金属晶须的原子堆积状态较为接近理想晶体，据估算直径为 1.6μm 的铁晶须的抗拉强度为工业纯铁 70 倍以上，是超高强度钢的 4～10 倍，若将其编织为直径 2mm 的钢丝绳就可以吊起 4t 重的汽车，可谓一发系千钧。根据晶体缺陷的几何形态特征，可分为点缺陷、线缺陷和面缺陷。

1）点缺陷

晶体缺陷呈点状分布，即指在长、宽、高三个方向上尺寸都很小的缺陷，最常见的点缺陷是晶格空位和间隙原子。如图 2-8 所示，晶格空位是晶格中某些结点未被原子占有而形成的空位置。间隙原子是晶格空隙处出现的多余原子。点缺陷使周围原子发生相互间的"撑开"或"靠拢"现象，晶体格架发生变化，形成晶格畸变。晶格畸变的存在，使金属产生内应力，晶体性能发生变化，如强度、硬度增加。晶体中的晶格空位和间隙原子不是固定不变的，而是处于不断地运动和变化之中。在一定温度下，晶体内存在一定平衡浓度的空位和间隙原子，当晶格空位周围的某个原子获得足够的振动能量后，就会脱离原来的位置而可能进入晶格空位，其所在的原来的位置上就形成了新的晶格空位，从而相当于晶格空位发生了移动。同样的情况，间隙原子若获得足够的能量，也可以从原来所处的间隙位置转移到新的间隙位置。这样的晶格空位和间隙原子的运动，是金属材料热处理时原子扩散的重要方式。

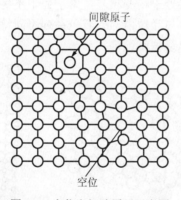

图 2-8　空位和间隙原子示意图

2）线缺陷

晶体缺陷呈线状分布，即指在一个方向上尺寸很大，在另两个方向上尺寸很小的缺陷，常见的线缺陷是各种类型的位错。位错是指晶体中某处发生了一列或几列原子的有规律的错排现象，是由晶体的一部分相对于另一部分的局部滑移而造成的，主要指滑移部分和未滑移部分的交界线。最常见的位错是刃型位错，如图 2-9 所示。这种位错的表现形式是晶体的某一晶面上，多出一个半原子面（图中所示的平面 *HEFG*），它如同刀刃一样插入晶体，故称为刃型位错，常用符号⊥表示。另外，晶体中也容易出现螺型位错，在某区域其原子呈规律排列的次序发生错动，使其较为紊乱的过渡区原子排列状态呈现出螺旋形特征。无论哪种位错都会使晶体的晶格发生畸变，对金属的性能强度、塑性、疲劳、相变、腐蚀等物理、化学性能有较大的影响，尤其是对金属材料的力学性能，总体上对材料性能的影响比点缺陷要大。一般情况下，随着金属晶体中位错密度的增加，塑性变形的抗力增大，金属材料的强度会明显提高。冷变形加工后金属出现了强度提高的加工硬化现象就是由于位错密度的增加所致。

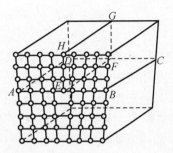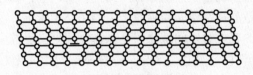

图 2-9　刃型位错示意图

3) 面缺陷

　　晶体缺陷呈面状分布，即指在长、宽、高三个方向上尺寸都很小的缺陷，最常见的面缺陷即是晶体内存在的大量晶界和亚晶界，如图 2-10 所示，其中后者好似位错线堆积成的"位错壁"，它们都是因晶体中不同区域之间的晶格位向过渡造成的，是一个原子排列不规则的过渡区域，使该处的晶格处于畸变状态，原子处于不稳定状态，能量高于晶粒内部，原子扩散速度较快，因此晶界与晶粒内部有着一系列不同特征，如常温下晶界有较高的强度和硬度，熔点低，晶界处容易被腐蚀等。

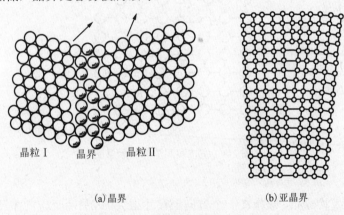

晶粒Ⅰ　　　晶界　　　晶粒Ⅱ

(a) 晶界　　　　　　　　　　(b) 亚晶界

图 2-10　晶界的过渡结构示意图

2.2　纯金属的结晶

　　实际使用的大多数固态金属并非自然形成，除粉末冶金产品外的大多数金属制件一般都是采用熔炼和铸造等传统方法获得，要经历由液态变固态的凝固过程，这种原子由不规则排列的非晶体状态过渡到原子呈规则排列的晶体状态的过程称为结晶。了解金属结晶的过程及规律，对于控制材料内部组织和性能具有十分重要的意义。

2.2.1　冷却曲线及过冷

　　纯金属的结晶都是在一定温度下进行的，即都有一个固定的结晶温度(凝固点)。纯金属由液态向固态的冷却过程，可用冷却过程中所测得的温度与时间的关系曲线——冷却转变曲线来表示，这种方法称为热分析法。缓冷中，每隔一定时间测定一次温度，将测量结果绘制在温度—时间坐标上。冷却结晶过程可用图 2-11 所示的冷却曲线来描述。

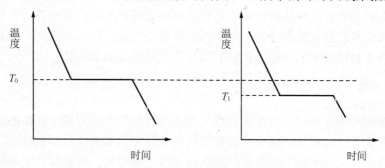

图 2-11　纯金属的冷却曲线

　　由图 2-11 所示冷却曲线可见，液态金属随着冷却时间的增加，金属液的温度不断下降，当冷却到某一温度时，温度随时间增加并不变化，在冷却曲线上出现了"平台"，所对应的温度就是金属的结晶温度(熔点)。之所以出现这样一个"平台"，是因为在结晶过程中，放出的结晶潜热正好补偿了金属向外界散失的热量，使温度保持恒定不变。结晶完成后，由于金属继续向外散热，固态金属温度又继续下降。图中 T_0 为理论结晶温度，是纯金属在无限缓慢的冷却条件下冷却所测得的结晶温度。但在实际结晶过程中，实际结晶温度(T_1)总是低于理论结晶温度的，这种现象称为"过冷现象"，理论结晶温度和实际结晶温度之差称为过冷度，以 ΔT 表示($\Delta T = T_0 - T_1$)。过冷度的大小与冷却速度密切相关。冷却速度越快，实际结晶温度就越低，过冷度就越大；反之冷却速度越慢，实际结晶温度就越接近理论结晶温度，过冷度就越小。与结晶情况相反，当固态金属加热时，实际熔化温度会高于理论熔化温度。

2.2.2　结晶过程

　　液态金属的结晶过程包括两个过程：形核、长大。结晶时，都是从液态中形成一些极小的晶体开始，这些小晶体称为晶核。此后，液体中的原子不断向晶核聚集，使晶核不断长大。同时新晶核又不断产生并相继长大，直至液态金属全部消失为止，结晶过程结束，如图 2-12 所示。完成结晶之后便得到由许多形状不规则的小晶体(晶粒)组成的金属组织，即多晶体。金属组织中的晶粒大小取决于结晶过程中晶核数目的多少及其长大速度，而晶粒的形状则取决于晶体结晶过程中的成长方式。

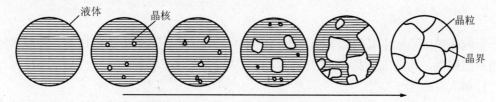

图 2-12　金属的结晶过程示意图

1. 形核规律

　　晶核的形成分为自发形核和非自发形核。由液态金属内部仅依靠自身原子有规则排列而形成晶核的过程称为自发形核。而在实际金属中常有杂质的存在，液态金属依附于这些杂质更容易形成晶核，这种依附于杂质形成晶核的过程称为非自发形核。自发形核和非自发形核在金属结晶时是同时进行的，但非自发形核常起优先和主导作用。由此可见，纯金属一般是由许多晶核长成的外形不规则的晶粒和晶界组成的多晶体。

2. 长大规律

在晶核形成初期，外形一般比较规则。随着晶核的长大，形成了晶体的顶角和棱边，此处散热条件优于其他部位，因此在顶角和棱边处以较大成长速度形成枝干。同理，在枝干的长大过程中，又会不断生出分支，最后填满枝干的空间，形成树枝状晶体，常简称为枝晶，如图 2-13 所示。当成长的枝晶与相邻晶体的枝晶互相接触时，晶体就向着尚未凝固的部位生长，直到枝晶间的金属液全部凝固为止，形成了许多互相接触而外形不规则的晶粒。

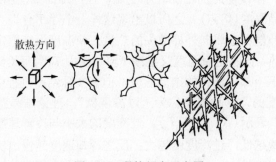

散热方向

图 2-13　晶核长大示意图

2.2.3　晶粒大小与细化晶粒的方法

1. 晶粒大小的影响

金属结晶后是由许多晶粒组成的多晶体，而晶粒的大小对金属的力学性能有重大影响，一般情况下，晶粒愈细小，金属的强度就愈高，塑性和韧性也愈好。主要原因是晶粒越细小，晶界数目越多，移动阻力越大，塑性变形抗力增加；同时变形亦可分散到更多的晶粒内进行，晶界还可阻挡裂纹的扩展，从而使金属的各项力学性能提高。

2. 细化晶粒的方法

影响晶粒大小的主要因素为形核率与晶核的长大速率。凡能促进形核率，抑制晶核长大速率的因素，均能细化晶粒。细化晶粒的方法主要有以下 5 种。

1) 增大过冷度

形核率和长大速率都随过冷度增大而增大，但在很大范围内形核率比晶核长大速率增长得更快。故过冷度越大，单位体积中晶粒数目越多，晶粒越细化。实际生产中，通过加快冷却速度来增大过冷度，这对于大型零件显然不易办到，因此这种方法只适用于中、小型铸件。

2)变质处理

也称孕育处理，在液态金属结晶前加入一些细小的形核剂(也称变质剂或孕育剂)的物质，使结晶时形核率增加，而其长大速率被抑制。如向钢液中加入 Al、V、B；向铸铁液中加入 Si-Fe、Si-Cu；向铝液中加入 Ti、Zr 等。

3)振动处理

采用机械振动、超声波振动、电磁波振动或机械搅拌等方法，增加结晶动力，既可使正在生长的枝晶熔断破碎成更小的晶粒，又可使破碎的枝晶尖端起晶核作用，间接增加形核核心，增加形核率，同样可细化晶粒。

4)浇注控制

在慢速浇注时，液态金属不是在静止状态下进行结晶，而是结晶前沿先形成的晶粒可能被流动的金属液冲击碎化而形成晶核，增加了形核率，从而达到细化晶粒的目的。

5)工艺控制

采用适当的热处理或塑性加工工艺使固态金属的晶粒得到细化。

2.3 合金的晶体结构与结晶

纯金属具有较高的导电性、导热性、化学稳定性，但其强度、硬度都较低，不宜用于制作对力学性能要求较高的各种机械零件、工具和模具等，也无法满足人类在生产和生活中对金属材料多品种、高性能的要求，在使用上受到很大限制，所以在机械制造领域大量使用的不是纯金属而是合金，如钢和铸铁等。合金与纯金属相比，具有一系列的优越性，通过调整其成分，可在相当大范围内改善材料的使用性能和工艺性能，可获得特定的物理性能和化学性能，从而满足不同的需要。另外，多数情况下合金价格比较低，如碳钢和铸铁比工业纯铁便宜，黄铜比纯铜经济等，因而合金有更高的性价比，应用范围更广。

2.3.1 基本概念

1. 合金

指由两种或两种以上的金属或金属与非金属经一定方法所合成的具有金属特性的物质。碳钢就是由铁和碳组成的合金。

2. 组元

指组成合金的最基本而独立的物质。一般来说，组元就是组成合金的化学元素，也可以是稳定的化合物。如黄铜的组元是铜和锌；青铜的组元是铜和锡。由两个组元组成的合金为二元合金，如钢就是由 Fe 和 C 组成的二元合金；由三个组元组成的，则称为三元合金，依次类推。

3. 合金系

当组元比例发生变化，可配制出一系列不同成分、不同性能的合金，这一系列的合金构成一个"合金系统"。如不同牌号的非合金钢就是由不同铁、碳含量的合金所构成的铁碳合金系。

4. 相

指金属或合金中化学成分、晶体结构及原子聚集状态相同，具有相同的物理和化学性能，并与其他部分有明显界面分开的均匀组成部分。液态物质称液相，固态物质称固相。物质可以是单相的，也可以是多相的。若合金是由成分、结构都相同的同一种晶粒构成的，各晶粒虽有界面分开，却属于同一种相；若合金是由成分、结构互不相同的几种晶粒所构成，它们属于不同的几种相。

5. 组织

泛指用肉眼、或借助低倍放大镜、普通金相显微镜观察到的材料和材料内部所具有的独特形貌特征，是一种或多种相按一定方式相互结合所构成整体的总称。合金在固态下，可以形成只由一种相组成的均匀的单相组织，也可以形成由两相或两相以上组成的多相组织，这种组织称为两相或复相组织。相是构成组织的最基本的组成部分，当相的大小、形态与分布不同时会构成不同的组织。相是组织的基本单元，相的组合形成合金的组织，合金的组织是相的综合体，反映了相的组成、形态、大小和分布状况，是决定材料最终性能的决定性因素，尤其是合金的力学性能不仅取决于它的化学成分，更取决于它的显微组织。因此，在机械制造工业中，控制和改变材料的组织具有相当重要的意义。通过对金属的热处理可以在不改变其化学成分的前提下而改变其组织，从而达到调整金属材料力学性能的目的。在研究合金时通常用金相方法对组织进行鉴别。

2.3.2　固态合金的相结构

多数合金组元液态时都能互相溶解，形成均匀的、单一的液相，但经冷却结晶后，由于各组分之间相互作用不同，固态合金的相结构可分为固溶体和金属化合物两大类。

1. 固溶体

合金由液态结晶为固态时，组成元素间如同合金溶液般相互溶解，形成一种在某种组成元素的晶格结构中包含有其他元素原子的均匀相。其中，含量较多的元素被称作溶剂，含量较少的元素被称作溶质，固溶体的晶格与溶剂元素的晶格相同。溶质原子溶入固溶体中的量，称为固溶体的浓度。在一定条件下，溶质元素在固溶体中的极限浓度，称溶质在固溶体中的溶解度，通常用质量百分比或原子百分比表示。按照溶质原子在溶剂晶格中的配置情况的不同，固溶体可分为置换固溶体和间隙固溶体。如图 2-14 所示，图中●表示溶质原子，○表示溶剂原子。

1) 间隙固溶体

指一些尺寸较小的溶质原子分布于尺寸较大的溶剂晶格间隙而形成的固溶体。当溶质元素原子直径和溶剂元素原子直径的比值小于 0.59 则易形成间隙固溶体。由于溶剂晶格的间隙尺寸和数量有限，所以溶质原子的溶入是有限的，而且只有原子半径较小的溶质才能溶入溶剂中形成间隙固溶体。通常都是由原子半径较小的非金属元素(如 C、N、H、B、O 等)溶入过渡族金属中，形成溶解度有限的间隙固溶体。

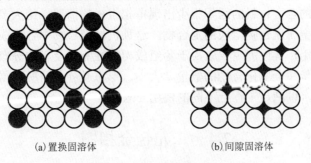

（a)置换固溶体　　　　　　　(b)间隙固溶体

图 2-14　固溶体结构示意图

2)置换固溶体

指溶质原子代替溶剂原子而占据溶剂晶格中的某些结点位置而形成的固溶体。当溶剂和溶质原子直径相差不大，一般在 15%以内时，易于形成置换固溶体。置换固溶体的溶解度可以是有限的，也可以是无限的。若两者晶格类型相同、电子结构相似、原子半径差别小、周期表中位置近，则溶解度大，甚至可以形成无限固溶体。

3)固溶强化

由于溶质和溶剂原子的差别，无论哪种固溶体都会因溶质原子的溶入而引起晶格畸变，进而使位错移动时所受到的阻力增大，出现的位错运动困难，强度、硬度提高，而塑性、韧性下降的现象，如图 2-15 所示。相比于冷变形强化，当固溶体中溶质含量适度时，不仅可提高材料的强度和硬度，还能保持良好的塑性和韧性。实际生产中，铜中加入 39%以下的锌构成单相黄铜，可使抗拉强度从 220MPa 提升到 380MPa 且仍然保持 50%以上的伸长率。

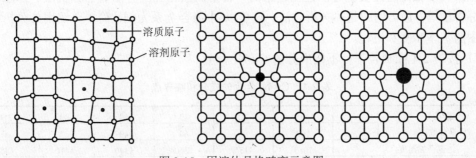

图 2-15　固溶体晶格畸变示意图

2. 金属化合物

合金组元间发生相互作用而生成一种新相，其晶格类型和性能不同于其中任一组元，被称做中间相，属于化合物，是具有一定金属特性的物质。金属化合物多用化学分子式来表示。如 Fe_3C、TiC、$CuZn$ 等。金属化合物一般具有复杂的晶格结构，具有熔点高、硬度高、脆性大的特点，可以提高材料的强度、硬度和耐磨性，但塑性和韧性有所降低。当金属化合物呈细小颗粒状均匀分布在固溶体的基体上时，会明显提高合金的强度、硬度，这种现象被称作弥散强化；但由于金属化合物的塑性、韧性差，当其在合金中的数量多或呈粗大、不均匀分布时，会降低合金的力学性能。

在工业中使用的合金材料的组织很少出现单相组成的情况，绝大多数合金的组织都是由固溶体和少量的金属化合物组成的混合物，这种机械混合物中各组成相仍保持自己的晶格，彼此无交互作用，其性能主要取决于各组成相的性能以及相的分布状态。一般通过控制固溶体中溶质含量和金属化合物的数量、大小、形态及分布情况使得合金的力学性能在较大的范围内变动，以满足工程上不同的使用要求。

2.4　二元合金相图

合金的结晶也是在过冷条件下形成晶核和晶核长大的过程，但由于合金成分中会有两个以上的组元，其结晶过程比纯金属复杂得多。为了掌握合金成分、组织和性能之间的关系，必须了解合金的结晶过程，合金中各组成相的形成和变化规律，相图就是研究这些问题的重要工具。合金相图又称合金状态图或合金平衡图，是用来表示合金在稳定的平衡状态(参与相变的各相成分和相对重量不随时间变化的一种状态)条件下，其组成相、温度、成分之间关系的简明图解。利用相图可以了解合金在缓慢加热或冷却过程中的组织转变规律，知道各种成分的合金在不同温度下有哪些相，各相的相对含量、成分以及温度变化时所可能发生的变化。掌握相图的分析和使用方法，有助于了解合金的组织状态和预测合金的性能，也可按要求来研究新的合金。在生产中，合金相图可作为制订铸造、锻造、焊接及热处理工艺的重要依据。

2.4.1　二元合金相图建立过程

相图大多数是通过实验方法建立起来的，目前测绘相图的方法有热分析法、膨胀法、射线分析法等，最常用的是热分析方法。这里以铜-镍合金系为例，简单介绍用热分析法建立相图的基本步骤和过程。

(1)按表 2-1 配制若干种不同成分的 Cu-Ni 合金。

表 2-1　Cu-Ni 合金的成分和临界点

合金成分	Ni	0	20	40	60	80	100
(质量分数)/%	Cu	100	80	60	40	20	0
结晶开始温度/℃		1083	1175	1260	1340	1410	1455
结晶终止温度/℃		1083	1130	1195	1270	1360	1455

(2)合金熔化后缓慢冷却过程中，用热分析法分别测出各种合金的冷却曲线，如图 2-16 所示。

(3)找出各冷却曲线上的临界点(转折点或平台)的温度点，相变时吸热或放热，因热量补偿反映在冷却曲线上出现了转折点。

(4)绘制出温度—成分坐标系，在各合金的成分垂线(垂直于表示合金成分的横坐标的直线)上标出临界点温度。

(5)将相同意义的点用平滑曲线连接起来,标明各区域内所存在的相,即得到 Cu‐Ni 合金相图。

Cu-Ni 合金相图比较简单，实际上多数合金的相图很复杂。但是，任何复杂的相图都是由一些简单的基本相图组成的。当然，如配制的合金数目越多，所用的合金纯度越高，热分析时冷却速度越慢，所测得的合金相图就越精确。从合金的冷却曲线容易看出，合金的结晶是在某一温度区间内完成的，这一点和前述的纯金属结晶不同。

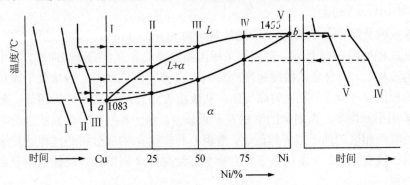

图 2-16　Cu-Ni 合金冷却曲线及相图建立

2.4.2　二元合金相图基本类型

二元合金相图的基本类型很多，最基本的类型有匀晶相图、共晶相图、包晶相图和共析相图。

1. 匀晶相图

当合金两组元在液态和固态下均无限互溶时所构成的相图称为二元匀晶相图。例如 Cu-Ni 、 Fe-Cr 、 Au-Ag 合金相图等。现仍以 Cu-Ni 合金相图为例，对匀晶相图及其合金的结晶过程进行分析。图 2-17 所示为 Cu-Ni 二元合金相图。

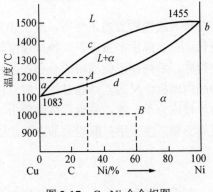

图 2-17　Cu-Ni 合金相图

坐标系的纵轴为温度，横轴表示合金成分，一般为溶质的质量百分数，这里为合金中镍的质量百分数。左右端点分别表示纯组元(纯金属)Cu 和 Ni，其余的为合金系的每一种合金成分。坐标平面上的任一点表示一定成分的合金在一定温度时的稳定相状态。acb 线为液相线，该线以上合金处于液相；adb 线为固相线，该线以下合金处于固相。液相线和固相线表示合金系在平衡状态下冷却时结晶的始点和终点以及加热时熔化的终点和始点。L 为液相，是 Cu 和 Ni 形成的液溶体；α 为固相，是 Cu 和 Ni 组成的无限固溶体。图中有两个单相区：液相线以上的 L 相区和固相线以下的 α 相区。图中还有一个两相区：液相线和固相线之间的 $L+\alpha$ 相区。图中 A 点表示 Ni 的质量分数为 30% 的铜镍合金在 1200℃ 时处于液相＋固相($L+\alpha$)的两相状态；B 点表示 Ni 的质量分数为 60% 的铜镍合金在 1000℃ 时处于单一固相(α)状态。

若以 b 点成分的 Cu-Ni 合金(Ni 的质量分数为 b%)为例分析结晶过程。该合金的冷却曲线和结晶过程如图 2-18 所示。首先利用相图画出该成分合金的冷却曲线，在 1 点温度以上，合金为液相 L。当合金以极慢速度冷却至 1、2 点温度之间时，合金处于液相线和固相线之间的两相区($L+\alpha$)，发生匀晶反应，从液相 L 中逐渐结晶出 α 固溶体，随着温度不断降低，α 相不断增多，而剩余的液相 L 不断减少。由于相互处于平衡状态的两个相的成分是分别沿着两相区的两个边界线改变，液相 L 和固相 α 的成分将通过原子扩散而分别沿液相线和固相线变化。2 点温度以下，合金全部结晶为 α 固溶体。其他成分合金的结晶过程也完全类似。

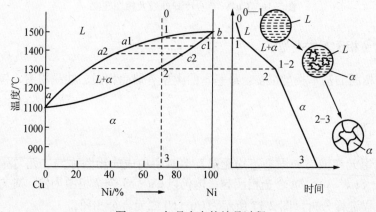

图 2-18　匀晶合金的结晶过程

合金结晶过程中，只有在极其缓慢的冷却条件下，原子才具有充分的扩散能力，固相的成分才能沿固相线均匀变化。在实际生产条件下，冷却速度较快，原子扩散来不及充分进行，导致不平衡结晶，使得先、后结晶出的固相成分存在差异，形成了在同一晶粒内部化学成分不均匀的现象称为晶内偏析，又因其结晶过程一般是以树枝状方式进行，从而先结晶出的主干和后结晶出的分枝成分不一致，故也称枝晶偏析。枝晶偏析会使合金的力学性能、耐蚀性和加工工艺性能变差，多采用扩散退火的方法消除。

2. 共晶相图

两组元在液态无限互溶，在固态有限互溶，冷却时发生共晶反应，构成共晶相图。例如 Pb-Sn、Al-Si、Ag-Cu 等合金相图。现以 Pb-Sn 合金相图为例，对共晶相图及其合金的结晶过程进行分析。

如图 2-19 所示，adb 为液相线，$acdeb$ 为固相线。合金系有三种相：Pb 与 Sn 形成的液溶体 L 相，Sn 溶于 Pb 中的有限固溶体 α 相，Pb 溶于 Sn 中的有限固溶体 β 相。相图中有三个单相区(L、α、β相区)；三个两相区($L+\alpha$、$L+\beta$、$\alpha+\beta$相区)；一条$L+\alpha+\beta$的三相并存线(水平线cde)。其中，d点为共晶点，此点成分为共晶成分，即该成分的合金冷却到此点所对应的温度(共晶温度)时，会共同结晶出c点成分的α相和e点成分的β相，其关系式为：$L_d \xrightarrow{\text{恒温}} \alpha_c + \beta_e$。这种由一种液相在恒温下同时结晶出两种固相的反应称共晶反应(或共晶转变)，反应所生成的两相混合物称共晶体。发生共晶反应时有三相共存，它们各自的成分是确定的，反应是在恒温下平衡地进行着。水平线cde即为共晶反应线，成分在ce之间的合金平衡结晶时都会发生共晶反应。

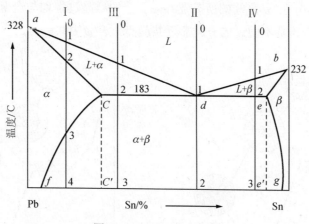

图2-19　Pb-Sn合金相图

　　图中，cf线为Sn在Pb中的溶解度线(或α相的固溶线)。温度降低，固溶体的溶解度会下降。Sn含量大于f点的合金从高温冷却到室温时，会从α相中析出β相以降低其Sn含量。这种从固态α相中析出的含过饱和Sn的β相固溶体被称作二次β(次生相或二次相)，为和液态结晶出的初生相β作区别而常表示为β_{II}，这种二次结晶可表达为：$\alpha \to \beta_{II}$。β_{II}与β虽成分和结构完全相同，但形貌特征不同，前者较粗大而多成长为树枝等形状，后者形成温度低，扩散困难，且在晶界上成长而容易形核，最终颗粒较小，析出量本也不多，较难分辨，一般将其忽略。

　　图中，eg线为Pb在Sn中的溶解度线(或β相的固溶线)。当Pb含量大于g点的合金，冷却过程中同样会发生二次结晶，析出二次α，可表示为：$\beta \to \alpha_{II}$。

　　合金Ⅰ的平衡结晶过程如图2-20所示。液态合金冷却到1点温度以后，发生匀晶结晶过程，至2点温度合金完全结晶成α固溶体，随后在2、3点温度之间的冷却，

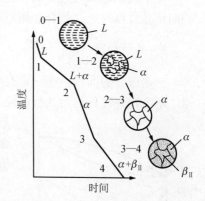

图2-20　合金Ⅰ结晶过程示意图

α相保持不变。从3点温度继续下降，由于Sn在α中的溶解度沿cf线降低，将从α中析出β_{II}，到室温时α中Sn含量逐渐变为f点。最后合金室温下的组织为$\alpha+\beta_{II}$。其组成相是f点成分的α相和g点成分的β相。

　　合金Ⅱ为共晶合金，其结晶过程如图2-21所示。合金从液态冷却到1点温度后，发生

共晶反应：$L_d \xrightarrow{\text{恒温}} \alpha_c + \beta_e$，全部转变为共晶体（$\alpha_c + \beta_e$）。合金的室温组织全部为共晶体，即只含一种组织组成物（即共晶体），而其组成相仍为 α 和 β 相。

合金Ⅲ是亚共晶合金，其结晶过程如图 2-22 所示。合金冷却到 1 点温度后，由匀晶反应生成 α 固溶体，此乃初生相 α 固溶体。从 1 点到 2 点温度的缓冷过程中，初生 α 的成分沿 ac 线变化，液相 L 成分沿 ad 线变化。随着温度持续缓慢下降，初生 α 逐渐增多，液相 L 逐渐减少。当刚冷却到 2 点温度时，合金由 c 点成分的初生 α 相和 d 点成分的液相组成，于是剩余的 d 点成分的液相进行共晶反应，初生 α 相不变化。共晶反应结束后，合金转变为 $\alpha_c + (\alpha + \beta_e)$。成分在 cd 之间的所有亚共晶合金的结晶过程均与合金Ⅱ相同，仅组织组成物和组成相的相对质量不同。成分越靠近共晶点，合金中共晶体的含量越多。

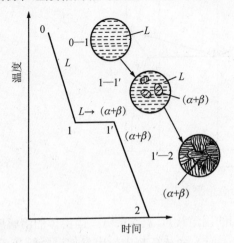 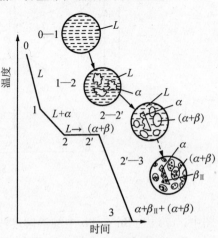

图 2-21　共晶合金结晶过程　　　　　　图 2-22　亚共晶合金结晶过程

位于共晶点 d 右边，成分在 de 之间的合金为过共晶合金（如图 2-19 中的合金Ⅳ）。它们的结晶过程与亚共晶合金相似，也包括匀晶反应、共晶反应和二次结晶等三个转变阶段。

3. 共析相图

一定成分的固相，在一定温度下，同时析出两种化学成分和晶格结构完全不同的新固相，这个转变过程称为共析反应（共析转变）。如图 2-23 所示，其下半部分即为共析相图，

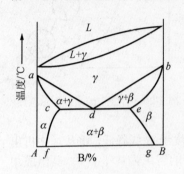

图 2-23　共析相图

形状与共晶相图相似。d 点成分（共析成分）的合金（共析合金）从液相经匀晶反应生成 γ 相后，继续冷却到 d 点温度（共析温度）时，发生共析反应。共析反应的形式类似于共晶反应，而区别在于它是由一个固相（γ 相）在恒温下同时析出两个固相（c 点成分的 α 相和 e 点成分的 β 相），其反应式为 $\gamma_d \xrightarrow{\text{恒温}} \alpha_c + \beta_e$，所析出的两固相的混合物称为共析体，多为层片相间结构。因共析转化过程在固态合金中进行，转变温度较低，原子扩散困难，需要达到较大的过冷度，和共晶体相比，共析体的组织要细密均匀得多。

习　题

一、填空题

1．晶体与非晶体的根本区别在于_____。

2．金属晶格的基本类型有_____、_____与_____三种。其中α铁属于_____晶格类型，γ铁属于_____晶格类型。

3．实际金属晶体的缺陷按几何形状一般分_____、_____和_____三种。

4．金属的实际结晶温度低于理论结晶温度的现象叫作____，理论结晶温度与实际结晶温度之差叫作_____。

5．金属结晶时冷却速度越快，则过冷度越____，结晶后晶粒越____。

二、判断题

1．纯铁在780℃是面心立方晶格的γ-Fe。　　　　　　　　　　　（　　）

2．纯金属的结晶过程是一个恒温过程。　　　　　　　　　　　　（　　）

3．固溶体的晶格仍然保持溶剂的晶格类型。　　　　　　　　　　（　　）

4．实际金属存在许多缺陷，晶界属于线缺陷。　　　　　　　　　（　　）

三、名词解释

1．晶体；2．单晶体；3．晶界；4．变质处理；5．相；6．组织

四、简答题

1．何谓晶体？何谓非晶体？晶体与非晶体有什么区别？

2．何谓晶格和晶胞？

3．试用晶面、晶向的知识说明具有各向异性的原因。

4．金属晶格的常见类型有哪几种？

5．什么是晶体缺陷？金属晶体中的结构缺陷有哪几种？它们对金属的力学性能有何影响？

6．何谓过冷现象和过冷度？过冷度与冷却速度有何关系？

7．纯金属的结晶是由哪两个基本过程组成的？纯金属的结晶过程与其冷却曲线有什么关系？

8．何谓晶粒和晶界？

9．何谓单晶体和多晶体？

10．晶粒大小对金属的力学性能有何影响？细化晶粒的常用方法有哪几种？

模块三 铁 碳 合 金

知识目标：

1．了解铁的同素异构转变过程、铁碳合金的基本相和组织及其性能特点；

2．掌握铁碳合金相图中特性点、特性线意义；

3．熟悉共析钢、亚共析钢、过共析钢随温度变化所产生的组织变化过程；

4．熟悉共晶白口铸铁、亚共晶白口铸铁、过共晶白口铸铁随温度变化所产生的组织变化过程；

5．了解含碳量对铁碳合金组织性能的影响；

6．掌握各种典型铁碳合金的显微金相组织特征；

7．了解铁碳合金相图的用途。

技能目标：

1．能应用铁碳合金相图分析不同含碳量的铁碳合金在不同温度下的相和组织变化；

2．能观察判断典型铁碳合金的显微金相组织；

3．能应用铁碳合金相图分析铁碳合金在不同温度、不同含碳量时的性能特点和工艺性能。

教学重点：

1．铁碳合金相图分析；

2．铁碳合金的冷却过程及组织；

3．含碳量对铁碳合金组织性能的影响。

教学难点：

铁碳合金相图分析及正确画法。

铁碳合金是钢和铸铁的统称，是工业中应用最广泛的金属材料。本模块主要介绍铁碳合金的内部组织结构和常用的典型相图，重点分析含碳量变化对其组织及性能的影响，对典型铁碳合金的结晶过程和组织变化的规律进行探讨，说明铁碳合金相图在选材和冷、热加工工艺方面的常规应用思路和方法，并指出在学习、研究及使用铁碳合金相图时应注意的有关问题。

3.1 理 论 阐 释

钢铁是现代机械制造工业中应用最为广泛的金属材料，铁和碳是钢铁材料的两个最基本的组元。因此，为了熟悉钢铁材料，真正掌握其本质，以方便合理选用，就应充分探讨铁与碳的相互作用，较为全面而深入地了解铁碳合金相图，并以其为工具，研究认识铁碳合金成分、温度、组织和性能之间关系，这也是制定各种热加工工艺的必要基础。

3.1.1 同素异晶转变

钢铁材料之所以应用的非常广泛，其中最主要的原因是由于组成钢铁材料的主要元素铁在不同的固态温度下其晶体的晶格结构会发生改变，形成体心立方和面心立方两种晶格类型。纯铁的冷却曲线如图 3-1 所示。从曲线上可以看到，纯铁在缓冷过程中出现有四个短暂的平台，即在一段时间内温度几乎不变。其中，在 912℃以下，是具有体心立方晶格的 α-Fe；在 912℃时，体心立方晶格 α-Fe 转变为面心立方晶格的 γ-Fe；在 1394℃时，面心立方晶格 γ-Fe 转变为体心立方晶格的 δ-Fe。

纯铁在 770℃时也会出现短暂的温度停顿，但并非同素异构转变，而是磁性转变，铁在 770℃以下的 α-Fe 呈铁磁性，在 770℃以上 α-Fe 的磁性消失。770℃称为居里点，用 A_2 表示。

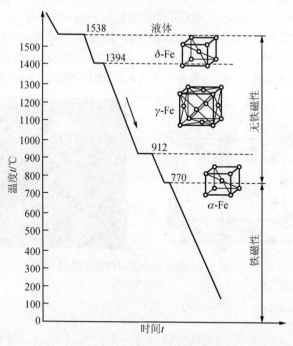

图 3-1 纯铁的冷却曲线

我们把这种金属在固态下，随着温度的变化，晶格由一种类型转变成为另一种类型的转变过程，称为同素异晶转变(同素异构转变)。同素异晶转变是通过原子的重新排列来完成的，是重结晶过程，即转变过程也是由晶核的形成和晶核的长大来完成的。以不同晶格形式存在的同一金属元素的晶体称为该金属的同素异构体或同素异晶体。同一金属的同素异晶体按其稳定存在的温度，由低温到高温依次用希腊字母 α、β、γ、δ 等表示。Fe 有 α、

γ、δ 等三种同素异晶体，类似地存在有同素异晶体的常见金属还有：Co、Ti、Mn、Sn 等。由于同素异构转变是在固态条件下发生的重结晶过程，其过程与液态金属的结晶过程相似，遵循结晶的一般规律，都有一定的转变温度，转变时有过冷现象，能放出和吸收潜热，但同素异构转变时原子的扩散较液态条件要困难得多，因而比液态结晶需要更大的过冷度，且因转变时晶格的致密度改变引起晶体体积变化，则产生较大的内应力。

同素异晶转变是钢铁材料的一个重要特性，是其能够通过热处理来提升性能的基础。

3.1.2　铁碳合金的相

铁碳合金就是以铁为基体，有不同碳含量的合金。对于成分不同的铁碳合金，在相同温度下的平衡组织是各不相同的。碳与铁相互作用可形成多种相组织，常见的如铁素体、奥氏体、渗碳体、珠光体和莱氏体等。其中铁素体、奥氏体和渗碳体为铁碳合金的基本相，珠光体和莱氏体为机械混合物。

1. 铁素体（Ferrite）

铁素体是碳溶于 α-Fe 中形成的间隙固溶体，用符号 F 表示，具有 α-Fe 的体心立方晶格。铁素体的显微组织呈明亮的多边形晶粒，晶界曲折，如图 3-2 所示。由于体心立方晶格的间隙很小，溶碳能力很低，在 600℃时溶碳量仅为 $\omega_C=0.006\%$，随着温度升高，溶碳量逐渐增加，在 727℃时，溶碳 $\omega_C=0.0218\%$，随着温度降低，α-Fe 中的碳的质量分数逐渐减少，在室温时降到 0.0008%。铁素体的力学性能与纯铁相似，强度、硬度低（$\sigma_b=180\sim280\text{MPa}$，$50\sim80\text{HBS}$），塑性和韧性好（$\delta=30\%\sim50\%$，$a_k=160\sim200\text{J/cm}^2$）。

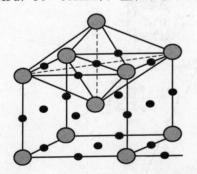

图 3-2　铁素体的晶胞和显微组织

2. 奥氏体（Austenite）

奥氏体是碳溶于 γ-Fe 中形成的间隙固溶体，用符号 A 表示，具有 γ-Fe 的面心立方晶格。奥氏体的显微组织与铁素体的显微组织相似，呈多边形，但晶界较铁素体平直，如图 3-3 所示。由于面心立方晶格的间隙较大，因此溶碳能力也较大，在 727℃时溶碳量 $\omega_C=0.77\%$，随着温度的升高溶碳量逐渐增多，到 1148℃时，溶碳量可达 $\omega_C=2.11\%$。奥氏体塑性、韧性好（$\delta=40\%\sim60\%$），强度和硬度较低，方便成型，生产中常将工件加热到奥氏体状态进行锻造。

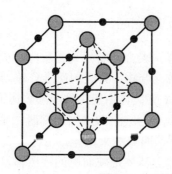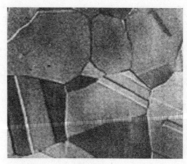

图 3-3 奥氏体的晶胞和显微组织

3. 渗碳体(Cementite)

渗碳体是铁和碳相互作用，形成的具有复杂的斜方晶格结构的金属间隙化合物，用分子式 Fe_3C 表示，也可用符号 Cm 表示。渗碳体的 $\omega_c=6.69\%$，熔点为 1227℃，硬度很高(约 800HBW)，能轻易地刻划玻璃，塑性、韧性几乎为零，极脆，在 230℃ 以下具有弱的铁磁性。通常所谓的一次、二次、三次渗碳体仅在其来源和分布方面有所不同，无本质区别，其含碳量、晶体结构和本身的性质均相同。

室温平衡状态下，铁碳合金(钢)中的碳大多是以渗碳体形式存在，是其主要强化相，渗碳体在铁碳合金中常以片状、球状、粒状和网状等形式与其他相共存，其形态、大小、数量和分布对钢的性能有很大的影响。另外，渗碳体是一种亚稳定相，在一定条件下它会发生分解，形成石墨状的自由碳和铁，这一过程对铸铁具有重要意义。

4. 珠光体(Pearlite)

珠光体是奥氏体发生共析反应形成的铁素体和渗碳体所组成的机械混合物，其形态为铁素体薄层和渗碳体薄层交替重叠的层片状复相物，也称片状珠光体，用符号 P 表示，碳的质量分数为 $\omega_c=0.77\%$。在珠光体中铁素体占 88%，渗碳体占 12%，由于铁素体的数量大大多于渗碳体，所以铁素体层片要比渗碳体厚得多。珠光体的性能介于铁素体和渗碳体之间，强度较高，硬度适中，塑性和韧性较好($\sigma_b=800MPa$、180HBS、$\delta=20\%\sim35\%$)。

在球化退火条件下，珠光体中的渗碳体由片状转变为粒状，这样的珠光体称为粒状珠光体。片状珠光体和粒状珠光体的显微组织如图 3-4 所示。

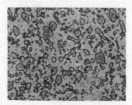

(a)片状珠光体 　　　　　　　　　(b)粒状珠光体

图 3-4 珠光体的显微组织图

5. 莱氏体(Ledeburite)

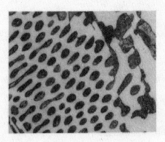

图 3-5　莱氏体的显微组织

莱氏体是液态铁碳合金发生共晶反应形成的奥氏体和渗碳体所组成的机械混合物，其碳的质量分数为 $\omega_C=4.3\%$。在温度高于 727℃时，莱氏体由奥氏体和渗碳体组成，又叫高温莱氏体，用符号 L_d 表示；在低于 727℃时，莱氏体是由珠光体和渗碳体组成，又叫低温莱氏体，用符号 L_d' 表示，也叫变态莱氏体。莱氏体的基体是硬而脆的渗碳体，其力学性能与渗碳体相似，硬度很高(700HBW 以上)，塑性极差，几乎为零。低温莱氏体的显微组织如图 3-5 所示。

3.2　铁碳合金相图

铁碳合金相图是指在极其缓慢的冷却条件下，不同成分的铁碳合金，在不同温度时所具有的状态或组织的图形。由于铁碳合金中的 Fe 和 C 能形成一系列稳定的化合物，如 Fe_3C、Fe_2C、FeC 等，因而整个复杂的 Fe-C 相图可视作几个相对独立而简洁的小相图组合而成，包括 Fe-Fe_3C、Fe_3C-Fe_2C、Fe_2C-FeC、FeC-C 等几个相图部分。在实际生产中，由于碳的质量分数超过 5%的铁碳合金，脆性很大，没有实际使用价值，所以在铁碳合金相图中，仅研究 Fe-Fe_3C 部分。如图 3-6 所示，为便于分析和研究，图中对左上角有关包晶反应(仅在 $\omega_C=0.09\%\sim0.53\%$时发生)的部分进行了简化。

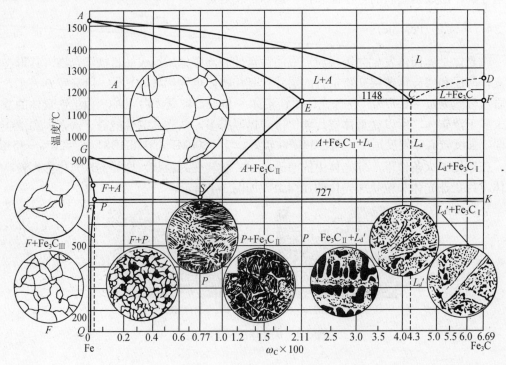

图 3-6　简化的 Fe-Fe_3C 相图

3.2.1 特性点

Fe-Fe₃C 相图中几个主要特性点的温度、碳的质量分数及其物理含义如表 3-1 所示。各特性点的成分、温度数据是随着被测材料的纯度提高和测试技术的进步而不断趋于精确的。

表 3-1　铁碳合金相图中的特性点

特性点	$t/℃$	$\omega_C(\%)$	含　义
A	1538	0	纯铁的熔点
C	1148	4.3	共晶点，$L_C \leftrightarrows (A_E + Fe_3C)$
D	1227	6.69	渗碳体的熔点
E	1148	2.11	碳在 γ-Fe 中的最大溶解度
G	912	0	纯铁的同素异晶转变点 α-Fe $\leftrightarrows \gamma$-Fe
P	727	0.0218	碳在 α-Fe 中的最大溶解度
S	727	0.77	共析点，$A_S \leftrightarrows (Fe_3C + F)P$
Q	室温	0.0008	碳在 α-Fe 中的溶解度

3.2.2 特性线

在 Fe-Fe₃C 相图上，有若干合金状态的分界线，它们是不同成分合金具有相同含义的临界点的连线。几条主要特性线的物理含义如下。

1. ACD——液相线

此线以上区域全部为液相，用 L 来表示。不同成分的铁碳合金液冷却到此线即开始结晶，在其左边的 AC 线以下从液相中结晶出奥氏体，在右边的 CD 线以下结晶出渗碳体，这种直接从液相中结晶出的 Fe₃C 被称为一次渗碳体，表示为 Fe_3C_I。

2. $AECF$——固相线

合金液缓慢冷却到此线全部凝固完成为固相，此线以下即为固相区。液相线与固相线之间为液相与固相混存的结晶区域。这个区域内，AEC 区域内为液相与奥氏体，CDF 区域内为液相与渗碳体。

3. GS——A 与 F 的互变线

碳的质量分数小于 0.77% 的铁碳合金冷却时从奥氏体中析出铁素体的开始线（或加热时铁素体转变成奥氏体的终止线），常用简化符号 A_3 表示。奥氏体和铁素体之间的转变是铁发生同素异晶转变的结果。

4. ES——碳在奥氏体中的溶解度线

常用简化符号 A_{cm} 表示。

在 1148℃ 时，碳在奥氏体中的溶解度达到极值为 2.11%（E 点碳的质量分数），在 727℃ 时降到 0.77%（S 点碳的质量分数）。从 1148℃ 缓慢冷却到 727℃ 的过程中，奥氏体随着温度的降低而溶碳能力下降，碳在奥氏体中的溶解度减小，过饱和的碳以富碳的稳定化合物渗碳体的形式从奥氏体中析出，这种从固相中析出的 Fe_3C 被称为二次渗碳体，表示为 Fe_3C_{II}。

5. PQ 线——碳在铁素体中的溶解度曲线

在 727℃时，铁素体中的碳的质量分数为 0.0218%（P 点碳的质量分数），而在室温时，铁素体中碳的质量分数为 0.0008%（Q 点碳的质量分数）。故一般铁碳合金由 727℃冷至室温时，将由铁素体中析出渗碳体，称为三次渗碳体，表示为 Fe_3C_{III}。在碳的质量分数较高的合金中，因其数量极少可忽略不计。

6. ECF——共晶线

当一定成分（$\omega_C = 2.11\% \sim 6.69\%$）的铁碳合金液冷却到此线时（1148℃）会发生共晶反应，从碳的质量分数为 4.3%的合金液中同时结晶出了奥氏体和渗碳体的机械混合物，被称作莱氏体，表示为 L_d，其共晶转变过程的反应关系式为

$$L_{4.30\%} \xrightleftharpoons{1148℃} (A_{2.11\%} + Fe_3C)$$

7. PSK——共析线

常用简化符号 A_1 表示。

当一定成分（$\omega_C > 0.0218\%$）的铁碳合金固相冷却到此线时（727℃）会发生共析转变，从碳的质量分数为 0.77%奥氏体中同时析出铁素体和渗碳体的机械混合物，被称作珠光体，表示为 P，其共析转变过程的反应式为

$$A_{0.77\%} \xrightleftharpoons{727℃} (F_{0.0218\%} + Fe_3C)$$

3.2.3 相区

在 Fe-Fe_3C 相图上，几个重要的特性线将相图划分出了若干相区，如表 3-2 所示。

表 3-2　Fe-Fe_3C 相图的主要相区

相区范围	组成相(符号)	相区种类
ACD	L	单相区
$AESGA$	A	单相区
GPQ	F	单相区
$AECA$	$L+A$	双相区
$DFCD$	$L+ Fe_3C_1$	双相区
$GSPG$	$A+F$	双相区

3.2.4 铁碳合金分类

根据碳的质量分数和室温组织的不同，铁碳合金相图中的合金可分为工业纯铁、钢、白口铸铁三类，如表 3-3 所示。

表3-3 铁碳合金的分类、成分及平衡组织

铁碳合金类别		化学成分ω_C	室温平衡组织
工业纯铁		0~0.0218%	F
钢	亚共析钢	0.0218%~0.77%	F+P
	共析钢	0.77%	P
	过共析钢	0.77%~2.11%	$P+Fe_3C_{II}$
白口铸铁	亚共晶白口铸铁	2.11%~4.3%	$P+Fe_3C_{II}+L_d'$
	共晶白口铸铁	4.3%	L_d'
	过共晶白口铸铁	4.3%~6.69%	$L_d'+Fe_3C_I$

3.2.5 铁碳合金结晶过程

为了更全面而详实地分析铁碳合金相图，现以图3-7为例，研究几种典型铁碳合金的结晶过程。

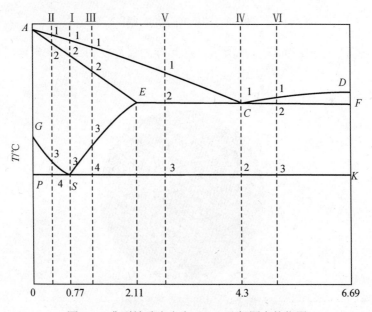

图3-7 典型铁碳合金在Fe-Fe₃C相图中的位置

1. 共析钢

图3-7中Ⅰ表示成分为$\omega_C=0.77\%$的共析钢的成分垂线，1点以上为液相(L)，缓冷至稍低于1点温度时，开始从液相中结晶出奥氏体(A)，其数量随温度的下降而增多，其成分沿AE线变化，仍保持液态的合金成分沿AC线变化，碳的质量分数都逐渐升高。当温度降到2点时，液相全部凝固完成，结晶出碳的质量分数为0.77%为奥氏体。2、3点之间，合金是单一奥氏体固相。继续向下缓冷至S点时，奥氏体发生共析反应，转变成机械混合物珠光体(P)。727℃以下，P中的F会因含碳量过饱和而析出微量的Fe_3C_{III}，对组织和性能的影响很小，常将其忽略，从而认为共析在室温下的组织为珠光体(P)，过程如图3-8所示。

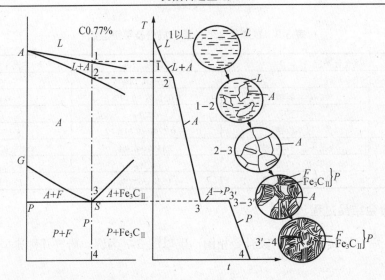

图 3-8　共析钢的结晶过程

珠光体的室温平衡组织如图 3-9 所示，珠光体为层片复相物，铁素体层与渗碳体层交替重叠。

图 3-9　共析钢的显微组织

2. 亚共析钢

在图 3-7 中的 II 表示某一成分的亚共析钢（0.0218%<ω_C<0.77%）的成分垂线。此类合金在 3 点以上的缓冷过程类似于共析钢，当冷却到与 GS 线（A_3）相交的 3 点时，铁素体（F）开始从奥氏体（A）中析出，由于相同温度等条件下 F 的容碳能力不及 A，此时 F 中容纳不了的碳原子就留在了 A 中，引起未转变的奥氏体的碳的质量分数沿着 GS 线增加变化。当温度继续缓降至 4 点（727℃）时，未转变的奥氏体碳的质量分数增加到了 $\omega_C=0.77\%$，从而具备了共析反应的温度和成分条件，奥氏体共析成了珠光体。在 4 点以下，前期析出的铁素体随着温度缓降也会因碳的溶解度下降而析出微量的三次渗碳体，将其忽略就可认为亚共析钢的室温组织为铁素体＋珠光体，图 3-10 反映的是 $\omega_C=0.45\%$ 的亚共析钢结晶变化过程。

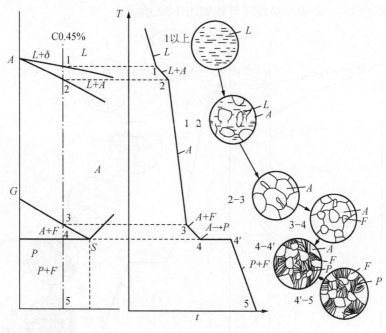

图 3-10 亚共析钢的结晶过程

三种亚共析钢的室温平衡组织如图 3-11 所示，图中白亮色部分为铁素体晶粒，黑色或片层状晶粒为珠光体晶粒。从图中可以看出，亚共析钢的碳的质量分数越高，组织中的珠光体相对量越多，铁素体相对量越少。

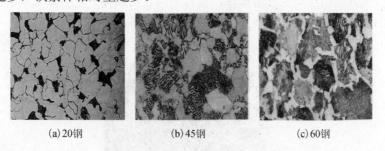

(a)20钢　　　　　　(b)45钢　　　　　　(c)60钢

图 3-11 亚共析钢的显微平衡组织

3. 过共析钢

在图 3-7 中Ⅲ表示某一成分的过共析钢$(0.77\% < \omega_C \leqslant 2.11\%)$的成分垂线。此类合金在 3 点以上的缓冷过程与上述两类钢类似，当冷却到与 ES 线(A_{cm})相交的 3 点时，奥氏体(A)中容纳不了的碳开始析出，由于渗碳体碳的质量分数高而相对稳定，奥氏体(A)中过饱和的碳是以渗碳体的形式沿其晶界析出的，是呈网状分布的二次渗碳体$(Fe_3C_Ⅱ)$。过剩碳的析出降低了奥氏体的碳的质量分数，随着温度不断降低，由奥氏体中析出的 $Fe_3C_Ⅱ$ 愈来愈多，奥氏体中的碳的质量分数不断减少而沿着 ES 线(A_{cm})向左变化。此类合金的固相在 3、4 点之间的组织为奥氏体＋二次渗碳体。当温度缓降至 4 点(727℃)时，奥氏体的碳的质量分数降至 0.77%，达到了发生共析反应的条件，于是这部分奥氏体共析转变为珠光体(P)。在 4 点以下，若忽略铁素体中因碳过饱和而析出的微量三次渗碳体，此类合金室温组织为

珠光体＋二次渗碳体，降温结晶变化过程如图 3-12 所示。

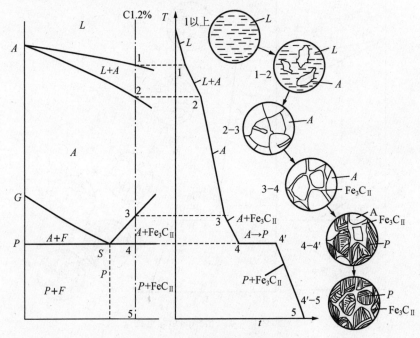

图 3-12　过共析钢的结晶过程

过共析钢的显微组织如图 3-13 所示，片状或黑色晶粒为珠光体晶粒，沿珠光体晶粒的晶界分布的白色网状组织为二次渗碳体，也称为网状渗碳体，它会降低钢的抗拉强度。过共析钢中碳的质量分数越高，二次渗碳体的相对量越多。

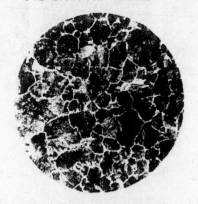

图 3-13　过共析钢的显微组织

4. 共晶白口铸铁

图 3-7 中的Ⅳ表示共晶白口铸铁（$\omega_C=4.3\%$）的成分垂线。碳的质量分数为 4.3%的铁碳合金在 1 点（C 点）温度以上为液相，当温度缓慢降低至 1 点时，会同时结晶出奥氏体和渗碳体紧密嵌套在一起的莱氏体，即发生共晶反应，转变成高温莱氏体，表示为 L_d。此共晶转变过程是在恒温下进行，其中奥氏体的成分是 E 点的成分，即碳的质量分数为 2.11%。

温度继续缓慢下降而低于 1 点（C 点）时，在降温过程中，高温莱氏体中的共晶奥氏体会因容碳能力下降而将过饱和的碳以二次渗碳体的形式不断析出，剩余奥氏体的碳的质量分数不断减少，并沿着 ES 线向左变化。此类铁碳合金在 1、2 点之间的组织为高温莱氏体。当温度继续降至 2 点（727℃）时，高温莱氏体中的奥氏体的碳的质量分数降到了 $\omega_C = 0.77\%$，满足了发生共析反应的条件，共晶奥氏体转变成了珠光体，即高温莱氏体（L_d）转变为低温莱氏体（L_d'）。再降温到室温的过程中，仅有其中的铁素体因碳的过饱和而析出极少量的三次渗碳体，对其忽略而认为碳的质量分数为 4.3% 的共晶白口铸铁在室温下的组织就是低温低温莱氏体（L_d'），其转变过程如图 3-14 所示。

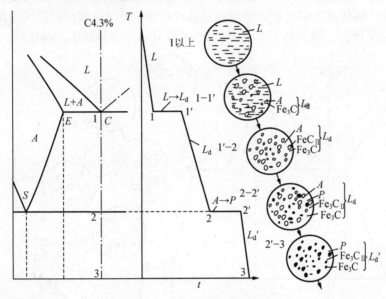

图 3-14　共晶白口铸铁结晶过程

共晶白口铸铁的显微组织如图 3-15 所示，图中黑色蜂窝状为珠光体，白色基体为共晶渗碳体。

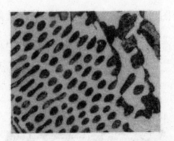

图 3-15　共晶白口铸铁的显微组织

5. 亚共晶白口铸铁

图 3-7 中的 V 表示某种成分的亚共晶白口铸铁（2.11%<ω_C<4.3%）的成分垂线。合金在 1 点温度以上为液相，当缓冷至稍低于 1 点温度时，开始从液相中结晶出奥氏体。合金在 1、2 点温度之间的组织为铁、碳完全互溶的液相和奥氏体固相并存。随着温度持续缓慢下降，液相中结晶出的奥氏体量不断增多，其碳的质量分数不断沿 AE 线向右变化，而液相量不

断减少且成分沿 AC 线也不断向右变化。当温度缓冷至 2 点（1148℃）时，由液相直接结晶出的奥氏体碳的质量分数达到 E 点的 2.11%，所剩余的液相成分为碳的质量分数 4.3%，达到了发生共晶反应的温度和成分等条件，于是这部分液相转变为共晶体，即由共晶奥氏体和共晶渗碳体构成的高温莱氏体。随着温度继续不断缓慢下降，在 2、3 点之间的温度范围内，奥氏体中不断地以二次渗碳体的形式析出过饱和的碳，其成分沿 ES 线（A_{cm} 线）向左变化，则合金在此温度区间内的组织为奥氏体、二次渗碳体和高温莱氏体。当缓冷至 3 点（727℃）时，碳的质量分数下降到 0.77% 的奥氏体达到发生共析反应的条件，固溶体奥氏体转变为机械混合物珠光体，从而高温莱氏体（L_d）变为低温莱氏体（L_d'）。再往下缓冷到室温，忽略掉铁素体中因碳过饱和而析出的微量三次渗碳体，合金冷却后的组织为珠光体、二次渗碳体和低温莱氏体，图 3-16 所示为 ω_c＝3% 的亚共晶白口铸铁的结晶过程。

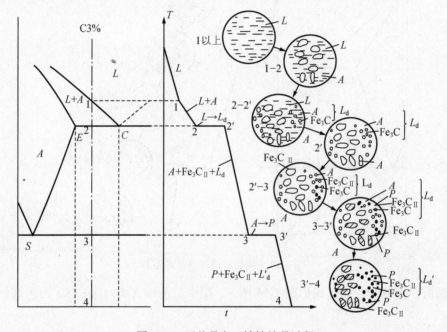

图 3-16　亚共晶白口铸铁结晶过程

　　亚共晶白口铸铁的室温平衡组织如图 3-17 所示，图中树枝状的黑色粗块为珠光体，其周围被珠光体衬托出的白圈为二次渗碳体，其余为低温莱氏体。

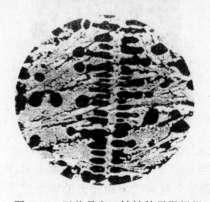

图 3-17　亚共晶白口铸铁的显微组织

6. 过共晶白口铸铁

图 3-7 中的Ⅵ表示某成分的过共晶白口铸铁(4.3%<ω_c≤6.69%)的成分垂线。在 1 点温度以上合金为铁、碳均匀互溶的液相。当温度缓冷至稍低于 1 点时,从液相中开始结晶出针状的一次渗碳体。随着温度的不断缓慢下降,结晶出的一次渗碳体不断增多,而剩余的液相量相对不断减少,其成分沿着 DC 线不断向左变化,降温到 2 点(1148℃)时,剩余液相的碳的质量分数降低到 4.3%,满足发生共晶反应的温度和成分等条件,于是这部分液相共晶转变为高温莱氏体,此时合金的组织为先期结晶出的一次渗碳体+高温莱氏体。随后继续缓冷到室温的转变情况与共晶白口铸铁基本相同,最终组织为一次渗碳体+低温莱氏体,图 3-18 所示为碳的质量分数为 5%的过共晶白口铸铁的结晶过程。

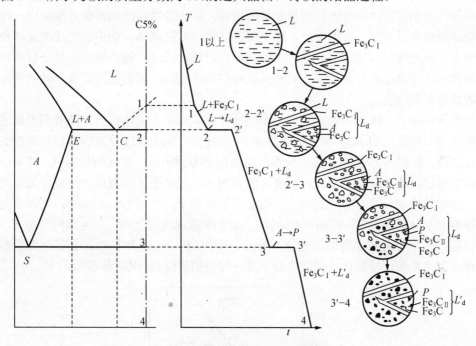

图 3-18 过共晶白口铸铁结晶过程

过共晶白口铸铁的室温组织如图 3-19 所示,图中粗大的白色条片为一次渗碳体,其余为低温莱氏体。

图 3-19 过共晶白口铸铁显微组织

3.3　铁碳合金成分、组织和性能的变化规律

随着碳的质量分数的增加，铁碳合金的成分、室温组织都将随之变化，力学性能也相应发生变化。根据铁碳合金相图的分析，任何成分的铁碳合金在室温下的组织都是由铁素体和渗碳体两相组成。随着碳的质量分数的增加，组织中 F 的量逐渐减少，Fe_3C 的量相应增加，而且 Fe_3C 大小、形态和分布也随之发生变化，即由分布在 F 晶界上（如 Fe_3C_{III}），变为分布在 F 的基体内（如 P），进而分布在原 A 的晶界上（如 Fe_3C_{II}），最后形成 L_d' 时，Fe_3C 作为基体出现。由 $Fe\text{-}Fe_3C$ 相图可知，铁碳合金的显微组织将发生如下变化：

$$F \rightarrow F+P \rightarrow P \rightarrow P+Fe_3C_{II} \rightarrow P+Fe_3C_{II}+L_d' \rightarrow L_d' \rightarrow L_d'+Fe_3C_{I} \rightarrow Fe_3C$$

对亚共析钢而言，随着碳的质量分数的增加，钢中的铁素体相对量逐渐减少，珠光体相对量逐渐增多；对过共析钢而言，随着碳的质量分数的增加，钢中的二次渗碳体相对量逐渐增多，珠光体相对量逐渐减少；对亚共晶白口铸铁而言，随着碳的质量分数的增加，珠光体和二次渗碳体相对量减少；对过共晶白口铸铁而言，随着碳的质量分数的增多，一次渗碳体相对量增多。

铁素体软而韧，渗碳体硬而脆。由于硬度对组织形态不敏感，所以随着钢中碳的质量分数的增加，高硬度的 Fe_3C 增加，低硬度的 F 减少，钢的硬度呈直线增加，而塑性、韧性不断下降，如图 3-20 所示。又由于强度对组织形态很敏感，在亚共析钢中，随着碳的质量分数的增加，强度高的 P 增加，强度低的 F 减少，因此强度随着碳的质量分数的增加而升高；当碳的质量分数为 0.77% 时，钢的组织全部为 P，P 的组织越细密，则强度越高；但当碳的质量分数为 $0.77\% < \omega_c < 0.9\%$ 时，由于少量强度很低的、未连成网状的 Fe_3C_{II} 沿晶界出现，所以合金的强度增加变慢；当 $\omega_c > 0.9\%$ 时，Fe_3C_{II} 数量增加且在钢的组织中呈网状分布在晶界处，导致钢的强度明显下降，即先增后降（0.9% 时最高）。

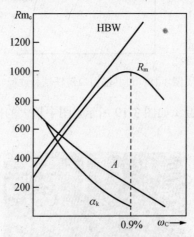

图 3-20　铁碳合金碳的质量分数对力学性能影响的示意图

为保证钢有足够的强度和一定的塑性及韧性，机械工程中使用的钢其碳的质量分数一般不大于 1.4%。$\omega_c > 2.11\%$ 的白口铸铁，由于组织中渗碳体量多，硬度高而脆性大，难于切削加工，在实际中很少直接应用。

3.4　铁碳合金相图的应用

铁碳合金相图从客观上反映了钢铁材料的组织随成分和温度变化的规律，因此在工程上为选材及铸、锻、焊、热处理等热加工工艺及切削加工提供了重要的理论依据。

3.4.1　铁碳合金相图在选材上的应用

由铁碳合金相图可见，铁碳合金中随着碳的质量分数的不同，其平衡组织各不相同，从而导致其力学性能不同。因此，可以根据零件的不同性能要求来合理地选择材料。例如，力学性能要求塑性、韧性好，而强度不需太高，易于焊接和冲压制造的构件，则应选用碳的质量分数较低的钢，如冲压件、桥梁、船舶和各种建筑结构；对于一些要求强度、硬度、塑性和韧性都较高，能承受一定的冲击载荷，具备良好综合力学性能的构件，应选用碳的质量分数适中的钢，如齿轮、传动轴等；各种工具、磨具、量具等要求硬度高及耐磨性好，则应选用碳的质量分数较高的钢；对于形状复杂的箱体、机座等零件，宜选用铸造性能好的铸铁来制造。

3.4.2　铁碳合金相图在铸造上的应用

根据铁碳合金相图可以找出不同成分的铁碳合金的熔点，从而确定合适的熔化、浇注温度，浇注温度一般在液相线以上100℃左右。浇注温度越高，钢液的流动性一般也越好；当浇注温度一定时，过热度越大，钢液的流动性越好。随着碳的质量分数的增加，钢的结晶温度范围增大，钢液的流动性应该变差，但是随着碳的质量分数的增加，液相线温度降低，则当浇注温度相同时，碳的质量分数高的钢的液相线的温度与钢液温度之差较大，有利于钢液的流动，即钢的流动性随碳的质量分数的提高而提高。由相图可知，铸铁的液相线温度比钢低，其流动性总是比钢好些。亚共晶成分的铸铁随碳的质量分数的提高，结晶温度范围缩小，流动性也随之提高；相反，过共晶成分的铸铁随碳的质量分数的提高，结晶温度范围扩大，流动性随之变差；共晶成分的铸铁合金的结晶温度最低，结晶温度范围最小，几乎是在恒温下凝固，流动性最好。另外，结晶温度区间越大，即固相线和液相线的垂直距离越大，枝晶偏析越严重。铸铁的成分越靠近共晶点，偏析越小；越远离共晶点，则枝晶偏析越严重。因而共晶成分附近的铸铁的铸造性能最好，在铸造生产中得到了广泛的应用。金属从浇注温度冷却到室温要经历3个互相联系的收缩阶段，即液态收缩、凝固收缩和固态收缩。液态收缩和凝固收缩表现为合金体积的缩小，是体收缩，常导致铸件出现缩孔、缩松等缺陷。对于化学成分一定的钢，浇注温度越高，则液态收缩越大；当浇注温度一定时，随着碳的质量分数的增加，钢液温度与液相线温度之差增加，体积增大。同样，碳的质量分数增加，其凝固温度范围变宽，凝固收缩增大，则使钢的体收缩不断随碳的质量分数的增加而增大。与此相反，钢的固态收缩则是随着碳的质量分数的增加，其固态收缩不断减小，尤其是共析转变前的线收缩减少得更为显著。常用铸钢的碳的质量分数定在w_c＝0.15%～0.6%之间，在此范围的钢，其结晶温度范围较小，铸造性能较好。

3.4.3　铁碳合金相图在锻压上的应用

碳的质量分数越低，其锻造性能越好，低碳钢的可锻性比高碳钢好。钢在室温时的组织为两相机械混合物，塑性较差，变形困难，只有将其加热到单相奥氏体状态，才具有较低的强度，较好的塑性和较小的变形抗力，易于锻造成型。因此，钢材轧制或锻造的温度范围多选择在单一奥氏体组织范围内。钢材的始锻或终锻温度一般控制在固相线以下100~200℃范围之内，碳钢的始锻温度常控制在 1250~1150℃，终锻温度在 800℃左右。为防止产生裂纹，保证材料足够的塑性，终锻温度不能过低，一般对亚共析钢的终锻温度控制在 GS 线以上较近处，对过共析钢控制在 SE 线以上较近处。白口铸铁无论是在低温还是高温，组织中均有大量硬而脆的渗碳体，不适宜锻压。

3.4.4　铁碳合金相图在焊接上的应用

一般，碳的质量分数越低，钢的焊接性能越好，所以低碳钢比高碳钢更容易焊接。焊接时从焊缝到母材各区域的加热温度是不同的，由相图可知，受不同加热温度的各区域在随后的冷却中可能会出现不同的组织与性能，这就需要在焊接后采用热处理方法加以改善。

3.4.5　铁碳合金相图在热处理上的应用

从铁碳合金相图可知铁碳合金在固态加热或冷却过程中均有相的变化，所以钢和铸铁可以进行有相变的退火、正火、淬火和回火等热处理。

3.4.6　铁碳合金相图在切削加工上的应用

在切削加工方面的应用，一般认为中碳钢中的 F 和 Fe_3C 的比例适当，硬度在 HB230左右，较为适合进行切削加工；低碳钢中 F 较多，塑性大，进行切削加工易产生大量的切削热，易黏刀，不易断屑，表面粗糙度差，故切削加工性不好；高碳钢中 Fe_3C 较多，硬度大，刀具易磨损，切削加工性也不好，若对其组织进行控制，使 Fe_3C 呈球状时，可改善切削加工性。总之，钢中的碳的质量分数过高或过低，都会降低其切削加工性能。另外，具有奥氏体组织的钢的导热性低，切削热只有少量能被工件吸收，大量的切削热集中在切削刃附近，使刀具的使用寿命受到影响，降低了切削加工性能。再者，钢的晶粒尺寸大小虽对其硬度不会产生显著的影响，但直接影响到断屑，晶粒越粗大，断屑越容易，切削加工性越好。

3.4.7　铁碳合金相图应用时需注意的问题

(1)铁碳合金相图不能说明快速加热和冷却时铁碳合金组织的变化规律。相图中各相的相变温度都是在所谓的平衡(即非常缓慢地加热和冷却)条件下得到的，只能参考来分析快速冷却和加热的问题。

(2)相图是用极纯的铁和碳配制的合金测定的，通常使用的铁碳合金中，除含铁、碳两元素外，尚有其他多种杂质或合金元素，其中某些元素对临界点和相的成分都可能有不可忽略的影响，此时必须借助于三元或多元相图来分析和研究。

(3)相图可以表示铁碳合金可能的相变，但不能看出相变过程所经历的时间。相图反映的是平衡相的概念，而不是组织的概念。

习　题

一、填空题

1. 纯铁在 912℃以下其晶格是＿＿＿＿＿，这种结构的铁称为＿＿＿＿＿；在 912～1394℃之间的晶格是＿＿＿＿＿，这种结构的铁称为＿＿＿＿＿。

2. 简化 Fe-Fe₃C 相图中的 ACD 线属于＿＿＿＿＿线，C 点的碳的质量分数是＿＿＿＿＿，温度是＿＿＿＿＿，C 点称为＿＿＿＿＿点。

二、简答题

1. 何谓纯铁的同素异晶转变？说出纯铁同素异晶转变的温度及在不同温度范围内的晶体结构。

2. 何谓铁素体、奥氏体、渗碳体、珠光体和莱氏体？它们各用什么符号表示？它们的性能特点是什么？

3. 什么是铁碳合金相图？试绘制简化后的 Fe-Fe₃C 相图，说明各主要特性点和特性线的含义。

4. 何谓共析转变和共晶转变？二者有何异同之处？写出 Fe-Fe₃C 相图中的共析转变式和共晶转变式。

5. 何谓钢？根据碳的质量分数和室温组织的不同，钢分为哪几类？试述它们的碳的质量分数范围和室温组织。

6. 白口铸铁分为哪几类？试述它们的碳的质量分数范围和室温组织。

三、填表题

根据铁碳合金相图，将下列成分铁碳合金在给定温度下的组织填入下表内。

碳的质量分数/%	温度/℃	显微组织	温度/℃	显微组织
0.25	800		1000	
0.77	400		800	
0.9	700		1000	
2.5	1000		1200	
4.3	1000		1200	

四、分析题

默绘出简化的 Fe-Fe₃C 相图，说明相图中的主要点、线的意义，填写各相区的相和组织组成物。分析含 $w_C=5\%$ 白口铸铁的结晶转变过程。

模块四 钢的热处理

知识目标:

1. 掌握钢整体热处理与表面热处理的目的、工艺特点及应用;
2. 了解钢在加热时的转变规律;
3. 掌握奥氏体冷却时的转变规律及转变产物。

技能目标:

1. 了解热处理实践中常见的问题和缺陷原因;
2. 掌握基本热处理方法;
3. 了解热处理常用设备。

教学重点:

1. 钢整体热处理与表面热处理的目的、工艺特点及应用;
2. 奥氏体冷却时的转变规律及转变产物;
3. 基本热处理方法。

教学难点:

奥氏体冷却时的转变规律及转变产物。

热处理在机械制造行业中应用相当广泛,据统计,在机床制造中,约 60%~70%的零件要经过热处理,在汽车、拖拉机制造中,需要热处理的零件多达 70%~80%,而各种工具、模具及滚动轴承等,则几乎要 100%进行热处理。总之,凡重要的零件都必须进行适当的热处理才能使用。

钢铁是机械工业中应用最广的材料,钢的热处理是金属热处理的核心内容。钢之所以能进行热处理,是由于钢在固态下具有相变。通过固态相变,可以改变钢的组织结构,从而改变钢的性能。另外,铝、铜、镁、钛等及其合金也可以通过热处理获得不同的使用性能。

4.1 概　　述

4.1.1 热处理定义

热处理是将金属材料放在一定的介质内加热、保温、冷却,通过改变材料表面或内部的组织结构,来控制其性能的一种金属热加工工艺。

金属热处理一般不改变工件的形状和整体的化学成分,而是通过改变工件内部的显微组织，或改变工件表面的化学成分，赋予或改善工件的使用性能。其特点是改善工件的内在质量。

4.1.2　热处理的工艺过程

热处理工艺一般包括加热、保温、冷却三个过程，有时只有加热和冷却两个过程。影响热处理的因素是温度和时间。热处理的工艺过程决定了材料热处理后的组织和性能。工艺曲线如图 4-1 所示。

加热是热处理的第一道工序。加热时主要是控制加热温度，根据加热温度的不同，加热分为两种，一种是在临界温度以下加热，不发生组织变化。另一种是加热到临界温度以上，目的是为了获得均匀的奥氏体组织，这一过程称为奥氏体化。

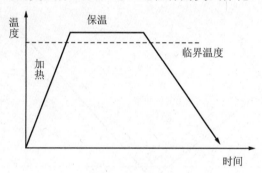

图 4-1　热处理工艺

保温的目的是要使工件表里温度一致，使显微组织转变完全。保温时间和介质的选择与工件的尺寸和材质有直接的关系。一般工件越大，导热性越差，保温时间就越长。

冷却是热处理的最终工序，也是热处理最重要的工序。冷却时主要是控制冷却速度，钢在不同冷却速度下可以转变为不同的组织。

4.1.3　热处理的分类

根据加热、冷却方式的不同，热处理可以分为下列几类。

1. **整体热处理**

整体热处理是对工件整体加热，然后以适当的速度冷却，以改变其整体力学性能的金属热处理工艺，包括有退火、正火、淬火和回火四种基本工艺，俗称"四把火"。

2. **表面热处理**

表面热处理是只加热工件表层，改变其表层力学性能的热处理工艺，包括激光热处理、火焰淬火和感应加热热处理等。

3. **化学热处理**

化学热处理是通过改变工件表层化学成分、组织和性能的金属热处理工艺，包括渗碳、渗氮、碳氮共渗、渗金属等。

4.1.4　钢在加热和冷却时的临界点

由 Fe-Fe$_3$C 相图可知，碳钢在极缓慢加热或冷却过程中，经 *PSK*、*GS*、*ES* 线时都会发生组织转变，这三条线分别定义为：*PSK* 为 A_1 线，*GS* 为 A_3 线，*ES* 为 A_{cm} 线。金属发生组织结构改变的温度称为临界点，那么 A_1、A_3、A_{cm} 线就是碳钢在极缓慢加热和冷却时的临界点。

Fe-Fe$_3$C 相图的制定是在极缓慢冷却条件下制定的，而实际生产中，发生组织转变的临界点都要偏离平衡临界点，有一个滞后现象，并且加热和冷却速度越大，组织转变点偏离平衡临界点也就越大。我们把实际加热时的各临界点用 A_{c1}，A_{c3}，A_{ccm} 表示，冷却时的各临界点我们则选用 A_{r1}，A_{r3}，A_{rcm} 表示，钢在加热和冷却时的临界温度如图 4-2 所示。

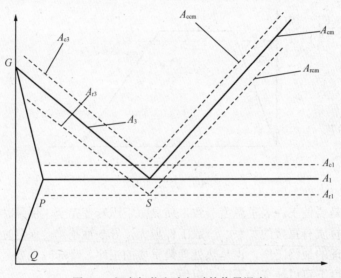

图 4-2　钢在加热和冷却时的临界温度

4.2　钢在加热时的组织转变

钢的热处理通常是将钢加热到临界温度以上，获得奥氏体组织，这个转变过程称为奥氏体化过程。奥氏体化过程分为两类：一类是使钢获得单相奥氏体，称为完全奥氏体化；另一类是使钢获得两相组织，称为不完全奥氏体化。下面以共析钢为例，介绍钢的奥氏体化过程。

4.2.1　共析钢的奥氏体化过程

共析钢以一定的加热速度加热至 A_{c1} 温度以上时，将发生珠光体向奥氏体的转变。其奥氏体化过程是借助于原子扩散，通过形核和长大方式进行的，一般可分为四个阶段。

1. 奥氏体晶核的形成

将共析钢加热到 A_{c1} 温度以上，奥氏体晶核优先在铁素体和渗碳体相界面上形核。

2. 奥氏体晶核的长大

在相界面上形成奥氏体晶核后，碳在奥氏体中的扩散一方面促使铁素体晶格重组为奥氏体，另一方面促使渗碳体不断地溶入奥氏体中，奥氏体晶核不断地长大。与此同时，又有新的奥氏体晶核不断产生和长大。奥氏体晶核长大结束是以铁素体的消失为标志，而铁素体消失的时候渗碳体还存在，这是因为铁素体向奥氏体的转变速度，通常要比渗碳体的溶解速度快得多，这部分未溶解的渗碳体称为残余渗碳体。

3. 残余渗碳体的溶解

铁素体消失后，随着保温时间的延长，残余渗碳体逐渐溶入奥氏体中，直至渗碳体消失为止。

4. 奥氏体的均匀化

残余渗碳体完全溶解后，碳在奥氏体中的成分并不均匀，即原渗碳体区域碳浓度高，原铁素体区域碳浓度低。保温时间继续延长，碳原子得到充分的扩散，最终得到均匀的奥氏体成分。

4.2.2　奥氏体晶粒大小及其影响因素

钢在加热时获得的奥氏体晶粒越细小，热处理后钢的机械性能越高，特别是冲击韧性高，因此加热时，希望能够获得细小而均匀的奥氏体晶粒。

奥氏体晶粒长大是原子扩散的过程。因此，所有加速原子扩散的因素都促进奥氏体晶粒长大，影响奥氏体晶粒大小的因素主要有以下三点。

1. 加热温度和保温时间

奥氏体晶粒随着温度的升高逐渐长大，温度越高，晶粒越粗大；在一定的温度下进行保温，保温时间越长，奥氏体晶粒越粗大。这是因为提高加热温度和延长保温时间，会加速原子扩散，有利于晶界迁移，使奥氏体晶粒长大。

2. 加热速度

奥氏体转变过程中，加热速度越快，奥氏体的形核率越高，转变刚结束时的奥氏体晶粒越细小。

3. 化学成分的影响

1) 碳的影响

随着奥氏体中碳的质量分数的增加，奥氏体晶粒长大的倾向性会增强；碳若以碳化物的形式存在于钢中，则会阻碍奥氏体晶粒长大，但碳化物若溶解于奥氏体中，奥氏体晶粒将迅速长大。

2) 合金元素的影响

在钢中加入适量的铝等形成氮化物，或加入适量的钛、锆、铌、钒等强碳化物，有利于获得细小晶粒，这是因为，碳化物或氮化物的熔点很高，加热时不容易溶入奥氏体中，具有阻碍晶界迁移、抑制奥氏体晶粒长大的作用。而锰、磷等元素则促进奥氏体晶粒的长大。

4.3　钢在冷却时的组织转变

钢加热、保温后获得了细小、成分均匀的奥氏体晶粒，然后进行冷却。以共析钢为例，如果在极其缓慢的冷却条件下进行冷却，奥氏体的转变就会按照铁碳合金相图进行，即奥氏体转变为珠光体。如果改变钢的冷却方式和冷却速度，所得到的组织就不再是珠光体组织，其性能也发生了变化。

4.3.1　基本概念

1. 过冷奥氏体

在 A_1 以下存在且不稳定的、将要发生转变的奥氏体就是过冷奥氏体。过冷奥氏体处于热力学不稳定状态，迟早要发生转变。

2. 等温冷却和连续冷却

钢的冷却方式有两种：等温冷却和连续冷却，如图 4-3 所示。等温冷却是将奥氏体化的钢快速冷却至低于 A_1 的某一温度，等温停留一定时间，使过冷奥氏体发生转变，然后再冷却至室温；连续冷却是将奥氏体化的钢以一定冷却速度连续冷却至室温。

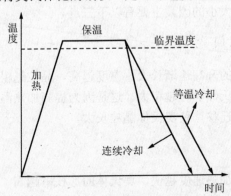

图 4-3　钢在热处理时的冷却方式

4.3.2　过冷奥氏体等温转变曲线

连续冷却在生产上较为常用，但其转变过程是在一定温度范围内进行的，得到的组织较复杂，分析起来较困难。因此我们首先学习过冷奥氏体的等温转变，在此基础上，再学习连续转变。

将共析钢加工成圆片状试样（$\varphi\,10\times1.5\text{mm}$），并分成若干组，将各组试样加热至奥氏体化后，迅速转入 A_{r1} 以下一定温度的盐浴炉中等温，各试样停留不同时间之后，逐个取出试样，在金相显微镜下观察过冷奥氏体的等温分解过程，记下过冷奥氏体向其他组织转变开始的时间和转变终了的时间。多组试样在不同等温温度下（如：650℃、600℃、500℃、350℃、230℃）进行试验，将各温度下的转变开始点和终了点都绘在温度—时间坐标系中，并将转变开始点和转变终了点分别连接成曲线，就得到共析钢的过冷奥氏体等温转变曲线，如图4-4所示。曲线的形状与英文字母"C"相似，故称C曲线。

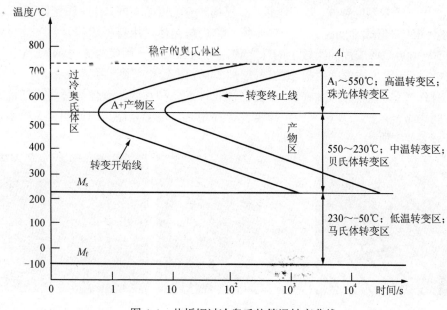

图4-4　共析钢过冷奥氏体等温转变曲线

1. 共析钢的C曲线分析

1）图中各线的意义

（1）横坐标为时间；纵坐标为温度。

（2）A_1线为奥氏体和珠光体发生相互转变的平衡临界温度。

（3）左边一条C曲线为过冷奥氏体转变开始线。一定温度下，温度纵轴到该曲线的水平距离代表过冷奥氏体开始等温转变所需要的时间，称为孕育期。孕育期越长，过冷奥氏体越稳定；孕育期越短，过冷奥氏体越不稳定。在550℃左右，孕育期最短，过冷奥氏体稳定性最差，称为C曲线的"鼻子"。

右边一条C曲线为过冷奥氏体转变终了线。一定温度下，温度纵轴到该曲线的水平距离代表过冷奥氏等温转变结束所需要的时间。

（4）M_S线——马氏体转变的开始温度；M_f线——马氏体转变的终了温度。

2）图中各区域的意义

（1）奥氏体区。

A_1水平线以上的区域称奥氏体区。在此区域，共析钢的稳定组织是奥氏体。

（2）过冷奥氏体区。

由温度纵轴、A_1水平线、M_s水平线和过冷奥氏体转变开始线围成的区域，称过冷奥氏体区。

(3)珠光体转变区及其转变产物区。

由A_1水平线、550℃"鼻子"水平线、两条 C 曲线围成的区域，称珠光体转变区。其右侧的区域称珠光体转变产物区。

在珠光体转变区中，过冷奥氏体向珠光体进行等温转变。转变产物是片状珠光体，它是由片状铁素体和片状渗碳体交替组成的混合物。一片铁素体和一片渗碳体厚度之和，称为片间距。等温转变温度越低，片间距越小。根据转变温度的不同，片状珠光体可分为三类。

① A_1～650℃形成片间距较大的珠光体，称为珠光体，用符号 P 表示。

② 650～600℃形成片间距较小的珠光体，称为索氏体，用符号 S 表示。

③ 600～550℃形成片间距极小的珠光体，称为屈氏体，用符号 T 表示。

这三种珠光体的本质是相同的，都是由片状铁素体和片状渗碳体交替组成的混合物，差别是片间距不同，所表现出来的组织特性也不相同，电子显微组织如图 4-5 所示，转变产物特点如表 4-1 所示。

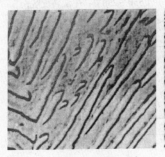  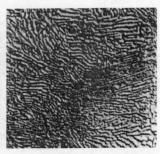

(a)珠光体 3800×　　　　　(b)索氏体 8000×　　　　　(c)屈氏体 8000×

图 4-5　电子显微组织

表 4-1　转变产物特点

组织名称	形成温度/℃	片层间距		片层形状	金相显微镜可见倍数(×)	强度		硬度
珠光体 P	A_1～650	↓	减	粗片状	500	↓	升	高
索氏体 S	650～600		小	中片状	800～1000			
屈氏体 T	600～550℃			细片状	2000～5000			

(4)贝氏体转变区及其转变产物区。

由550℃"鼻子"水平线，M_s水平线和两条 C 曲线围成的区域称贝氏体转变区。其右侧的区域称贝氏体转变产物区。

在贝氏体转变区中，过冷奥氏体向贝氏体进行等温转变，转变产物是称贝氏体，用符号 B 表示。贝氏体可分为两类，光学显微组织如图 4-6 所示，其转变产物特点如表 4-2 所示。

550～350℃形成上贝氏体，用符号 $B_{上}$ 表示。

350℃～M_s温度形成下贝氏体，用符号 $B_{下}$ 表示。

(a)上贝氏体　　　　　　　　　　(b)下贝氏体

图 4-6　贝氏体显微组织

表 4-2　转变产物特点

组织名称	形成温度/℃	显微组织特征	硬度/HRC	性能
上贝氏体	350～550	羽毛状	40～45	强度低，塑性差，脆性大，生产中很少采用
下贝氏体	230～350	黑色针叶状	45～55	综合性能好，生产中应用较多

(5)马氏体转变区。

马氏体转变区域是在 M_s 和 M_f 水平线之间。转变的产物称马氏体，用符号 M 表示。其转变只在连续冷却中形成，而不会在等温冷却中形成。

过冷奥氏体快速冷却，过冷度极大，转变温度极低，碳和铁都来不及扩散，只是由原来的 γ-Fe(面心立方晶格)转变为 α-Fe(体心立方晶格)，故马氏体是碳溶于 α-Fe 中的过饱和固溶体。根据马氏体金相形态特征，可分为板条状马氏体(低碳)和针状马氏体(高碳)，如图 4-7 所示。

(a)板条状马氏体　　　　　　　　(b)针状马氏体

图 4-7　马氏体的显微组织

2. 钢的成分对过冷奥氏体等温转变曲线的影响

不同成分的钢,过冷奥氏体等温转变曲线的位置和形状不同,即使同一成分的钢,如果热处理的条件不同,也会引起曲线位置和形状的不同。这里我们只学习钢的成分对 C 曲线的影响。

1) 碳的质量分数的影响

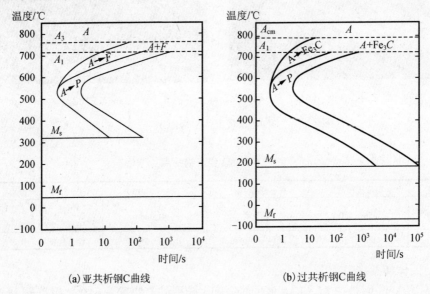

(a) 亚共析钢C曲线 (b) 过共析钢C曲线

图 4-8 亚共析钢、过共析钢 C 曲线

图 4-8 分别为亚共析钢和过共析钢的 C 曲线。与共析钢的 C 曲线相比,在亚、过共析钢的 C 曲线的上部各多出一条先共析相析出线。这是因为亚共析钢和过共析钢自奥氏体状态冷却时,先有铁素体或渗碳体的析出过程,然后才发生珠光体转变。

对于亚共析钢,随碳的质量分数的增加,C 曲线逐渐向右移,孕育期延长,过冷奥氏体的稳定性增加。而对于过共析钢,随着碳的质量分数的增加,C 曲线反而向左移,孕育期缩短,过冷奥氏体的稳定性降低。因此共析钢的 C 曲线最靠右。

2) 合金元素的影响

一般除钴和铝($Al > 2.5\%$)以外,所有溶入奥氏体的合金元素都使 C 曲线右移,延长孕育期,过冷奥氏体的稳定性增加,并使 M_s 和 M_f 点降低。Cr、W、V、Mo、Ti 等元素溶入奥氏体中后,除了使 C 曲线右移,还能使 C 曲线改变形状。但是合金元素只有在溶入奥氏体的情况下,才能使 C 曲线右移。如果合金元素以碳化物存在,会使 C 曲线左移。这是因为碳化物的存在会起到非均匀形核的作用,促进过冷奥氏体的转变,降低其稳定性。

4.3.3 过冷奥氏体连续冷却转变曲线

在实际生产中,一般采用连续冷却方式进行热处理,过冷奥氏体的转变是在一定温度范围内进行的。过冷奥氏体连续冷却转变曲线图又称 CCT 图,如图 4-9 所示。

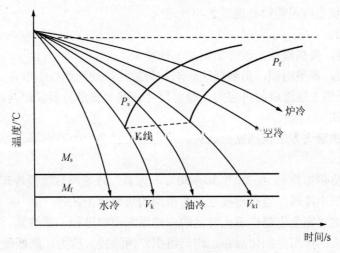

图 4-9 共析钢连续冷却转变曲线

共析钢连续冷却转变曲线只有珠光体转变区和马氏体转变区，而没有贝氏体转变区。这是因为贝氏体转变的孕育期较长，在连续冷却过程中贝氏体转变还没来得及进行，温度就降到了室温。

图中 P_s 线是珠光体转变开始线，P_f 线是珠光体转变结束线，K 线是珠光体转变终止线。当共析钢连续冷却曲线遇到 K 线时，未转变的过冷奥氏体不再发生珠光体转变，它将被保留到 M_s 温度以下，发生马氏体转变。V_k 称为上临界冷却速度，它是指过冷奥氏体只发生马氏体转变的最小冷却速度；V_{k1} 称下临界冷却速度，它是指过冷奥氏体只发生珠光体转变的最大冷却速度。

由于连续冷却转变是在一定温度范围内进行的，有的时候得到的是混合组织。炉冷相当于退火，与 CCT 曲线交于 700～650℃，转变产物为粗片状珠光体；空冷相当于正火，与 CCT 曲线交于 650～600℃，转变产物为索氏体(细片状珠光体)；油冷相当于油冷淬火，与 CCT 曲线的开始转变线和 K 线相交，最后与 M_s 相交，转变产物为屈氏体和马氏体；水冷相当于水冷淬火，不与 CCT 曲线相交，与 M_s 和 M_f 相交，转变产物为马氏体和残余奥氏体。

4.4 普通热处理

根据热处理工艺流程，热处理可分为预备热处理和最终热处理。预备热处理是指为随后的机械加工或最终热处理提供一个良好的机械加工性能或良好的组织形态而进行的热处理，主要有退火和正火。最终热处理是指工件加工成型后，为满足其使用性能要求进行的热处理，主要有淬火和回火。

4.4.1 钢的退火和正火

1. 退火

将钢件加热到临界温度以上的适当温度，保温一定时间，然后缓慢冷却(一般为炉冷)，以获得接近平衡状态组织的热处理工艺叫作退火。

1）退火的目的

(1)降低硬度，提高塑性，改善切削加工性能。

(2)细化晶粒，调整组织，消除组织缺陷，为最终热处理作组织准备。

(3)消除前一道工序造成的内应力，稳定尺寸，减少变形与裂纹倾向。

2）退火的方法

生产中常用的退火方法包括完全退火、球化退火、去应力退火等。

(1)完全退火。

完全退火是将钢加热到 A_{c3} 以上 30～50℃，保温一段时间后缓慢冷却（炉冷）至 500℃ 以下，然后在空气中冷却，以获得接近平衡组织的热处理工艺。

完全退火中的"完全"是指退火时钢的内部组织全部进行了重结晶，获得完全的奥氏体组织。完全退火的作用是细化晶粒，均匀组织，消除残余应力，降低硬度，改善切削加工性能，并为加工后零件的淬火作好组织准备。

完全退火只适用于亚共析钢，不宜用于过共析钢，这是因为过共析钢缓冷后会在奥氏体晶界处析出网状二次渗碳体，使钢的强度、塑性和韧性大大降低。

(2)球化退火。

将钢加热到 A_{c1} 以上 20～30℃，保温一段时间后随炉冷却至 600℃ 以下出炉空冷。球化退火是为了使钢中的碳化物球状化而进行的一种热处理工艺，最后得到的组织为铁素体基体上均匀分布着球状碳化物，即球状珠光体组织。球状珠光体相对于片状珠光体而言，其硬度低，切削加工性较好。

球化退火主要用于共析钢、过共析钢的锻、轧件以及结构钢的冷挤压件，其目的在于降低硬度，改善组织，提高塑性和改善可加工性能等。

(3)去应力退火。

去应力退火是将钢加热到略低于 A_1 的温度（约为 500～650℃），保温一段时间后随炉冷却至 200～300℃ 以下出炉空冷。由于去应力退火温度低于 A_1，所以并没有发生组织上的转变。

去应力退火的目的是消除铸、锻、焊件、冷冲压件（或冷拔件）及机加工的残余内应力。

2. 正火

正火是将工件加热至 A_{c3} 或 A_{cm} 以上 30～50℃，保温一段时间后出炉空冷的热处理工艺。正火的目的是使晶粒细化和碳化物分布均匀化。

1）正火的应用

(1)改善低碳钢的切削加工性。正火后硬度略高于退火，韧性也较好，可作为切削加工的预处理。

(2)可作为普通结构零件的最终热处理，细化晶粒提高机械性能。

(3)消除过共析钢中的网状渗碳体。过共析钢的原始组织中存在着明显的网状渗碳体时，需先进行正火，消除钢中的网状渗碳体组织，从而得到球化退火所需的良好组织。

2）正火与退火的区别

(1)切削加工性。

金属的硬度一般在在 170～230HB 范围内，切削性能较好。金属零件切削加工时，如硬度过大，刀具磨损快，长时间使用刀具易折断；如硬度过低，则切屑不易断，刀具易发热和磨损，切削时易"黏刀"，加工后的零件表面粗糙度大。所以对于低、中碳结构钢等硬度较低的钢，应以正火作为预先热处理适当提高其硬度再进行切削加工；而对于高碳结构钢、工具钢等硬度较高的钢，应采用退火作为预先热处理适当降低其硬度再进行切削加工。

（2）使用性。

正火冷却速度比退火冷却速度稍快，因而正火组织要比退火组织更细一些，其机械性能也有所提高。如工件的使用性能要求不太高，那么可使用正火作为其最终热处理。但若零件的形状比较复杂，正火的冷却速度有形成裂纹的危险，应采用退火。

（3）经济性。

正火比退火的生产周期短，耗能少，成本低，操作简便，故在可能的条件下，应优先考虑正火。

4.4.2　钢的淬火和回火

淬火和回火是各种机械零件、工具、模具等的最终热处理，是赋予钢的最终属性的关键性工艺。钢的淬火与回火是不可分割、紧密衔接的两种热处理工艺，通过淬火可以大幅度提高钢的强度与硬度，再配以不同温度的回火，消除淬火后产生的大量残余内应力，使强度、硬度与韧性均能达到使用要求。

1．淬火

淬火是将钢加热到临界温度 A_{c3}（亚共析钢）或 A_{c1}（共析钢、过共析钢）以上 30～50℃，保温一段时间，然后快速冷却的热处理工艺。淬火加热温度范围如图 4-10 所示。

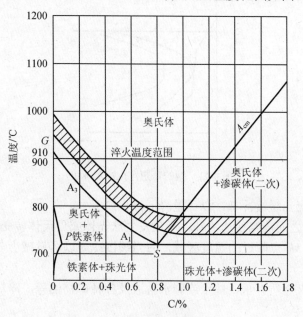

图 4-10　淬火加热温度范围

淬火的目的是使过冷奥氏体进行马氏体或贝氏体转变，得到马氏体或贝氏体组织，提高钢的强度和硬度。淬火能否达到预期的目的，是与淬火加热温度、冷却介质等密切相关。

1) 淬火加热温度

淬火加热温度是淬火工艺的主要参数。它的选择应以得到均匀细小的奥氏体晶粒为原则，以使淬火后获得细小的马氏体组织。

对于亚共析钢，淬火是将钢加热到临界温度 A_{c3} 以上 30～50℃，淬火后能够获得均匀细小的马氏体组织。如果加热温度过低，不能完全奥氏体化，则淬火后的组织为马氏体和未溶的铁素体，铁素体的存在导致钢的硬度不足，出现"软点"。如果加热温度过高，奥氏体晶粒会粗化，淬火后马氏体组织也会粗大，钢的力学性能较差，并会引起严重变形。

对于共析钢和过共析钢，淬火是将钢加热到临界温度 A_{c1} 以上 30～50℃，共析钢淬火后形成的组织为均匀细小的马氏体组织，过共析钢淬火后形成的组织为均匀细小的马氏体基体上均匀分布着细小颗粒状渗碳体。为什么过共析钢的淬火加热温度不能高于 A_{ccm} 呢？这是因为：①淬火加热温度过高，渗碳体溶于奥氏体过多，淬火后耐磨性下降；②淬火加热温度过高会引起奥氏体粗化，淬火后得到粗大的马氏体，显微裂纹倾向增大；③淬火加热温度过高，渗碳体溶解于奥氏体过多，导致奥氏体中碳含量增加，M_s 点下降，那么淬火后，残余奥氏体量增加，导致钢的硬度下降；④淬火加热温度过高，会使钢氧化脱碳加剧，淬火变形和开裂倾向加大。

2) 淬火冷却介质

我们由连续冷却曲线可知，为得到马氏体组织，淬火冷却速度必须大于临界冷却速度 V_k。但这必然会产生很大的内应力，往往会引起工件变形和开裂，因此理想淬火介质的冷却能力应当如图 4-11 所示。

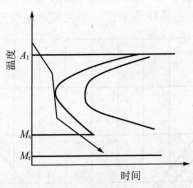

图 4-11　钢的理想淬火冷却速度

① 650℃以上应当缓慢冷却，以尽量降低淬火热应力；

② 650～400℃之间应当快速冷却，避免发生珠光体或贝氏体转变；

③ 400℃以下 M_s 点附近的温度区域，应当缓慢冷却以尽量减小马氏体转变时产生的组织应力。

目前，常用淬火介质有水、盐水或碱水溶液及各种矿物油等。冷却特性如下。

(1) 水。

水在需要快冷的 650～400℃区间，其冷却速度较小，不超过 200℃/s。在需要慢冷的马氏体转变温度区，其冷却速度又太大，在340℃最大冷却速度高达775℃/s，很容易造成淬火工件的变形或开裂。水虽不是理想淬火介质，但却适用于尺寸不大、形状简单的碳钢工件淬火。

(2) 盐水或碱水溶液淬火介质。

浓度一定的盐和碱的水溶液可使高温区(500～650℃)的冷却能力显著提高。但这两种水基淬火介质在低温区(200～300℃)的冷却速度亦很快。

(3) 油。

目前工业上主要采用矿物油，如锭子油、全损耗系统用油、机油、柴油等。

油的主要优点是低温区的冷却速度比水小得多，从而可大大降低淬火工件的组织应力，减小工件变形和开裂倾向。油在高温区间冷却能力低是其主要缺点。油淬不适用于对截面较大的碳钢及低合金钢的淬火，但是对于过冷奥氏体比较稳定的合金钢，油是合适的淬火介质。

上述几种淬火介质各有优缺点，均不属于理想的冷却介质，水的冷却能力很大，但冷却特性不好；油冷却特性较好，但其冷却能力又低。因此，寻找冷却能力介于油水之间，冷却特性近于理想淬火介质的新型淬火介质是人们努力的目标。

3) 淬火方法

常用淬火方法如图4-12所示。

(1) 单介质淬火。

是采用一种淬火介质中一直冷却到室温的淬火方法。这种淬火方法的优点是操作简便，适用于形状简单的碳钢和合金钢工件。形状简单、尺寸较大的碳钢工件多采用水淬，小尺寸碳钢件和合金钢件一般用油淬。缺点是对大尺寸和或形状复杂的工件，采用水淬变形开裂倾向大，而油淬冷却速度小，淬不硬。

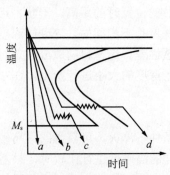

图4-12 常用淬火方法示意图

a—单介质淬火；*b*—双介质淬火；*c*—分级淬火；*d*—等温淬火

(2) 双介质淬火。

将工件奥氏体化后先浸入冷却能力强的介质，在组织即将发生马氏体转变时，立即转入冷却能力弱的介质中冷却。常用的有"水—油"、"水—空"双介质淬火。这种方法能有效地减少热应力和相变应力，降低工件变形和开裂的倾向，所以可用于形状复杂和截面不均匀的工件的淬火。但操作时应严格控制工件在水中的停留时间，要求操作工人必须具备丰富的经验和熟练的技术。

(3) 分级淬火。

将工件奥氏体化后浸入温度稍高于或稍低于 M_s 点的碱浴或盐浴中保持适当时间，在工件整体达到介质温度后取出空冷以获得马氏体的淬火。这种淬火方法由于工件内外温度均匀并在缓慢冷却条件下完成马氏体转变，因而有效地减小或防止了工件淬火变形和开裂。但对大截面零件难以达到其临界淬火速度。分级淬火只适用于尺寸较小的工件，如刀具、量具和要求变形很小的精密工件。若取略低于 M_s 点的温度，此时由于温度较低，冷却速度较快，等温以后已有相当一部分奥氏体转变为马氏体，当工件取出空冷时，剩余奥氏体发生马氏体转变，这种淬火方法适用于较大工件的分级淬火。

(4) 贝氏体等温淬火。

将奥氏体化后的工件淬入稍高于 M_s 点温度的盐浴中等温保持足够长时间，使奥氏体全部转变为下贝氏体组织，然后在空气中冷却的淬火方法，获得较好的综合力学性能。等温淬火可以显著减小工件变形和开裂倾向，适宜处理形状复杂、尺寸精度要求较高的工具和重要的机器零件，如模具、刀具、齿轮等。同分级淬火一样，等温淬火也只能适用于尺寸较小的工件。

除了上述几种典型的淬火方法外，近年来还发展了许多提高钢的强韧性的新的淬火工艺，如高温淬火、循环快速加热淬火和亚共析钢的亚温淬火等。

4) 钢的淬透性和淬硬性

(1) 淬透性。

淬透性是指在一定条件下淬火时获得淬硬层(马氏体层)深度。它是衡量各个不同钢种接受淬火能力的重要指标之一。主要与钢的过冷奥氏体稳定性和钢的临界冷却速度有关。

所谓淬硬层深度，是指从试样淬火表面起，垂直于试样表面测量，由表面到硬度值为某个值(或淬火组织的构成比例)的位置时的距离。形状、尺寸相同的不同试样，在相同条件下淬火后，它们所获得淬层深度是不相同的，淬硬层深度越深，我们就说其淬透性好；相反，淬硬层深度越浅，其淬透性差。当材料的成分一定时，淬透性将是一个固定值。

淬透性通常是以有效硬化层深度的大小进行衡量。在零件的设计图中，一般只要求有效硬化层深度。

(2) 淬硬性。

淬硬性表示在规定的工艺条件下淬火，可获得的最高硬度值。淬硬性表示钢在淬火时获得硬度高低的能力，不同试样的淬硬性进行比较时，只需对其获得的最高硬度进行比较即可。例如：形状、尺寸相同的不同试样淬火后，所获得的硬度值大小是不相同的，可以根据所获得的最高硬度来进行淬硬性的比较，硬度越高的淬硬性越好；反之，硬度越低的淬硬性越差。当材料的成分一定时，淬硬性将是一个固有量，不随零件的尺寸和形状而变化。

但是，零件的淬硬性并不代表其一定能够得到的硬度，其实际硬度值将是由加热温度、保温时间、冷却介质和出水温度等许多条件决定。淬硬性通常是以碳的质量分数的高低进行衡量。在零件的设计图中，一般只要求应达到的硬度值。

2. 回火

回火是将淬火钢加热到临界点 A_{c1} 以下的某一温度，保温后以适当方式冷却到室温的一种热处理工艺。

1) 回火作用。

钢在淬火后一般很少直接使用，因为淬火后的组织是马氏体和残余奥氏体，并且有内应力产生，马氏体虽然强度、硬度高，但塑性差，脆性大，在内应力作用下容易产生变形和开裂；此外，淬火后组织是不稳定的，在室温下就能缓慢分解，产生体积变化而导致工件变形。因此，淬火后的零件必须进行回火才能使用。

回火的作用是：①提高组织稳定性，使工件在使用过程中不再发生组织转变，从而使工件几何尺寸和性能保持稳定。②消除内应力，以便改善工件的使用性能并稳定工件几何尺寸。③调整钢铁的力学性能以满足使用要求。

回火之所以具有这些作用，是因为温度升高时，原子活动能力增强，钢铁中的铁、碳和其他合金元素的原子可以较快地进行扩散，实现原子的重新排列组合，从而使不稳定的不平衡组织逐步转变为稳定的平衡组织。内应力的消除还与温度升高时金属强度降低有关。一般钢铁回火时，硬度和强度下降，塑性提高。回火温度越高，这些力学性能的变化越大。

2) 回火时组织与性能的变化

淬火钢的组织转变可分为四个阶段。

(1) 马氏体的分解(80～200℃以下)。

马氏体在室温时是不稳定的。随着回火温度的升高，马氏体开始分解，在中、高碳钢中沉淀出 ε-碳化物。这种马氏体与 ε-碳化物的回火组织称为回火马氏体。此阶段钢的淬火内应力减少，韧性改善，但硬度仍然较高。

(2) 残余奥氏体分解(200～300℃)。

回火到200～300℃的温度范围，淬火钢中原来没有完全转变的残余奥氏体，此时将会发生分解，形成下贝氏体组织。这时的组织为回火马氏体和下贝氏体。残余奥氏体分解引起的硬度升高与马氏体分解引起的硬度下降相抵消，此时钢的硬度降低并不明显。

(3) 渗碳体的形成(250～400℃)。

马氏体分解完成，ε-碳化物转化为渗碳体(Fe$_3$C)。形成的渗碳体开始时呈薄膜状，然后逐渐球化成为颗粒状的 Fe$_3$C。此时的组织为针状铁素体和颗粒状渗碳体的混合组织，称回火托氏体。

(4) 渗碳体聚集长大(400℃以上)。

随着回火温度升高，淬火内应力不断下降或消除，硬度逐渐下降，塑性、韧性逐渐升高。

3) 常用回火方法

(1) 低温回火(<250℃)。

低温回火后得到回火马氏体组织。其目的是降低钢的淬火应力和脆性，回火马氏体具有高的硬度(一般为 58～64HRC)、强度和良好耐磨性。因此，低温回火特别适用于刀具、量具、滚动轴承、渗碳件及高频表面淬火等要求高硬度和耐磨性的工件。

(2) 中温回火(250～500℃)。

中温回火后得到回火屈氏体组织，使钢具有高的弹性极限，较高的强度和硬度(一般为 35～50HRC)，良好的塑性和韧性。中温回火主要用于各种弹性元件及热作模具。

(3)高温回火(500～650℃)。

高温回火后得到回火珠光体体组织。工件淬火并高温回火的复合热处理工艺称为调质。调质后，钢具有优良的综合力学性能(一般硬度为 220～230HBS)。高温回火主要适用于中碳结构钢或低合金结构钢制作的曲轴、连杆、螺栓、汽车半轴、机床主轴及齿轮等重要的机器零件。

4)回火脆性

钢在 300℃左右回火时，常使其脆性增大，这种现象称为第一类回火脆性。一般不应在这个温度区间回火。某些中碳合金结构钢在高温回火后，如果缓慢冷至室温，也易于变脆。这种现象称为第二类回火脆性。在钢中加入钼，或回火时在油或水中冷却，都可以防止第二类回火脆性。将第二类回火脆性的钢重新加热至原来的回火温度，便可以消除这种脆性。

4.5　表面热处理

4.5.1　表面热处理的目的及分类

表面热处理的目的是提高零件的表面性能，使其具有高硬度、高耐磨和高的疲劳强度；使零件心部具有足够高的塑性和韧性，防止脆性断裂。

表面热处理分为表面淬火和化学热处理。

4.5.2　表面淬火

1. 定义

将工件表面快速加热到奥氏体区，在热量尚未达到心部时立即迅速冷却，使表面得到一定深度的淬硬层，而心部仍保持原始组织的一种局部淬火方法。

2. 工艺特点

1)不改变工件表面化学成分，只改变表面组织和性能。
2)表面与心部的成分一致，组织不同。

3. 所用材料

一般多用中碳钢、中碳合金钢，也有用工具钢、球墨铸铁等。
典型零件如用 40、45 钢制作的机床齿轮齿面的强化、主轴轴颈处的硬化等。

4. 常用表面淬火方法

主要有感应加热表面淬火、火焰加热表面淬火等。
1)感应加热表面淬火
通以一定频率交变电流的感应线圈，产生的交变磁场在工件内产生一定频率的感应电流(涡流)，利用工件的电阻而将工件加热；由于感应电流的集肤效应，使工件表层被快速加热至奥氏体化，随后立即快速冷却，在工件表面获得一定深度的淬硬层，如图 4-13 所示。

工件淬硬层的深度与频率有关。

① 0.2～2mm，高频感应加热(100～500kHz)，适用于中小型齿轮、轴等零件。

② 2～10mm，中频感应加热(0.5～10kHz)，大中型齿轮、轴。

③ 10～15mm，工频感应加热(50Hz)，用于大型轴、轧辊等零件。

感应加热表面淬火的特点是淬火质量好，表层组织细密、硬度高、脆性小、疲劳强度高；生产频率高、便于自动化，但设备较贵，不适于单件和小批量生产。

主要应用于轴类零件、齿轮类零件、工模具。

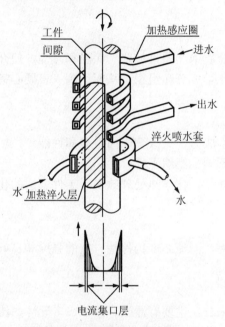

图 4-13　感应加热表面淬火

2) 火焰加热表面淬火

利用气体燃烧的火焰加热工件表面(乙炔—氧、煤气—氧、天然气)，使工件表层快速加热至奥氏体化，然后立即喷水冷却，使工件表面淬硬的一种淬火工艺，如图 4-14 所示。

火焰加热表面淬火操作简便，设备简单，成本低，但质量不稳定；适于单件、小批量生产。主要应用于轧钢机齿轮、轧辊，矿山机械齿轮、轴，普通机床导轨、齿轮等。

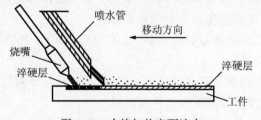

图 4-14　火焰加热表面淬火

5. 表面淬火零件一般工艺路线

表面淬火零件一般工艺路线为：下料→锻造→退火或正火→机加工→调质处理→表面淬火→低温回火→精磨。

预备热处理通常采用正火或调质处理，目的是细化和均匀组织，使工件心部具有良好的强韧性；最终热处理通常采用表面淬火后再低温回火（200℃左右），目的是消除淬火应力，工件表面保持高的硬度和耐磨性。

4.5.3　钢的化学热处理

1. 定义

将工件置于某种化学介质中，通过加热、保温和冷却，使介质中的某些元素渗入工件表层，以改变工件表层的化学成分和组织，从而达到"表硬心韧"的性能特点。

2. 工艺特点

1) 既改变工件表面化学成分，又改变表面组织和性能。
2) 表面与心部的成分不同、组织不同。
与表面淬火的不同之处是，化学热处理改变了工件表层的化学成分。

3. 目的

提高表面硬度，耐磨性，而使心部仍保持一定的强度和良好的塑性和韧性。

4. 化学热处理分类

根据渗入元素的不同来分，主要有渗碳、渗氮、多元渗、渗铝、渗铬等渗非金属和渗金属两大类。其中，渗碳、渗氮、碳氮共渗可提高零件的硬度、耐磨性和疲劳强度；渗硼、渗铬是提高零件的耐磨性和耐腐蚀性；渗铝、渗硅可提高零件的耐热性和抗氧化性；渗硫是为了零件的减摩，减小零件的摩擦系数。

其中渗碳是工业中最常用的，是齿轮、活塞销类零件加工中的一道重要工序。

1) 渗碳

渗碳是将工件放入渗碳介质中加热、保温，使活性碳原子渗入，以提高工件表层碳的质量分数的热处理工艺。通过提高工件表层碳的质量分数，以提高工件的表面硬度和耐磨性，同时使心部保持一定的强度和良好的塑韧性。

(1) 常用的材料：低碳钢和低碳合金钢，20、25、20Cr、20CrMnTi（用于汽车齿轮）、20CrMnMo、18Cr2Ni4W 等。

(2) 渗碳方法：根据渗碳剂的状态不同，渗碳方法可以分为气体渗碳、固体渗碳和液体渗碳三种，常用的是气体渗碳法和固体渗碳法。

气体渗碳常用煤油、苯、甲醇、丙酮、醋酸乙酯、天然气、煤气等作为渗碳剂，在高温裂解后产生活性碳原子，被工件表面吸收、扩散，在工件内得到一定深度的渗碳层。气体渗碳优点是生产率高，易控制，渗碳质量好。

固体渗碳的渗碳剂通常是一定粒度的木炭与 15%～20%的碳酸盐（$BaCO_3$ 或 Na_2CO_3）的混合物。木炭提供渗碳所需要的活性碳原子，碳酸盐起催化作用。将工件和固体渗碳剂装入渗碳箱中，用盖子和耐火泥封好，然后放在炉中加热至 900～950℃，保温足够长时间，得到一定厚度的渗碳层。

(3)渗层深度、成分和组织：一般渗碳层深度为 0.5～2.5mm，表面层碳的质量分数在 0.85%～1.0%范围内（过共析成分），心部仍为低碳，所以从表面到中心逐渐减少，钢件渗碳后采用缓冷。

(4)渗碳后的热处理：钢件渗碳后缓慢冷却得到的组织接近平衡态，必须经过"淬火＋低温回火"处理，才能达到性能要求。

2)渗氮

渗氮工艺又叫氮化。是将工件放入含氮活性气氛中，使工件表层渗入氮元素，形成含氮的硬化层的热处理工艺。其主要目的是提高工件表层含氮量，以提高工件表面硬度、耐磨性、疲劳强度和抗腐蚀性。

渗氮件的性能特点及应用：渗氮件的表面硬度比渗碳件的还高，耐磨性好；同时渗层处于压应力，疲劳强度大大提高；具有一定的抗蚀性，但脆性较大；渗氮件变形很小，通常无需再加工。适合于要求精度高、冲击载荷小、表面耐磨性好的零件，如一些精密机床的主轴和丝杠、精密齿轮、精密模具等都可用氮化工艺处理。

3)碳氮共渗

碳氮共渗是向钢的表层同时渗入碳和氮的过程，又称氰化。目前以中温气体碳氮共渗和低温气体氮碳共渗应用较广。中温气体碳氮共渗的主要目的是提高钢的硬度，耐磨性和疲劳强度；低温气体碳氮共渗以渗氮为主，其主要目的是提高钢的耐磨性和抗咬合性。

4.6　常用热处理设备

4.6.1　加热设备

1. 箱式电阻炉

箱式电阻炉是利用电流通过金属或非金属时产生的热能，借助于辐射或对流而对工件加热，外形呈箱体状的一种加热设备。箱式电阻炉主要由炉体和控制箱两大部分组成，内部采用耐火材料和保温材料做炉衬。主要用于对工件进行正火、退火、淬火等热处理及其他加热用途。按照加热温度的不同一般分为三种类型，温度高于 1000℃称为高温箱式电阻炉，温度在 600～1000℃之间称为中温箱式电阻炉，温度低于 600℃称为低温箱式电阻炉，其中中温箱式电阻炉应用最为广泛。

中温箱式炉结构是：炉膛由耐火砖砌成，向外依次是硅藻土砖和隔热材料；炉底一般用耐热钢制成，炉底板下有耐火砖墙支承，炉门是铸铁外壳、内砌耐火砖；电热元件是由镍铬合金或铁铬铝合金制成，安放在炉内两侧，如图 4-15 所示。

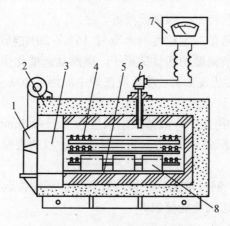

图 4-15　箱式电阻炉示意图

1—炉门；2—炉体；3—炉膛前部；4—电热元件；5—耐热钢炉底板；6—测温热电偶；7—电子控温仪表；8—工件

2. 井式电阻炉

井式电阻炉主要工作在自然气氛或保护气氛中，对较长金属工件(杆类、长轴类)进行热处理或烧结。井式电阻炉以圆柱形居多，因炉体较长，为了装出工件操作方便，大中型井式电阻炉通常安装在地坑中，只有部分露在地面之上。

图 4-16 所示为井式电阻炉的示意图，炉外壳由钢板加工而成，炉衬结构与箱式电阻炉相似，由隔热耐火层和保温层组成。根据工作温度的不同，分为高温、中温和低温井式电阻炉，各采用不同的炉衬材料。为了使炉温均匀，炉内均带有风扇。

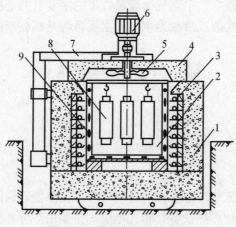

图 4-16　井式电阻炉示意图

1—炉体；2—炉膛；3—电热元件；4—炉盖；5—风扇；6—电动机；7—炉盖升降机构；8—工件；9—装料筐

3. 盐浴炉

盐浴炉指将工件浸入盐液内，通过金属电极加热的工业炉。根据炉子的工作温度，通常选用氯化钠、氯化钾、氯化钡等盐类作为加热介质。盐浴炉的加热速度快，温度均匀。工件始终处于盐液内加热，工件出炉时表面又附有一层盐膜，所以能防止工件表面氧化和脱碳。盐浴炉可用于碳钢、合金钢、工具钢、模具钢和铝合金等的淬火、退火、回火等热处理加热。盐浴炉加热介质的蒸气对人体有害，使用时必须通风。盐浴炉分外热式和内热式两大类。

外热式盐浴炉的金属炉罐(坩埚)放在炉膛内，用电或火焰进行加热，热效率较低，仅在小型盐浴炉上采用。

内热式盐浴炉结构是在插入炉膛和埋入炉墙的电极上，通上低压大电流的交流电，使熔化盐的电阻发出热量来达到要求的温度。图 4-17 所示为插入式电极盐浴炉，图 4-18 所示为埋入式电极盐浴炉。

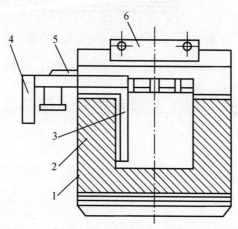

图 4-17　插入式电极盐浴炉一般结构示意图

1—炉壳；2—炉衬；3—电极；4—连接变压器的铜排；5—风管；6—炉盖

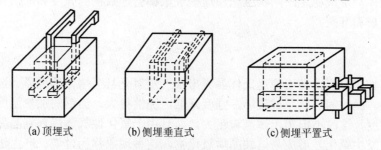

(a)顶埋式　　　　(b)侧埋垂直式　　　　(c)侧埋平置式

图 4-18　埋入式电极盐浴炉一般结构示意图

4.6.2　冷却设备

1. 水槽

水槽一般可制成长方形、正方形等，用钢板和角钢焊成。一般水槽都有循环功能，以保证淬火介质温度均匀，并保持足够的冷却特性。

2. 油槽

油槽的形状及结构与水槽相似，为了保证冷却能力和安全操作、一般车间都采用集中冷却的循环系统，如图 4-19 所示。

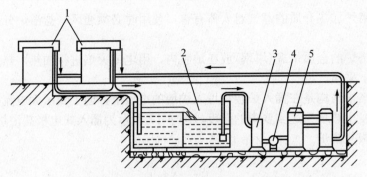

图 4-19　油循环冷却系统结构示意图

1—淬火油槽；2—集油槽；3—过滤器；4—油泵；5—冷却器

4.7　热处理工艺过程中常见缺陷及预防

4.7.1　过热与过烧

1. 过热

过热是因工件加热温度过高或在高温下保温时间过长，而使晶粒粗大化的一种缺陷。严重过热的亚共析钢冷却时，奥氏体晶粒分解形成魏氏组织；严重过热的过共析钢，冷却时析出的渗碳体会形成稳定的网状组织。这些现象都会导致钢的强度和冲击韧性降低，容易造成淬火变形和开裂。

2. 过烧

过烧是因加热温度太高而使奥氏体晶界出现严重氧化甚至熔化的现象。过烧后的工件晶粒极为粗大，晶粒间的联系被破坏，强度降低，脆性很大。当钢的加热温度过高，达到接近熔化的温度，这时不但奥氏体晶粒粗大，而且由于氧化性气体渗入到晶界，使晶间物质 Fe、C、S 发生氧化，形成易熔共晶体氧化物，这种现象称为过烧。产生过烧的钢，晶间联结遭到破坏，锻造一击便碎。所以严重过烧的钢，只能报废回炉重新冶炼。

过热后的工件可以重新进行一次正火或退火以细化晶粒，再按常规工艺重新进行淬火；而过烧的工件则无法挽救，只得报废。

为避免过烧或过热，生产中常采用下列措施进行预防。

(1)合理选择和确定加热温度和保温时间。

(2)装炉时，工件与炉丝或电极的距离不得太近。

(3)对截面厚薄相差较大的工件，应采取一定的工艺措施使之加热均匀。

4.7.2　氧化与脱碳

1. 氧化

氧化是指钢件在加热过程中与炉内氧化性气体发生化学反应生成氧化皮的现象。氧化不仅使工件表面粗糙，尺寸不稳定，钢材烧损，还影响工件的力学性能、切削加工性及耐腐蚀性等。

2. 脱碳

脱碳是指高温下工件表层中的碳与炉内的氧化性气氛发生化学反应形成气体逸出，使工件表面碳的质量分数下降的现象。脱碳后，工件表面形成贫碳区，导致工件硬度、耐磨性严重下降，并增加了工件的开裂倾向。

防止氧化和脱碳的措施有以下几项。

(1) 在保护气氛炉中加热工件。

(2) 淬火加热前，在工件表面涂以防氧化脱碳的涂料。

(3) 将工件装入盛有硅砂、生铁屑或木炭粉的密封箱内加热。

(4) 用盐浴炉加热，并定期加入脱氧剂进行脱氧和除渣。

(5) 严格控制加热温度和保温时间。

出现氧化或脱碳缺陷通常采用磨削、车削的加工方法或抛丸(喷丸)处理去除，也可采用化学方法如硫酸或盐酸进行清理。

3. 硬度不足或不均

1) 淬火工件硬度不足

硬度不足是指工件淬火后整个工件或工件的较大区域内硬度达不到工艺规定要求的现象。当零件热处理后全部或局部产生低碳马氏体、屈氏体、屈氏体-马氏体或过量的残余奥氏体，就会发生热处理硬度不足的缺陷。原因如下。

(1) 淬火加热不足。淬火加热温度低或加热时间短，未完全奥氏体化，淬火后得不到所需要的淬火组织而造成淬火硬度不足。

(2) 淬火温度过高。过共析钢淬火温度过高，残余奥氏体量增多会降低钢的淬火硬度。

(3) 淬火冷却不良。淬火必须以大于钢的临界冷却速度进行淬火冷却，否则会由于冷却不够而导致淬火硬度不足。

(4) 回火不当。由于回火温度选择不当或回火炉内温度不均导致硬度不足。

(5) 表面脱碳。工件表面碳的质量分数过低导致淬火硬度值偏低。

(6) 原材料缺陷。原材料局部硬度不足。

硬度不足的预防及弥补措施如下。

(1) 预防氧化和脱碳。

(2) 制定正确的热处理工艺规程，并严格规范执行。

(3) 淬火前应进行正火或退火处理，以保证零件淬回火后硬度的均匀性。

2) 硬度不均

硬度不均俗称"软点"，是指工件淬火后局部区域硬度不足的现象。硬度不均的原因如下。

(1) 材料化学成分(特别是碳的质量分数)不均匀。

(2) 工件表面存在氧化皮、脱碳部位或附有污物。

(3)冷却介质老化、污染。

(4)加热温度不足或保温时间过短。

(5)操作不当，如工件间相互接触，在冷却介质中运动不充分。

硬度不均的预防及弥补措施如下。

(1)截面相差悬殊的工件选用淬透好的钢材。

(2)通过锻造或球化退火等预备热处理改善工件原始组织。

(3)加热时加强保护，盐浴炉要定期脱氧捞渣。

(4)选用合适的冷却介质并保持清洁。

(5)工件在冷却介质中冷却时要进行适当的搅拌运动或分散冷却。

(6)淬火温度和保温时间要足够，防止因加热温度和保温时间不足而造成"软点"。

4.7.3　变形与开裂

变形与开裂是由于工件淬火时产生的内应力而引起的。淬火时产生的内应力有两种：一种是工件在加热或冷却时因工件表面与心部的温差引起胀缩不同步而产生的，称为热应力；另一种是工件在淬火冷却时，因工件表面与心部的温差使马氏体转变不同步而产生的，称为组织应力。

当淬火工件的内应力超过工件材料的屈服极限时，则导致变形；若超过强度极限时，则导致开裂。防止变形和开裂的根本措施就是减少内应力的产生。在生产中可采取下列措施。

(1)合理设计工件结构。厚薄交界处平滑过渡，避免出现尖角；对于形状复杂、厚薄相差较大的工件应尽量采用镶拼结构；防止太薄、太细件的结构。

(2)合理选用材料。形状复杂、易变形和开裂或要求淬火变形极小的精密工件选用淬透性好的材料。

(3)合理确定热处理技术条件。用局部淬火或表面淬火能满足要求的，尽量避免采用整体淬火。

(4)合理安排冷、热加工工序。工件毛坯经粗加工后去除表面缺陷，可减少淬火处理产生的裂纹。

(5)应用预先热处理。对机加工应力较大的工件应先去应力退火后再进行淬火；对高碳钢工件预先进行球化退火等。

(6)采用合理的热处理工艺。在满足硬度的前提下，尽可能选用冷却速度较慢的介质进行淬火冷却。

(7)淬火后及时进行回火。

习　题

1．什么是钢的热处理？其目的是什么？

2．试比较共析碳钢过冷奥氏体等温转变曲线与连续转变曲线的异同点。

3．简述退火的目的、种类和用途。

4. 完全退火为什么不适用于过共析钢？过共析钢应该用什么退火方式？为什么？

5. 什么是正火？目的如何？有何应用？

6. 淬火的目的是什么？常用的淬火方法有哪几种？说明它们的主要特点及其应用范围。

7. 试述亚共析钢和过共析钢淬火加热温度的选择原则。为什么过共析钢淬火加热温度不能超过 A_{ccm} 线？

8. 什么是钢的淬透性、淬硬性？

9. 何谓调质处理？钢经调质处理后得到什么组织？调质适合哪些零件？

10. 什么是回火？钢淬火后为什么要进行回火？按回火温度的不同分为哪几种？回火后的组织有哪些？

11. 用下列材料制造的零件淬火后应采用哪种回火处理，并说明回火后的组织和性能。

(1)45 钢机床主轴；　(2)65Mn 弹簧；　(3)T10 钢钻头。

12. 试比较下列材料经不同热处理后硬度值的高低，并说明原因。

(1)45 钢试样加热到 700℃，750℃，840℃，保温后并在水中冷却。

(2)T12 钢试样加热到 700℃，750℃，900℃，保温后并在水中冷却。

13. 什么是表面热处理？常用的方法有哪些？

14. 什么是化学热处理？常用的方法有哪些？

15. 什么叫渗碳和渗氮？经渗碳和渗氮后的钢具有什么特点？举例说明其应用。

16. 普通车床传动齿轮选用 45 钢，其工艺路线为锻造→热处理→机械加工→高频淬火→回火。试问锻后应进行何种热处理，为什么？

17. 某厂要生产一批小型齿轮，要求齿轮表面有高的硬度(>50HRC)，而心部具有良好的韧性。原来用 45 钢调质处理，再对齿轮的齿面进行表面淬火，最后低温回火。现因库存 45 钢材用完，打算用 20 钢代替。试说明：原 45 钢的各热处理工艺的目的及处理后的组织；改用 20 钢后，采用何种热处理工艺能达到所要求的性能？

18. 热处理常用设备有哪些？

19. 热处理常见缺陷有哪些？如何防止？

模块五　常用钢铁材料

知识目标：

1. 掌握钢中常存元素与合金元素及其对钢性能的影响；
2. 掌握钢的常用分类及各种钢的编号含义；
3. 掌握碳钢及各种合金钢的牌号、性能、热处理及用途；
4. 掌握各种工具钢的牌号、性能、热处理及用途；
5. 了解不锈钢、耐热钢、耐磨钢等特殊性能钢的牌号、性能及用途；
6. 掌握铸铁的石墨化及其影响因素；
7. 了解工业常用铸铁的组织、性能、牌号、热处理及用途。

技能目标：

1. 培养学生具有根据合金相图分析各种钢的能力；
2. 培养学生掌握合金钢的编号原则，进而识别牌号(包括钢种、成分等)的能力；
3. 培养学生初步具有根据用途选择钢材的能力；
4. 培养学生具有根据铸铁显微组织辨析各种铸铁的能力。

教学重点：

1. 钢中常存元素与合金元素对钢性能的影响；
2. 各种钢的牌号、性能、热处理及用途；
3. 铸铁的组织、性能、牌号、热处理及用途。

教学难点：

1. 根据合金相图对各种钢的分析；
2. 识别钢及铸铁的牌号(包括种类、成分等)，并根据用途进行合理选用。

5.1　钢中常存元素与合金元素

5.1.1　钢中常存元素对钢性能的影响

钢在冶炼过程中，不可避免地带入一些杂质元素，这些杂质元素对钢的质量有很大的影响。

1. 锰的影响

在碳钢中锰的质量分数一般为 0.25%～0.80%；在含锰合金钢中，锰的质量分数一般控制在 0.9%～1.2%范围内。锰是炼钢时加入锰铁脱氧而残留在钢中的。锰的脱氧能力较好，能清除钢中的 FeO，降低钢的脆性；锰大部分溶于铁素体中，形成置换固溶体，起到固溶强化的作用；锰和硫化合成 MnS，能减轻硫的有害作用。

2. 硅的影响

碳钢中硅的质量分数一般低于 0.4%。硅是炼钢时加入硅铁脱氧而残留在钢中的。硅的脱氧能力比锰强，硅也能溶于铁素体中，使铁素体强化，从而使钢的强度、硬度提高，而塑性、韧性降低。当硅的质量分数不多，在碳钢中仅作为少量杂质存在时，它对钢的性能影响并不显著。

3. 硫的影响

硫在钢中是有害元素。硫是炼钢时由矿石和燃料带入钢中的。硫在钢中不溶于铁，而以 FeS 形式存在。FeS 与铁则形成低熔点(985℃)的共晶体分布在奥氏体晶界上。当钢材加热到 1100～1200℃进行锻压加工时，晶界上的共晶体已熔化，并使晶粒脱开，造成钢材在锻压加工过程中开裂，这种现象称为"热脆"。为了避免热脆，钢中含硫量必须严格控制。在钢中增加锰的质量分数，可以形成高熔点(1620℃)的 MnS，MnS 呈粒状分布在晶粒内，且在高温下有一定塑性，因此可避免热脆现象。

4. 磷的影响

磷也是一种有害杂质。磷在钢中以固溶体和磷化物形态存在，是炼钢时由矿石带入钢中的。磷在钢中全部溶于铁素体中，虽可使铁素体的强度、硬度有所提高，却使室温下钢的塑性、韧性急剧降低，并使脆性转化温度有所升高，使钢变脆，这种现象称为"冷脆"。磷的存在还使钢的焊接性能变坏，因此钢中含磷量要严格控制，一般控制在 0.045%以下。

含磷较多时，其脆性较大，有利于在切削加工时形成断裂切屑，可提高切削效率和减少对刀具的磨损。这种易切削钢主要用于机床生产大批量受力不大的零件。

5.1.2　合金元素在钢中存在的形式

(1)一部分合金元素溶于铁素体中形成合金铁素体。

(2)一部分合金元素溶于渗碳体中形成合金渗碳体。

(3)与碳相互作用形成碳化物。一般将合金元素分为非碳化物形成元素和碳化物形成元素两大类。

① 碳化物形成元素(按强弱次序排列)：钛、锆、铌、钒、钨、钼、铬、锰、铁等。

② 非碳化物形成元素：镍、硅、铝、钴等。

(4)以游离态形式存在(Cu、Pb 等)。

5.1.3　合金元素在钢中的作用

为了提高钢的力学性能，增大钢的淬透性，改善钢的工艺性能或得到某种特殊物理和化学性能，常常需在钢中加入一定量的元素(除铁和碳外)，而含这些元素的钢被称为"合金钢"。例如，对于重型运输机械和矿山机器的轴类、汽轮机叶片、大型电站的大转子、飞机与汽车的一些主要零件，它们所要求的表层和心部的力学性能都较高，若用碳钢制造，就会因淬不透而达不到性能要求，因而必须选用合金钢。钢中常加入的合金元素有锰、铬、镍、铜、铝、硅、钨、钼、钒、铌、锆、钴、钛、硼、氮等。

1. 合金元素与铁和碳的作用

合金元素在钢中主要以两种形式存在：合金铁素体与合金碳化物。

1) 合金铁素体

大多数合金元素(如 Ni、Si、Al、Co 等)都能不同程度地溶解在铁素体中。由于合金元素与铁的原子尺寸和晶格类型等方面存在差异，所以当合金元素融入时，会使铁素体的晶格发生不同程度的畸变，产生固溶强化作用，使合金钢的强度、硬度提高，塑性、韧性下降。有些合金元素对铁素体韧性的影响与合金元素的含量有关，硅的质量分数在 0.6%以下，锰的质量分数在 1.5%以下时，其韧性不下降，当超过此值时则有下降趋势。铬、镍在适当的含量范围内(Cr≤2.0%，Ni≤5.0%)能提高铁素体的韧性。

2) 合金碳化物

强碳化物形成元素有钛、锆、铌、钒等，倾向于形成特殊碳化物，如 TiC、ZrC、NbC、VC 等，这类碳化物具有较高的熔点、硬度和耐磨性，加热到高温时也不容易溶入奥氏体中。如果形成在奥氏体晶界上，会阻碍奥氏体晶粒的长大，提高钢的强度、硬度和耐磨性。

中强碳化物形成元素有钨、钼、铬等，这些元素在钢中形成的碳化物性质随含量而定。当合金元素含量较高时，形成复合碳化物，如 Fe_3W_3C 等；当合金元素含量较低时，形成合金渗碳体，如$(Fe，W)_3C$ 等。这类碳化物的强度、硬度、熔点、耐磨性和稳定性等都比渗碳体高。

弱碳化物形成元素为锰，一般形成合金渗碳体$(Fe，Mn)_3C$，其熔点、硬度和稳定性等都不如上述特殊碳化物，但是它易溶于奥氏体，会对钢的淬透性影响较大。

当钢中同时存在几个碳化物形成元素时，会根据其与碳亲和力的强弱不同，依次形成不同的碳化物。

2. 合金元素对 $Fe\text{-}Fe_3C$ 相图的影响

1) 合金元素对奥氏体相区的影响

合金元素溶入铁中形成固溶体后，对铁的同素异构转变温度产生影响，从而导致奥氏体相区发生了变化。镍、锰、钴、碳、氮、铜等元素与铁相互作用能扩大奥氏体区，而铬、钒、钼、钨、钛、硅、铝、铌、锆等元素与铁相互作用能缩小奥氏体区。

2) 合金元素对 S 点和 E 点的影响

无论是扩大奥氏体相区的合金元素，还是缩小奥氏体相区的合金元素均使 S 点和 E 点左移，即降低共析点的碳的质量分数及碳在奥氏体中的最大溶解度。因此相同碳的质量分数的碳钢和合金钢具有不同的显微组织，如碳的质量分数为 0.4%的碳钢具有亚共析组织，而碳的质量分数为 0.4%、铬的质量分数为 13%的合金钢则具有过共析组织。另外，由于 E 点的左移，使碳的质量分数远低于 2.11%的合金钢中出现莱氏体。如钨的质量分数 18%的高速工具钢，碳的质量分数 0.70%～0.80%，其铸态组织中出现了莱氏体。

3) 合金元素对共析线的影响

合金元素加入钢中还会引起共析转变温度的升高或下降，扩大奥氏体相区的合金元素使 A_1 线下降，缩小奥氏体相区的元素使 A_1 上升。由于合金元素的加入，改变了临界温度的大小，因而合金钢的热处理及其他热加工工艺参数都与碳钢明显不同。

3. 合金元素对钢的热处理的影响

1) 合金元素对加热时相转变的影响

(1) 对奥氏体形成速度的影响。

Cr、Mo、W、V 等强碳化物形成元素与碳的亲和力大，形成难溶于奥氏体的合金碳化物，显著减慢奥氏体形成速度；Co、Ni 等部分非碳化物形成元素，因增大碳的扩散速度，使奥氏体的形成速度加快；Al、Si、Mn 等合金元素对奥氏体形成速度影响不大。

(2) 对奥氏体晶粒大小的影响。

大多数合金元素都有阻止奥氏体晶粒长大的作用。强烈阻碍晶粒长大的元素有 V、Ti、Nb、Zr 等；中等阻碍晶粒长大的元素有 W、Mn、Cr 等；对晶粒长大影响不大的元素有 Si、Ni、Cu 等；促进晶粒长大的元素有 Mn、P 等。

2) 合金元素对过冷奥氏体分解转变的影响

除 Co 元素外，几乎所有合金元素都增大过冷奥氏体的稳定性，使 C 曲线右移，即提高钢的淬透性。常用提高淬透性的元素有 Mo、Mn、Cr、Ni、Si、B 等。加入的合金元素只有完全溶于奥氏体时，才能提高淬透性。如果未完全溶解，则碳化物会成为珠光体转变的核心，反而降低钢的淬透性。

除 Co、Al 外，多数合金元素都使 M_s 和 M_f 点下降。其作用大小的次序是：Mn、Cr、Ni、Mo、W、Si。M_s 和 M_f 点的下降，使淬火后钢中残余奥氏体量增多。残余奥氏体量过多时，可进行冷处理(冷至 M_f 点以下)，以使其转变为马氏体，或进行多次回火。

4. 合金元素对回火转变的影响

1) 提高回火稳定性

由于合金元素阻碍了马氏体在回火过程中的转变，在相同回火温度下，合金钢的硬度高于碳素钢。在达到相同硬度的情况下，合金钢的回火温度要高于碳素钢，因而提高了回火稳定性。

2) 影响二次硬化

在含有大量 W、Mo、V、Co 等高合金钢中，淬火后在 $500\sim600℃$ 回火时，由于特殊碳化物(Mo_2C、W_2C、VC 等)弥散析出，使回火钢的硬度不但不降低反而升高，这种现象称为二次硬化，它与回火析出物的性质有关。二次硬化可使合金钢在较高温度工作时仍保持较高硬度($58\sim60HRC$)，这种性能称为热硬性(也称红硬性)。

3) 影响回火脆性

某些含有 Mn、Cr、Ni、V 等合金元素的钢，在高温回火($500\sim600℃$)缓冷时韧性下降，称为回火脆性。为避免这类回火脆性产生，经常在钢中加入 Mo、W 等合金元素。对于中小工件来说，在高温回火后快冷可避免产生此类回火脆性。

5.2　钢的分类编号

　　钢是指碳的质量分数小于 2.11% 的铁-碳合金，在实际生产中的钢的碳的质量分数一般保持在 1.5% 以下。通常按钢中是否添加合金元素，将钢分为碳素钢(碳钢)和合金钢。

5.2.1　钢的分类

1. 按碳的质量分数分类

　　(1) 低碳钢。碳的质量分数 $\omega_C \leqslant 0.25\%$ 的钢；

　　(2) 中碳钢。碳的质量分数为 $0.25\% < \omega_C \leqslant 0.60\%$ 的钢；

　　(3) 高碳钢。碳的质量分数 $\omega_C > 0.60\%$ 的钢。

2. 按钢的质量等级

　　(1) 普通钢。$\omega_S \leqslant 0.055\%$，$\omega_P \leqslant 0.045\%$；

　　(2) 优质钢。$\omega_S \leqslant 0.040\%$，$\omega_P \leqslant 0.040\%$；

　　(3) 高级优质钢。$\omega_S \leqslant 0.030\%$，$\omega_P \leqslant 0.035\%$；

　　(4) 特级优质钢。$\omega_S \leqslant 0.025\%$，$\omega_P \leqslant 0.030\%$

3. 按用途分类

1) 结构钢

　　指用于制造各种机械零件和工程结构的钢，可分为机械零件用钢和工程结构用钢。工程结构用钢主要用于制作各种大型金属构件，如桥梁、船舶、屋架、车辆、锅炉、容器等工程构件，也称为工程用钢。常用的构件用钢有普通碳素钢，称普碳钢。约占钢总产量的70%。多为低碳钢和中碳钢。在此基础上发展了某些专用钢，如锅炉钢、船舶用钢、冷冲压钢及易切削钢等。普通低合金构件用钢是一种含有少量合金元素，具有较高强度的构件用钢。研发并且大量生产，已广泛应用于建筑、石油、化工、铁道、造船、机车车辆、锅炉、农机具等许多部门。

　　机器零件用钢主要指用于制造各种机器零件，如轴类、齿轮、弹簧、轴承等所用的钢种。这类钢种包括调质钢、渗碳钢、弹簧钢、轴承钢、氮化钢等。

2) 工具钢

　　工具钢是用于制造各种加工工具的钢种，根据用途的不同，分为刃具钢、模具钢和量具钢三大类。按照化学成分的不同，又分为碳素工具钢、合金工具钢和高速钢三种。

3) 特殊性能钢

　　这些钢是具有特殊所有性能的钢种。包括不锈钢、耐热钢、超高强度钢、耐磨钢、磁钢等。

4. 按合金元素的质量分数分类

(1)低合金钢。合金元素的总的质量分数$\omega < 5\%$。

(2)中合金钢。合金元素的总的质量分数$\omega = 5\% \sim 10\%$。

(3)高合金钢。合金元素的总的质量分数$\omega > 10\%$。

5. 按冶炼方法分类

工业用钢按冶炼方法的不同，钢材可分为转炉钢、电炉钢、电渣钢等；按炼钢的脱氧程度又可分为沸腾钢、镇静钢和半镇静钢。合金钢一般为镇静钢。

5.2.2　碳素钢的编号

我国现行的钢铁材料表示方法，是按照国家标准(GB/T221—2000)规定，采用数字、化学符号和代号的汉字拼音字母相结合的编排方法。

1. 碳素结构钢

碳素结构钢是由代表屈服点的字母(Q)、屈服点的数值(单位 MPa)、质量等级符号(A、B、C、D)和脱氧方法符号四个部分按顺序排列组成。其中质量等级为 A 级的结构钢中硫、磷的含量最高，D 级为碳素结构钢中硫、磷的含量最低；脱氧方法符号含义如下：F—沸腾钢，B—半镇静钢，Z—镇静钢，TZ—特殊镇静钢。例如：Q235-AF 表示碳素结构钢中屈服强度为 235MPa 的 A 级沸腾钢。

碳素结构钢的牌号有 Q195、Q215、Q235、Q255、Q275 等。这种钢的碳的质量分数较低，而硫、磷等有害元素和其他杂质含量较多，故强度不够高。但塑性、韧性好，焊接性能优良，冶炼简便，成本低，通常作为工程用钢。

2. 优质碳素结构钢

优质碳素结构钢的牌号用两位数表示，该数字表示钢中平均碳质量分数的万倍，如牌号 45 表示$\omega_c = 0.45\%$。对于锰的质量分数较高($\omega_c = 0.7\% \sim 1.2\%$)的优质碳素结构钢，则在对应牌号后加"Mn"表示，如 45Mn、65Mn 等。若是沸腾钢，则在牌号数字后面加"F"字，如 08F、10F 等。

3. 碳素工具钢

碳素工具钢以符号 T(碳)标识，其后以碳的质量分数的千分之几表示。锰的质量分数较高的碳素工具钢，应将锰元素标出。高级优质钢末尾加 A，例如，T8A 表示平均$\omega_c = 0.8\%$的高级优质碳素工具钢。

4. 铸造碳钢

铸造碳钢是将钢水直接铸成零件毛坯，以后不再进行锻压加工的钢件。其碳的质量分数一般在 0.15%～0.55%。它具有良好的工艺性能，价格便宜，在机电工程设备中应用很广。

铸造碳钢的牌号是用铸钢两字的汉语拼音的首字母"ZG"后面加数字组成，有两种表示方法。例如：ZG25 表示平均碳的质量分数为 0.25%的碳素铸钢；ZG200-400 中的第一组数字表示其屈服强度的最低值，第二组数字表示其抗拉强度的最低值，强度的单位均为 MPa。

5.2.3　合金钢的编号

1. 碳的质量分数

一般以平均碳的质量分数的万分之几表示。例如平均碳的质量分数 0.05%、0.1%、0.5%、……写成 5、10、50、……，如 40Cr。不锈钢、耐磨钢、高速钢等高合金钢，碳的质量分数一般不标出，但如果几个钢的合金元素含量相同，仅碳的质量分数不同，此时碳的质量分数用千分之几表示。

合金工具钢平均碳的质量分数大于或等于 1.00%时，碳的质量分数不标出，碳的质量分数小于 1.00%时，以千分之几表示。如 Cr12MoV 钢的碳的质量分数为 1.2%～1.4%。

2. 合金元素的质量分数

除铬轴承钢和低铬工具钢外，合金元素一律按以下原则表示其质量分数(以平均含量计)：
(1)平均质量分数小于 1.5%时，钢号中仅表明元素，一般不表明质量分数。
(2)平均质量分数在 1.5%～2.49%、2.50%～3.49%，…，22.5%～23.49%等时，应相应地写为 2、3，…，23 等。

为了避免铬轴承钢与其他合金钢表示方法的重复，其碳的质量分数不标出，铬的质量分数以千分之几表示，并以用途名称，例如平均铬的质量分数为 1.5%的铬轴承钢，其牌号写为 GCr15，低铬合金工具钢的铬的质量分数亦以千分之几表示，但在的质量分数前加个"0"，例如平均铬的质量分数为 0.6%的合金工具钢，其牌号为"Cr06"。这些代表合金元素的质量分数的数字，应与元素符号平写，如 20Cr2Ni4A、1Cr18Ni9Ti。

特殊性能钢与合金工具钢的表示方法相同。例如，0Cr13 表示 $\omega_c \leqslant 0.08\%$，$\omega_{cr}$ 约为 12.5%～13.5%的不锈钢。

易削钢在钢号前冠以汉字"易"或符号"Y"。各种高级优质钢则在钢号之后加符号"A"。特级优质钢则在钢号之后加符号"E"。

5.3　结　构　钢

5.3.1　碳素结构钢

碳钢的价格低廉，容易生产和便于加工，通过碳的质量分数的增减和不同的热处理可以改变它的性能，以满足工业生产上的要求，因此碳钢在机器制造业中获得广泛应用。但是碳钢存在着淬透性低、绝对强度低、回火抗力差和基本相软等缺点，不能用于大尺寸、受重载荷的零件，也不能用于耐腐蚀、耐高温的零件，而且热处理工艺性能不佳。碳素结构钢的牌号、性能特点及用途见表 5-1。

表 5-1 碳素结构钢的牌号、性能特点及用途举例

牌号	质量等级	性能特点	用途举例
Q195		塑性好，有一定的强度	用于载荷较小的钢丝、垫圈、铆钉、开口销、拉杆、地脚螺栓、冲压件、焊接件等
Q215	A	塑性好，焊接性好	用于钢丝、垫圈、铆钉、拉杆、短轴、金属结构件、渗碳件、焊接件等
	B		
Q235	A	有一定的强度、塑性、韧性、焊接性好，易于冲压，可满足钢结构的要求，应用广泛	应用广泛，用于制作薄板、中板、钢筋、各种型材、一般工程构件、受力不大的机器零件，如小轴、拉杆、螺栓、连杆等 C 级、D 级用于较重要的焊接件
	B		
	C		
	D		
Q255	A	强度较高，塑性焊接性尚好，应用不如 Q235 广泛	可用于制作承受中等载荷的普通机械零件，如链轮、拉杆、心轴、键、螺栓等
	D		
Q275		较高的强度，塑性、焊接性较差	可用于强度要求较高的机械零件，如轴、齿轮、连杆、键、金属构件等

5.3.2 低合金结构钢

低合金结构钢是一类可焊接的低碳低合金工程结构用钢，主要用于房屋、桥梁、船舶、车辆、铁道、高压容器及大型军事工程等工程结构件。这些构件的特点是尺寸大，需冷弯及焊接成形，形状复杂，大多在热轧或正火条件下使用，且可能长期处于低温或暴露于一定环境介质中，因而要求钢材必须具有：①较高的强度和屈强比；②较好的塑性和韧性；③良好的焊接性；④较低的缺口敏感性和冷弯后低的实效敏感性；⑤较低的韧脆转变温度。

1. 低合金高强度结构钢

低合金高强度结构钢的主要合金元素有锰、钒、钛、铌、铝、铬、镍等。锰有固溶强化铁素体、增加并细化珠光体的作用；钒、钛、铌等主要作用是细化晶粒；铬、镍可提高钢的冲击韧度，改善钢的热处理性能，提高钢的强度，并且铝、铬、镍均可提高对大气的抗蚀能力。为改善钢的性能，高性能级别钢可加入钼、稀土等元素。

低合金高强度合金钢不但具有高的屈服强度、良好的塑性和韧性，并且还具有良好的焊接性、冷成形性、较好的耐腐蚀性和低的韧脆转变温度。可以减少材料和能源的损耗，减轻工程结构件的自重，增加可靠性和使用范围。

低合金高强度结构钢一般在热轧空冷状态下使用，不进行热处理，其组织为铁素体和珠光体；被广泛用于桥梁、船舶、车辆、建筑、高压容器、石油天然气管线等。

2. 低合金耐候钢

耐候钢即耐大气腐蚀钢，是在低碳非合金钢的基础上加入少量铜、铬、镍、钼等合金元素，使其在金属表面形成一层保护膜。为进一步改善钢的性能，还可添加微量的铌、钛、钒、锆等元素。

我国耐候钢分为焊接结构用耐候钢和高耐候性结构钢两大类。前一类（如 12MnCuCe）适合桥梁、建筑及其他要求耐候性的结构件；后一类（如 09CuPCrNi-A）适用于车辆、建筑、塔架及其他要求耐候性的结构钢，可根据不同需要制成螺栓连接、铆接和焊接的结构件。

3. 低合金专业用钢

为了适应某些专业的特殊需要，对低合金高强度结构钢的成分、工艺及性能作相应的调和补充规定，从而发展了门类众多的低合金专业用钢。例如锅炉、各种压力容器、船舶、

桥梁、汽车、农机、自行车、矿山、建筑钢筋等，许多已纳入国家标准。

汽车用低合金钢是一类用量极大的专业用钢，广泛用于汽车大梁、托架及车壳等结构件。主要包括冲压性能良好的低强度钢(发动机罩等)、微合金化钢(大梁等)、低合金双相钢(轮毂、大梁等)及高延性高强度钢(车门、挡板)共四类，目前国内外汽车钢板技术发展迅速。

当前石油和天然气管线工程正向大管径、高压输送方向发展，对管线用钢也提出新要求。管线用钢国际上采用 API 标准(美国石油工业标准)，按屈服强度等级分类。随着油气管线工程发展，管线用钢的屈服强度等级也在逐年提高，为适应现场焊接条件，管线用钢采取降碳措施。为弥补降碳损失的强度又不损害焊接性，添加 Nb、V、Ti 等碳氮化物形成元素；采用适应螺旋焊管的控轧控冷钢或适应压力机成型焊管的淬火-回火钢。海底管线用钢在 C—Mn—V 系基础上添加 Cu 或 Nb，以提高耐蚀性。低温管线用钢在 C—Mn 系基础上添加 Ni、Nb、N，具有很好的低温韧性。

海洋平台用钢，应具有中等以上强度、良好的抗海水腐蚀和抗低温断裂能力、较高的疲劳强度，以及优良的焊接性能等。由于时常受到强海浪和风力的袭击，还要求用于某些重要部位采用抗层状撕裂钢(Z 向钢)。海洋平台主题用钢要求冶炼时降低 S、P 含量，控制金属夹杂物形态及分布，以提高钢的抗冲击性能和弯曲性能，并降低焊接头的层头撕裂倾向和减小断裂韧度的方向性。

5.4　机械结构用合金钢

机械结构用合金钢主要用于制造各种机械零件，其质量等级都属于特殊质量等级，大多须经热处理后才能使用，按其用途及热处理特点可分为渗碳钢、调质钢与非调质钢、弹簧钢、滚动轴承钢、超高强度钢、易切削钢等。

5.4.1　合金渗碳钢

渗碳钢通常是指经渗碳、淬火、低温回火后使用的钢。根据化学成分为碳素渗碳钢和合金渗碳钢。碳素渗碳钢(碳的质量分数为 0.1%~0.2%)由于淬透性低，仅能在表面获得高的硬度，而心部得不到强化，故只适用于较小的渗碳件。

1. 合金渗碳钢工作条件和性能要求

合金渗碳钢主要用来制造表面承受强烈磨损，并承受动载荷的零件(如变速齿轮、齿轮轴、活塞销等)。这类零件要求表面具有高硬度，中心具有较高的韧性和足够的强度。合金渗碳钢经渗碳和热处理后表面具有较高的硬度和耐磨性，心部则具有良好的塑性和韧性，同时达到了外硬内韧的效果，保证了机械零件在复杂工作条件下的正常运转。

2. 常用合金渗碳钢的种类

合金渗碳钢常按淬透性的大小分为三类。

1) 低淬透性渗碳钢

水淬临界淬透直径为 20~3mm，渗碳淬火后性能一般可达 $\sigma_b \approx 700 \sim 850\text{MPa}$，$a_k \approx 60 \sim 70\text{J/cm}^2$。用于制造受力不太大，不需要强度很高的耐磨零件，属于这类钢的有 20Cr、20MnV 等。这类钢(特别是锰钢)渗碳时晶粒易长大，对性能要求高的零件，渗碳后要采用双重淬火。

2）中淬透性渗碳钢

油淬临界淬透直径为 25～60mm。渗碳淬火后一般$\sigma_b \approx 950$～1200MPa，$a_k \approx 70$～$80J/cm^2$，用于制造承受中等载荷的耐磨零件，属于这类钢的有 20CrMnTi、12CrNi3、20MnVB 等。这类钢奥氏体晶粒长大倾向小，可自渗碳温度预冷到 870℃左右直接淬火。

3）高淬透性渗碳钢

油淬临界淬透直径在 100mm 以上，甚至空冷也能淬成马氏体。渗碳淬火后性能一般为$\sigma_b \approx 1100$～1200MPa，$a_k \approx 80$～$100J/cm^2$，用以制造承受重载荷及强烈磨损的重要大型零件，属于这类钢的有 12Cr2Nil4、20Cr2Ni4、18Cr2Ni4W 等。

3. 合金渗碳钢的成分和热处理后的组织

一般来说，钢的碳的质量分数低，韧性就高。渗碳钢的碳的质量分数$\omega c = 0.10\%$～0.25%。为了进一步提高强度，以用于要求高的零件，合金渗碳钢中还加入了合金元素铬（$\omega_{Cr} < 2\%$）、镍（$\omega_{Ni} < 4\%$）、锰（$\omega_{Mn} < 2\%$）、硼（$\omega_B < 0.004\%$）来强化铁素体和增大淬透性，使大尺寸零件的心部具有满意的力学性能。对要求更高的零件，还要加入辅加合金元素钨、钼、钒、钛等，目的是细化晶粒，使渗碳后能直接淬火，简化热处理工序。此外，还可提高钢的韧性和强度。由于奥氏体稳定性增大，可在油中淬火，从而减少零件的变形和开裂。合金钢在渗碳后，表面层的合金元素可以形成合金渗碳体和合金碳化物，较之渗碳碳钢有更佳的耐磨性。

渗碳零件的最终热处理是淬火＋低温回火。低温回火后，合金渗碳零件表面层和碳钢相似，是高碳回火马氏体和渗碳体或碳化物。如淬透则心部回火后是低碳回火马氏体；如未淬透时为屈氏体加少量低碳回火马氏体及铁素体混合组织。这样，高碳马氏体保证高硬度（58～65HRC）和耐磨性，心部组织则具有足够的强度和韧性。我国常用渗碳钢的牌号、成分、热处理、力学性能及用途见表 5-2。

表 5-2　常用合金渗碳钢的牌号、热处理、力学性能及用途

牌号	热处理工艺			力学性能（不小于）				用途举例
	第一次淬火/℃	第二次淬火/℃	回火/℃	σ_b/MPa	σ_s/MPa	$\delta \times 100$	A_{KV}/J	
20Cr	880 水、油	800 水、油	220 水、空	835	540	10	47	截面在 30mm 以下载荷不大的零件，如机床及小汽车齿轮、活塞销等
20CrMnTi	880 油	870 油	220 水、空	1080	835	10	55	汽车、拖拉机截面在 30mm 以下，承受高速、中或重载荷以及受冲击、摩擦的重要渗碳件，如齿轮、轴、齿轮轴、爪形离合器、蜗杆等
20MnVB	860 油		220 水、空	1080	885	10	55	模数较大、载荷较重的中小渗碳件，如重型机床齿轮、轴，汽车后桥主动、被动齿轮等淬透性件
12Cr2Ni4	860 油	780 油	220 水、空	1080	835	10	71	大截面载荷较高缺口敏感性低的重要零件。如重型载重车、坦克的齿轮等
28Cr2Ni4W4	950 空	850 空	220 水、空	1175	835	10	78	截面更大，性能要求更高的零件，如大截面的齿轮、传动轴、精密机床上控制进刀的蜗轮等

近年来，生产中采用渗碳钢直接淬火和低温回火，以获得低碳马氏体组织，制造某些要求综合性能较高的零件，如传递动力的轴、重要的螺栓等。在某些场合下，还可以代替中碳钢的调质处理。

5.4.2 合金调质钢

合金调质钢用于制造在重载荷作用下同时又受冲击载荷作用的一些重要零件，要求零件具有高强度、高韧性相结合的良好综合力学性能。为此采用中碳含量加某些合金元素的成分配置，通过调质处理来达到上述性能要求，因此称为调质钢。

1. 合金调质钢工作条件和性能要求

汽车、拖拉机、车床等其他机械上的重要零件如汽车底盘半轴、高强度螺栓、连杆等大多工作在受力复杂、负荷较重的条件下，要求较高水平的综合力学性能，即要求较高的强度与良好的塑性和韧性相配合。

但是不同的零件受力状况不同，其对性能要求的侧重也有所不同。整个截面受力都比较均匀的零件如只受单向拉、压、剪切的连杆，要求截面各处强度与韧性都要有良好的配合。截面受力不均匀的零件如表层受拉应力较大心部受拉应力较小的螺栓，则表层强度比心部要求高一些。

2. 合金调质钢的化学成分

调质钢的碳的质量分数一般为 $\omega_C = 0.25\% \sim 0.5\%$。碳的质量分数过低，不易淬硬，回火后强度不足；碳的质量分数过高，则韧性不足。一般说来，如果零件要求较高的塑性与韧性，则用 $\omega_C < 0.4\%$ 的调质钢；如果要求较高强度、硬度，则用 $\omega_C > 0.4\%$ 的调质钢。合金调质钢因合金元素起了强化作用，相当于代替了一部分碳量，故碳的质量分数可降低。

在合金调质钢中，主加元素是锰、硅、铬、镍、硼，主要目的是增大钢的淬透性。全部淬透零件在高温回火后可获得高而均匀的综合力学性能，特别是高的屈强比。除硼外，这些元素都显著强化铁素体，并在一定含量范围内提高钢的韧性。附加元素是钨、钼、钛、钒等，起细化晶粒、提高回火抗力的作用。钨和钼还起防止第Ⅱ类回火脆性的作用。合金元素加入后，一般都使奥氏体稳定性增大，因此合金调质钢可在油中淬火，以减少零件的变形与开裂。

3. 常用合金调质钢的种类及热处理

合金调质钢常按淬透性分为三类。常用调质钢的牌号、成分、热处理、力学性能和用途见表 5-3。

1）低淬透性调质钢

油淬临界淬透直径为 20～40mm，调质后强度比碳钢高，一般 $\sigma_b = 800 \sim 1000\text{MPa}$，$\sigma_s = 600 \sim 800\text{MPa}$，$a_k = 60 \sim 90\text{J/cm}^2$。其合金元素总量 $\omega_{Me} < 2.5\%$，常用作中等截面、要求力学性能比碳钢高的调质件。属于这类钢的有锰系、硅—锰系、铬系的调质钢。机床中用得最多的是 40Cr（代用材料为 40MnB 或 35SiMn）。

2) 中淬透性调质钢

油淬透临淬透直径为 40～60mm，调质后强度比碳钢高，一般 $\sigma_b = 900～1000MPa$，$\sigma_s = 700～900MPa$，$a_k = 50～80J/cm^2$。可用作截面大、承受较重载荷的机器零件。属于这类钢的有铬—钼系、铬—锰系、铬—镍系合金调质钢，如 30CrMnSi、35CrMo、38CrMoAlA、40CrMn、40CrNi 等。其中 30CrMnSi 用得最广泛，用于制造重要的飞机和机器零件。

3) 高淬透性调质钢

油淬临界淬透直径≥60～100mm。这类调质钢调质后强度最高，韧性也很好，一般 $\sigma_b = 1000～1200MPa$，$\sigma_s = 800～1000MPa$，$a_k = 60～120J/cm^2$，可用作大截面、承受更大载荷的重要调质零件。属于这类钢的有铬—锰系、铬—镍系、铬—镍—钨系调质钢，如 40CrNiMoA、37CrNi3、25CrNi4WA 钢等。

调质钢热加工（如锻造）后必须进行热处理，以降低硬度，便于切削加工。合金元素含量少、淬透性低的调质钢，可采用退火；淬透性高的调质钢，则要采用正火加高温回火。例如 40CrNiMo 钢正火后硬度在 400HBS 以上，经高温回火后硬度才降至 207～240HBS，满足了切削的要求。调质钢的最终热处理为淬火后高温回火，回火温度一般为 500～650℃。

如果除了具备良好的综合力学性能以外，还要求表面有良好的耐磨性，则可在调质后进行表面淬火或氮化处理。

表 5-3 常用合金调质钢的牌号、热处理、力学性能及用途

牌号	热处理		力学性能(不小于)					用途举例
	淬火/℃	回火/℃	σ_b/MPa	σ_s/MPa	$\delta \times 100$	$\varphi \times 100$	A_{KV}/J	
40Cr	850 油	520 水、油	980	785	9	45	47	汽车后半轴、机床齿轮、轴、顶尖套等
40MnB	850 油	500 水、油	980	785	10	45	47	代替 40Cr 钢制造中、小截面重要调质件等
35CrMo	850 油	550 水、油	980	835	12	45	63	受冲击、振动、弯曲、扭转载荷的机件，如主轴、大电机轴、曲轴等
38CrMoAl	940 油	640 水、油	980	835	14	50	71	高级渗氮钢，制作磨床主轴、精密齿轮、高压阀门、压缩机活塞杆等
40CrNiMoA	850 油	600 水、油	980	835	12	55	78	韧性好、强度高及大尺寸重要调质件，如重型机械中高载荷轴类、汽轮机轴、叶片、曲轴等

5.4.3 合金弹簧钢

弹簧钢是用于制造弹簧等弹性元件的钢种。

1. 合金弹簧钢工作条件和性能要求

弹簧主要工作在冲击、振动、扭转、弯曲等交变应力下，利用其较高的弹性变形能力来储存能量，以驱动某些装置或减缓振动和冲击作用。因此，弹簧必须具有：①较高的弹

性极限和强度，防止工作时产生塑性变形；②较高的疲劳强度和屈强比，避免疲劳破坏；③较高的塑性和韧性，保证在承受冲击载荷条件下正常工作；④较好的耐热性和耐腐蚀性，以便适应高温及腐蚀的工作环境；⑤较高的淬透性和较低的脱碳敏感性。

根据弹簧的尺寸不同，成形与热处理方法也不同。

(1)冷成形弹簧。对直径小于 8～10mm 弹簧，常用冷拉弹簧钢丝冷绕而成。钢丝可用60、75、65Mn、T7A～T9A 等钢。

(2)热成形弹簧。弹簧丝直径或弹簧钢板厚度大于 10～15mm 的螺旋弹簧或板弹簧，一般在淬火加热时成形。此时淬火的加热温度比平常淬火的高出 50～80℃，成形后利用余热立即淬火，获得回火屈氏体组织。这种组织具有高的弹性极限和疲劳极限，38～50HRC。

2. 合金弹簧钢的化学成分

合金弹簧钢的碳的质量分数 ω_C＝0.6%～6.09%，以保证得到高的疲劳极限和屈服点。加入合金元素后 S 点左移，故合金弹簧钢的碳的质量分数一般 ω_C＝0.45%～0.7%。合金弹簧钢的主加合金元素是锰（ω_{Mn}＜1.3%）、硅（ω_{Si}＜3%）、铬（ω_{Cr}＜1.09%）等，主要目的是增加钢的淬透性，使回火后沿整个截面获得均匀的回火屈氏体，当然也使钢的铁素体强化。硅的加入可使屈强比提高到接近于 1，有效地提高了强度利用率和弹簧的疲劳强度。

辅加元素是少量的钼、钨、钒。作用是减小脱碳和过热倾向，同时进一步提高弹性极限、屈强比和耐热性。钒还能提高冲击韧度。这些合金元素都能增加奥氏体稳定性，使大截面弹簧可在油中淬火，减少其变形与开裂倾向。弹簧工作时表面层的应力最高，如果表面贫碳、脱碳，会造成早期滑移，形成早期疲劳源，大大降低寿命。

3. 常用弹簧钢种类及热处理

常用弹簧钢的牌号、热处理、力学性能及用途见表 5-4。

表 5-4　常用弹簧钢的牌号、热处理、力学性能及用途

牌号	热处理		力学性能			用途举例
	淬火 /℃	回火/℃	σ_b /MPa	σ_s /MPa	φ ×100	
55Si2Mn	870 油	480	1274	1176	30	用途广，汽车、拖拉机、机车上的减振板簧和螺旋弹簧，汽缸安全阀簧等
60SiCrA	870 油	420	1764	1568	20	用作承受高应力及 300～350℃以下的弹簧，如汽轮机汽封弹簧、破碎机用弹簧等
50CrVA	850 油	500	1274	1127	40	用作高载荷重要弹簧及工作温度 300℃的阀门弹簧、活塞弹簧、安全阀弹簧等
30W4Cr2VA	1050～1100 油	600	1470	1323	40	用作工作温度≤500℃的耐热弹簧，如锅炉主安全阀弹簧、汽轮机汽封弹簧等

5.4.4　滚动轴承钢

滚动轴承钢，是指制造各类滚动轴承内、外圈以及滚动体(滚珠、滚柱、滚针)的专用钢(但保持器通常用 08 和 10 钢板冲制而成)。

1. 滚动轴承钢工作条件和性能要求

滚动轴承工作时，内套和滚珠发生转动和滚动，内套的任何一部分及每个滚珠会周期性地进入载荷带。所受载荷的大小由零升到最大值，再由最大值降为零。周期性交变承载，每分钟的循环受力次数可高达上万次，经常会发生疲劳破坏使局部产生小块的剥落。除滚动摩擦外，滚动体和滚道还存在滑动摩擦，所以轴承的磨损失效也是十分常见的。因此，滚动轴承必须具有较高的淬透性，较高的硬度和耐磨性，良好的韧性、弹性极限和接触疲劳强度，在大气及润滑介质下有良好的耐蚀性和尺寸稳定性。

2. 滚动轴承钢的化学成分

当前最常用的是铬轴承钢（占 90%），碳的质量分数为 $\omega_C = 0.95\% \sim 1.15\%$，属于过共析钢，目的是保证轴承具有高的强度、硬度和有足够量的碳化物，以提高耐磨性。

加入 $\omega_{Cr} < 1.65\%$ 的铬，用以提高钢的淬透性并使钢材在热处理后形成细小均匀分布的合金渗碳体 $(Fe，Cr)_3C$，提高钢的强度、接触疲劳极限与耐磨性。如果含铬过多，会增加淬火后的残余奥氏体量，并使碳化物分布不均匀。制造大尺寸轴承时，可加硅、锰进一步提高其淬透性。

轴承钢在非金属夹杂方面要求很纯，非金属夹杂物对轴承钢的力学性能有大的影响，特别是接触疲劳性能，因而对轴承零件的使用寿命有显著的影响，所以对一般用的轴承钢的非金属夹杂物含量均有严格限制。

3. 常用滚动轴承钢的种类及热处理

常用滚动轴承钢的牌号、化学成分、热处理及用途见表 5-5。

表 5-5　常用滚动轴承钢牌号、化学成分、热处理及用途

牌号	化学成分 $\omega_{Me} \times 100$				热处理		回火后硬度/HRC	用途举例
	C	Cr	Si	Mn	淬火/℃	回火/℃		
GCr6	1.05 ~ 1.15	0.40 ~0.70	0.15 ~0.35	0.20 ~0.40	800 ~820 水、油	150 ~ 170	62~64	直径<10mm 的滚珠、滚柱及滚针
GCr9	1.00 ~ 1.10	0.90 ~1.20	0.15 ~0.35	0.20 ~0.40	810 ~830 水、油	150 ~170	62~64	直径<20mm 的滚珠、滚柱及滚针
GCr9 SiMn	1.00 ~ 1.10	0.90 ~1.20	0.40 ~0.70	0.90 ~1.20	810 ~830 水、油	150 ~ 160	62~64	壁厚 <12mm 、外径 <250mm 的套圈；直径为 25～50mm 的钢球；直径 <22mm 的滚子
GCr 15	0.95 ~ 1.05	1.30 ~1.65	0.15 ~0.35	0.20 ~0.40	820 ~846 水、油	150 ~ 160	62~64	与 GCr9SiMn 同
GCr15SiMn	0.95 ~ 1.05	1.30 ~1.65	0.40 ~0.65	0.90 ~1.20	820 ~840 水、油	150 ~ 170	62~64	壁厚≥12mm、外径大于 250mm 的套圈；直径 >50mm 的钢球；直径>22mm 的滚子

　　铬轴承钢中以 GCr15、GCr15SiMn 应用最多。前者用于制造中、小轴承的内、外套圈及滚动体，后者应用于较大型滚动轴承。对于承受很大冲击或特大型轴承，常用合金渗碳钢制造，目前常用的渗碳轴承钢有 G20Cr2Ni4A、G20Cr2Mn2MoA。对于要求耐腐蚀的不锈钢轴承，常用不锈工具钢(如 9Cr18)制造。

　　滚动轴承钢的热处理包括预备处理(球化退火)和最终热处理(淬火＋低温回火)。球化退火的目的是降低锻造后钢的硬度，以便于切削加工，并为淬火作好组织准备。退火后组织为球状珠光体，硬度低于 210HBS。淬火＋低温回火后的组织为极细的回火马氏体，细小均匀分布碳化物及少量残余奥氏体，61～65HRC。

　　对于精密轴承零件，为了保证使用过程中的尺寸稳定性，淬火后还应进行冷处理使残余奥氏体转变，然后再进行低温回火。磨削加工后，再在 120～130℃下时效 5～10h。

5.4.5　易切削钢

　　钢中加入某一种或几种合金元素，使其切削加工性能优良，称为易切削钢。这类钢主要用于自动切削机床的切削加工。

　　易切削性的高低代表材料被切削的难易程度。由于材料的切削过程比较复杂，难以用单一参数来评定，一般按刀具寿命、切削抗力大小、加工表面粗糙程度和切屑排除难易程度来衡量，且以上各项参数的重要程度因切削加工的类别而有所不同。如对粗车而言，刀具寿命是主要的；但对精车来说，表面粗糙度最为关键。如是自动车床，从工作效率及安全生产来考虑，则切削形态就十分重要。

1.　易切削钢的化学成分

　　易切削钢的合金元素有硫、铅、磷及微量的钙等。

　　硫与钢中的锰和铁有较大的亲和力，易形成 MnS(或 FeS)夹杂物。含硫的夹杂物会使切屑容易脆断，还能起到减摩作用。但是钢中硫的质量分数过高时，会形成低熔点共晶组织，产生热脆现象。因此，一般在易切削钢中，硫的质量分数控制在 0.08%～0.30%，锰的质量分数控制在 0.60%～1.55%，当硫化锰呈圆形均匀分布时，在降低热脆发生的同时，可以进一步提高切削加工性能。

　　铅不溶于铁，当它以孤立的细小颗粒(约 3μm)均匀分布在钢中时，可以改善钢的切削加工性能。铅的加入会降低摩擦系数，使切削变脆易断，降低切削热。铅对钢的冷热加工性无明显的不利影响，但当铅质量分数过高时，会造成偏析，一般将铅控制在 0.15%～0.25% 范围之内。

　　磷溶于铁素体，提高强度、硬度，降低塑性、韧性，使切屑易断和易于排除，并降低零件表面粗糙度值。但其作用很弱，很少单独使用。

　　钙在钢中能形成高熔点钙铝硅酸盐，依附在刀具上形成一层薄薄的保护膜，降低刀具的磨损，延长刀具的使用寿命。

2.　常用易切削钢种类及热处理

　　常用易削钢的牌号、成分、力学性能及用途见表 5-6。易切削钢的牌号前冠以"Y"或"易"字样，含锰量较高者，在钢号后标出"Mn"或"锰"。

　　对切削加工性能要求较高的,可选用硫质量分数较高的 Y15;对焊接性能要求较高的,可选用硫质量分数较低的 Y12;对强度有较高要求的,可选用 Y30。车床丝杠一般选用锰质量分数较高的 Y40Mn;而在自动机床上加工的零件则大多选用低碳易切削钢。

　　易削钢可进行最终热处理,但不采用预备热处理,以免损害其易削性。易削钢的成本高于碳钢,只有大批量生产时才能获得较好的经济效益。

表 5-6　常用易削钢的牌号、成分、力学性能及用途

牌号	化学成分					力学性能				用途举例
	C	Mn	Si	S	P	σ_b/MPa	$\sigma_s \times 100$	A_k/J	HBS	
Y12	0.08 ~ 0.16	0.70 ~ 1.00	0.15 ~ 0.35	0.10 ~ 0.20	0.08 ~ 0.15	420 ~ 570	22	36	167	在自动机床上加工的一般标准紧固件,如螺栓、螺母、销。Y15 含硫量高,切削性更好
Y15	0.10 ~ 0.18	0.80 ~1.20	0.15 ~ 0.35	0.23 ~ 0.33	0.05 ~ 0.10	400 ~ 550	22	36	160	
Y20	0.17 ~ 0.25	0.70 ~ 0.10	≤ 0.15	0.08 ~ 0.15	≤ 0.06	460 ~ 610	20	30	170	强度要求稍高、形状复杂不易加工的零件如纺织机、计算机上的零件,及各种紧固标准件
Y30	0.27 ~ 0.35	0.70 ~ 0.10	0.15 ~ 0.35	0.08 ~ 0.15	≤ 0.06	520 ~ 670	15	25	187	
Y40Mn	0.37 ~ 0.45	1.20 ~ 1.55	0.15 ~ 0.35	0.02 ~ 0.30	≤ 0.04	600 ~ 750	14	20	207	受较高应力、要求光洁度高的机床丝杠、光杠、螺栓及自行车、缝纫机零件

5.4.6　超高强度钢

　　超高强度钢一般指 $\sigma_b > 1500$MPa 或 $\sigma_s > 1380$MPa 的合金结构钢。这类钢主要用于航空、航天工业,其主要特点是具有很高的强度和足够的韧度,且比强度和疲劳极限值高,在静载荷和动载荷的条件下,能承受很高的工作应力,从而可减轻结构重量。虽然超高强度钢存在缺口敏感性,但其平面应变断裂韧度较高,在复杂的环境下不致发生低应力脆性断裂。这类钢按成分和使用性能分为低合金超高强度钢、中合金超高强度钢和高合金超高强度钢三大类。

1. 低合金超高强度钢

　　碳的质量分数在 0.27%～0.45%,合金元素总量小于 5%,最终热处理为淬火、低温回火的钢种。如用于飞机起落架的 40CrMnSi-MoVA 钢和 Ni 基的马氏体时效钢。

2. 中合金超高强度钢

　　由热作模具钢改进,主要加入 Cr、Mo、W、V 合金元素的钢种。利用淬火回火后碳化物沉淀产生的二次硬化来达到超高强度。如 4Cr5MoSiV 和成分接近与高速钢基体成分的基体钢如 012AI、65Nb 等。

3. 高合金超高强度钢

其合金元素质量分数大于 10%。应用较多的是超高强度不锈钢、马氏体时效钢和基体钢。

5.5 工 具 钢

工具钢是指用于制造刀具、量具、模具和其他各种耐磨工具的钢类。

1. 按成分分类

按成分可分为以下两类。
(1)碳素工具钢。简称碳工钢，属于高碳成分的铁碳合金。
(2)合金工具钢。又分为低合金工具钢、中合金工具钢和高合金工具钢。

2. 按用途分类

按用途可分为以下三类。
(1)刃具钢。主要用于制造各种金属切削刃具，如钻头、车刀、铣刀等。
(2)模具钢。主要用于制造各种金属成型模具，又分为冷作模具钢和热作模具钢两种，如冷冲模、冷挤模、热锻模、压铸模等。
(3)量具钢。主要用于制造各种测量工具，如千分尺、块规、样板等。

5.5.1　刃具钢

刃具钢按成分及性能特点可分为碳素刃具钢、低合金刃具钢和高速钢。

1. 刃具钢的性能要求

刃具钢的工作条件较差，在切削工件时刃具的实际工作部分只是刃部的一个局部区域。刃部区域在切削时受到很大的压力，并承受强烈的摩擦和磨损；由于切削发热，刃部局域的温度可达 800℃以上；刃具在切削工作时承受相当大的冲击载荷。刃具钢在使用中具有以下基本性能。

(1)高硬度。高硬度是对刃具钢的基本要求。硬度不够高时易导致刃具卷刃、变形，切削将无法进行。刃具的硬度一般应在 60HRC 以上。钢在淬火后的硬度主要取决于碳的质量分数，故刃具钢均以高碳马氏体为基体。

(2)高耐磨性。耐磨性是保证刃具锋利不钝的主要因素，更重要的是，刃具在高温下应保持高的耐磨性。耐磨性除与硬度有关外，也与钢的组织密切相关。高碳马氏体＋均匀细小碳化物的组织，其耐磨性要比单一的马氏体组织高得多。

(3)高热硬性(也称为红硬性或耐热性)。大多数刃具的工作部分温度都远高于 200℃。刃具在高温下保持高硬度的能力称为热硬性。热硬性通常用保持 60HRC 硬度时的加热温度来表示，热硬性与钢的回火稳定性有关。

(4)足够的强度、塑性和韧性。切削时刃具要承受弯曲、扭转和冲击振动等载荷的作用，应保证刃具在这些情况下不会断裂或崩刃。

2. 碳素刃具钢

为了保证刃具具有足够的硬度和耐磨性，碳素刃具钢的碳质量分数在 $w_c=0.65\%\sim$ 1.35%，它不仅可用于刃具，也可用于模具和量具。表 5-7 列出了常用碳素工具钢的牌号、热处理及用途。

表 5-7　常用碳素工具钢的牌号、热处理及用途

牌号	淬火温度/℃	淬火介质	淬火后硬度/HRC	回火温度/℃	回火后硬度 HRC≥	用途举例
T7 T7A	800～200	水	61～63	180～200	62	用作能承受冲击载荷、韧性较好、硬度适当的工具，如扁铲、手钳、大锤、改锥、木工用工具
T8 T8A	780～800	水	61～63	180～200	62	承受冲击载荷不大，并具有高硬度的工具，如金属剪切刀、扩孔钻、钢印、木料锯片、及钉用工具
T8Mn T8MnA	780～800	水	62～64	180～200	62	横纹锉刀、手锯条、煤矿用凿、石油凿等
T9 T9A	760～780	水	62～64	180～200	62	有一定韧性和硬度较高的工具，如冲模、铣头、木工工具、凿岩石工具等
T10 T10A	760～780	水 油	62～64	180～200	62	不承受冲击载荷、刃口锋利与少许韧性的工具，如车刀、刨刀、拉丝模、丝锥、扩孔刃具、冷冲模、锉刀、凿硬岩石工具等
T11 T11A	760～780	水 油	62～64	180～200	62	用于工作时切削刃口不变热的工具，如丝锥、锉刀、扩孔钻、板牙、刮刀、量规、冲孔模等
T12 T12A	760～780	水 油	62～64	180～200	62	不承受冲击、切削速度高、切削刃口不变热的工具，如车刀、铣刀、刮刀、量规、钻头、铰刀、冲孔模等
T13 T13A	760～780	水油	62～64	180～200	62	用作硬金属切削工具，如剃刀、拉丝工具、锉刀、钻子、雕刻用工具等

各种碳素刃具钢的性能和应用范围随其碳质量分数而不同。一般说来，碳质量分数较低的 T7、T8 钢，塑性较好，但耐磨性较差，只适宜制造承受冲击和要求韧性较高的工具，如木工用刃具、手锤、剪刀等。淬火后工作部分硬度为 48～54HRC。碳质量分数居中的 T9、T10、T11 钢塑性稍低，但由于淬火后含有一定数量的未溶渗碳体，其耐磨性较好，故适宜制造承受冲击振动较小而受较大切削力的工具，如丝锥、板牙、手锯条等，淬回火后硬度 60～62HRC。碳质量分数较高的 T12、T13 钢硬度及耐磨性高，但韧性差，用于制造不承受冲击的刃具，如锉刀、精车刀、钻头、刮刀等。

大多数碳素刃具钢都需经锻造，使碳化物细化并分布均匀，然后球化退火，降低硬度，以改善切削加工性，同时为淬火作好组织准备。球化退火工艺是在 760～780℃加热保温 2～4h，接着 680～700℃等温 3～5h，缓冷至 500℃空冷。退火后的组织为球状珠光体，硬度不高于 197HBS。

碳素刃具钢的加热温度按其碳质量分数而定。由于这类钢对过热敏感，应选择较低的淬火温度，淬后应立即低温回火。回火后的组织应为细针状马氏体和分布均匀细小粒状渗碳体，并有少量残余奥氏体。碳素刃具钢的淬透性较差，除形状复杂或厚度小于 5mm 的小刃具需在油中冷却外，一般都在水、盐水或碱水中淬火，故开裂倾向大。

3. 低合金刃具钢

低合金刃具钢的碳质量分数高，一般在 $\omega_C = 0.75\% \sim 1.5\%$，以保证淬火后获得高硬度（$\geqslant 62HRC$），并形成适当数量的碳化物以提高耐磨性。

加入的合金元素主要有 Cr、Si、Mn、W、V，提高淬透性及回火稳定性，并能强化基体，细化晶粒。因此低合金刃具钢的耐磨性和热硬性比碳素刃具钢好，它的淬透性较碳素钢好，淬火冷却可在油中进行，从而变形、开裂倾向减小。但合金元素的加入导致临界点升高，通常淬火温度较高，使得脱碳倾向增大。合金元素的加入量不大，故钢的热硬性仍不太高，一般工作温度不得高于 300℃，9SiCr 是最常用的低合金刃具钢，故广泛用来制造各种薄刃工具，如板牙、丝锥、铰刀等。其他常用低合金刃具钢的牌号、成分、热处理与用途见表 5-8（GB1299—1985）。

表 5-8 常用低合金刃具钢的牌号、成分、热处理与用途

牌号	$\omega_{Me} \times 100$					热处理及硬度				用途举例
	C	Mn	Si	Cr	其他	淬火 /℃	淬火后 /HRC	回火 /℃	回火后 /HRC	
Cr06	1.30 ~ 1.45	≤ 0.40	≤0.40	0.50 ~ 0.70	—	800 ~ 810 水	63 ~ 65	160 ~180	62 ~ 64	锉刀、刮刀、刻刀、刀片
Cr2	0.95 ~ 1.10	≤0.40	≤0.40	1.30 ~1.65	—	830 ~ 860 油	≥62	150 ~ 170	61 ~ 63	锉刀、刮刀、刻刀、刀片
9SiCr	0.85 ~ 0.95	0.30 ~ 0.60	1.20 ~ 1.60	0.90 ~ 1.25	—	860 ~ 880 油	≥62	180 ~ 200	60 ~ 62	丝锥、板牙、钻头、铰刀
CrWMn	0.90 ~ 1.05	0.80 ~ 1.10	0.15 ~ 0.35	0.90 ~ 1.20	W1. ~ 1.60	800 ~ 830 油	≥62	140 ~ 160	62 ~ 65	拉刀、长丝锥、长铰刀
9Mn2V	0.85 ~ 0.95	1.70 ~ 2.00	≤ 0.40		W0.1 ~0.25	780 ~ 810 油	≥62	150 ~ 200	60 ~ 62	丝锥、板牙、铰刀
CrW5	1.25 ~ 1.50	≤ 0.40	≤ 0.40	0.40 ~ 0.70	W4.5 ~ 5.50	800 ~ 850 水	65 ~ 66	160 ~ 180	64 ~ 65	低速切削硬金属刀具，如铣刀、车刀

低合金刃具钢的热处理方法与碳素刃具钢相似。刀具毛坯锻压后的预备热处理采用球化退火。最终热处理采用淬火＋低温回火。

4. 高速钢

用高速钢制作的刃具在使用时，能以比低合金刃具钢刀具更高的切削速度进行切削，因而被称为高速钢。高速钢区别于其他一般工具钢的主要特性是它具有良好的热硬性（又称红硬性），当切削温度高达 600℃ 左右时，刃口能长时间保持锋利，并且具有高的强度、硬度和淬透性。常用高速钢的牌号、热处理、性能和用途见表 5-9。

表 5-9　常用高速钢的牌号、热处理、性能和用途

牌　号	热处理及性能					热硬性 /HRC	用途举例
	退　火		淬火、回火				
	温度 /℃	硬度 /HBS	温度 /℃	温度 /℃	回火后硬度/HRC		
W18Cr4V	860 ～ 880	207 ～ 255	1260 ～ 1285	550 ～ 570	63 ～ 66	61.5 ～ 62	制造一般高速削用车刀、刨刀头、铣刀、铰刀等
W6Mo5Cr4V2	820 ～ 840	≤255	1210 ～ 1230	540 ～ 560		60 ～ 61	制造要求耐磨和韧性很好配合自高速切削工具,如丝锥、钻头、滚刀、拉刀等。
W6Mo5Cr4V2Al	850 ～ 870	≤269	1230 ～ 1240	540 ～ 560	67 ～ 69	65	制造加工和金刚的车刀和成形刀具,也可作热作模具钢零件
W9Mo3Cr4V		≤255	1210 ～ 1240	540 ～ 560	>64		具有 W18Cr4V 和 W6Mo5Cr4V2 的共同优点,应用广泛

高速钢一般碳的质量分数在 0.7%～1.65%。高的碳的质量分数一方面是保证钢在淬得马氏体后有高的硬度;另一方面与强碳化物形成元素生成极硬的合金碳化物,大大地增大钢的耐磨性和热硬性。碳的质量分数也不易过高,过高易产生严重的碳化物偏析,会降低钢的塑性和韧性。因此,高速钢的碳的质量分数应与合金元素的含量相适应。

(1) 加入钨或钼造成二次硬化,以保证高的热硬性。钨或钼是使高速钢具有热硬性的主要元素,与钢中的碳形成碳化物。含有大量钨或钼的马氏体提高钢的回火稳定性,在 560℃左右回火过程中有一部分以 W_2C 或 Mo_2C 形式弥散沉淀析出,造成"二次硬化",使钢具有很高的热硬性,同时还提高钢的耐磨性。

(2) 加入钒提高钢的耐磨性和热硬性。钒与碳的结合力比钨与碳的结合力来得大,它所形成的钒碳化合物(VC)比钨碳化物更稳定。淬火后加热时超过 1200℃它才开始明显溶解,能显著阻碍奥氏体晶粒长大。VC 硬度可达 83～85HRC,超过钨或钼的碳化物硬度 73～77HRC,其颗粒非常细小,分布十分均匀,可改善钢的硬度、耐磨性和韧性。

(3) 加入铬提高钢的淬透性。铬的碳化物在淬火加热时容易溶解,铬几乎全部溶入奥氏体中,增加奥氏体的稳定性,使钢的淬透性大大提高。

(4) 在高速钢中加入钴能显著提高钢的热硬性和二次硬度,还可以提高钢的耐磨性、导热性,并能改善其磨削加工性。

5.5.2　量具钢

量具钢主要用于制造测量零件尺寸的各种量具,如卡尺、千分尺、塞规、样板等。由于量具在使用过程中经常与被测零件接触,易受到磨损或碰撞;量具本身应具有非常高的尺寸精度和恒定性。因此,要求量具有高的硬度、耐磨性、尺寸稳定性和足够的韧性。此外,要有良好的磨削加工性,以便达到很低的表面粗糙度要求。

高精度的精密量具(如塞规、量块等)或形状复杂的量具,应采用热处理变形小的 CrMn、CrWMn、GCr15 等钢制造。要求耐腐蚀的量具可用不锈钢制造。

　　精度要求不高、形状简单的量具，如量规、模套等可采用 T10A、T12A、9SiCr 等钢制造。使用频繁、精度要求不高的卡板、样板、直尺等，也可选用 50、55、60、60Mn、65Mn 等钢经表面热处理来制造。

　　量具钢的热处理方法与刃具钢相似，进行球化退火，淬火＋低温退火。为了获得较高的硬度和耐磨性，回火温度可低些。

　　量具在热处理时重要的是要保证尺寸的稳定性。出现尺寸不稳定的原因，主要是由于残余奥氏体转变为回火马氏体时所引起的尺寸膨胀，马氏体在室温下析出碳化物引起尺寸收缩，淬火及磨削所产生的残余应力也导致尺寸的变化。虽然这些尺寸变化微小（2～3μm），但对于高精度量具来说是不允许的。

　　为了提高量具尺寸的稳定性，对精密量具在淬火后应立即进行冷处理，然后在 150～160℃下低温回火；低温回火后还应进行一次人工时效（110～150℃，24～36h），尽量使淬火组织转变为较稳定的回火马氏体并消除淬火应力。量具精磨后要在 120℃下人工时效 2～3h，以消除磨削应力。

5.5.3　模具钢

　　制造各种模具的钢称为模具钢。用于冷态金属成形的模具钢称为冷作模具钢，如制造各种冷冲模、冷挤压模、冷拉模的钢种等。这类模具工作时的实际温度一般不超过 200～300℃。用于热态金属成形的模具钢称为热作模具钢，如制造各种热锻模、热挤压模、压铸模的钢种等。这类模具工作时型腔表面的工作温度可达 600℃以上。

　　1. 冷作模具钢

　　冷作模具在工作时要承受很大的载荷，如剪力、压力、弯矩等，而且这些载荷大都带有冲击性质；同时模具与坯料间还发生强烈摩擦。因此冷作模具应满足高的硬度和高的耐磨性；要有足够的强度、韧性和疲劳强度，要保证模具在工作时，能承受各种载荷，而不发生断裂或疲劳断裂。

　　冷作模具钢要求有高的硬度和耐磨性，因此碳质量分数一般大于 0.8%，有时甚至高达 2%。加入较多的能形成难容碳化物、提高耐磨性的元素如 Cr、Mo、W、V 等，尤其是 Cr。常用冷作模具钢 Cr12、Cr12MoV，铬质量分数高达 11%～13%，铬还可以显著提高钢的淬透性。

　　冷作模具钢的性能要求与刃具钢相似，但要求热处理后的变形要小，而对热硬性的要求不高。尤其是 Crl2 型冷作模具钢，属高碳（2.0%～2.3%）、高铬型莱氏体钢。这类钢均应锻造后进行等温球化退火，最终热处理有以下两种类型。

　　（1）一次硬化法。采用较低的淬火温度和较低的回火温度。这种方法可使模具获得高硬度和耐磨性，淬火变形小。一般承受较大载荷和形状复杂的模具采用此种方法。

　　（2）二次硬化法。高的淬火温度和低温回火。这种方法可使模具获得高的热硬性和耐磨性，但韧性较差。一般承受强烈摩擦，适用在 400～450℃条件下工作的模具。常用冷作模具钢的牌号、主要成分、性能及用途见表 5-10。

表 5-10　常用冷作模具钢的牌号、主要成分、性能及用途

牌号	主要成分/%						热处理			用　途
	C	Cr	W	V	Mo	Mn	淬火温度/℃	回火温度/℃	硬度/HRC	
T8A	0.6 ~ 0.7					≤0.4	800 ~ 820	150 ~ 240	55 ~ 66	不受冲击的模具、冲头、小工用铣刀、钳工工具
Cr12MoV	2.0 ~ 2.3	2.0 ~ 2.5		0.4 ~ 0.6	0.9 ~ 1.2	1040	1020 ~ 820	200 ~ 275	58 ~ 62	大型复杂的冷切剪刀、切边模、拉丝模、量规等，高耐磨冷冲模、冲头
CrWMn	0.9 ~ 1.05	0.9 ~ 1.2	1.2 ~1.6			0.8 ~ 1.0	820 ~ 840	150 ~ 200	61 ~ 62	板牙、块规、样板、样套、形状复杂的高精度冲模
Cr15Mo1V	0.9 ~ 1.05	4.25 ~ 5.5		0.9 ~ 1.4			920 ~ 980	175 ~ 530	40 ~ 60	五金冷冲模、钢球冷锻模、切刀等

2. 热作模具钢

热作模具钢是用来制造高温下使金属成形的模具，如热锻模、热挤压模、压铸模等。常用热作模具钢的牌号、热处理、性能及用途见表 5-11。

表 5-11　常用热作模具钢的牌号、热处理、性能及用途

牌号	退火		淬火		回火		用　途举　例
	温度/℃	硬度/HBS	温度/℃	冷却介质	温度/℃	硬度/HRC	
5CrNiMo	830 ~ 860	197 ~ 241	830 ~ 860	油	530 ~ 550	39 ~ 43	用于形状复杂、冲击负荷重的各种大、中型锤锻模（边长大于400mm）
5CrMnMo	820 ~ 850	197 ~ 241	820 ~ 850	油	560 ~ 580	35 ~ 39	用中型锤锻模（边长不大于 30~400 mm）
4Cr5MoSiV	840 ~ 900	≤235	1000 ~ 1100	空气	550	40 ~ 54	用于模锻锤锻模、热挤压模具（挤压铝、镁）、塑料模具、高速锤锻模、铝合金压铸模等
3Cr2W8V	860 ~ 880	207 ~ 255	1075 ~ 1125	油	560 ~ 660（三次）	44 ~ 54	用于热挤压模（挤压铜、钢）、压铸模、热剪切刀
4Cr5W2VSi	840 ~ 900	≤229	1030 ~ 1050	油或空气	580（二次）	45 ~ 50	用于寿命要求高的热锻模、高速锤用模具与冲头、热挤压模具及芯棒、有色金属压铸模等

热作模具在工作时要承受较大的载荷（如压力、扩张力等），如金属在型腔内流动的摩擦力、反复受急冷急热时产生的热应力等。因此，用于热作模具的材料应该要有①高的热

硬性和高温耐磨性；②足够的强度和韧性，尤其是受载与冲击较大的热锻模；③高的热稳定性，在工作过程中不易氧化；④高的抗热疲劳能力，在反复热应力作用下，如抗热疲劳能力不高，则易发生龟裂而破坏。

热作模具钢一般是中碳钢，碳质量分数在 0.3%～0.6%，以保证在回火后获得较高的强度和韧性。加入的合金元素有 Mn、Cr、Ni、W、Mo、V 等，主要是提高钢的淬透性、回火稳定性和热硬性，细化晶粒，同时还提高钢的强度和热疲劳强度。

热作模具钢的最终热处理与模具钢的种类和使用条件有关。热作模具钢的最终热处理与调质钢相似，淬火后高温(550℃左右)回火，以获得回火索氏体和回火托氏体组织。热轧模具钢的热处理是淬火后在略高于二次硬化峰值的温度(600℃左右)回火 2～3 次，获得的组织为回火马氏体和粒状碳化物，以保证模具的热硬度。

对于塑料模具，由于受力不大，冲击较小，工作温度不高，只要求有较低的表面粗糙度，一般可选用 45 钢或铸铁。

5.6　特殊性能钢

特殊性能钢指具有某些特殊的物理、化学性能，因而能在特殊的环境、工作条件下使用的钢。它主要包括不锈钢、耐热钢、耐磨钢等。

5.6.1　不锈钢

不锈钢是指在大气、水、酸、碱和盐等溶液，或其他腐蚀介质中具有一定化学稳定性的钢的总称。耐大气、蒸气和水等弱介质腐蚀的钢称为不锈钢，耐酸、碱和盐等强介质腐蚀的钢称为耐腐蚀钢。不锈钢具有耐锈性，但不一定耐腐蚀，而耐腐蚀钢则一般都具有较好的耐锈性。对不锈钢性能的要求，最重要的是耐蚀性能，要有合适的力学性能，良好的冷、热加工和焊接工艺性能。

1. 金属的腐蚀

金属的腐蚀是指金属受到外部介质的作用发生破坏的现象。按其性质可分为化学腐蚀和电化学腐蚀两种。大部分金属的腐蚀都属于电化学腐蚀。

2. 常见不锈钢

按化学成分的不同，不锈钢可分为铬不锈钢、铬镍不锈钢和铬锰不锈钢等；按组织特征不同，则可分为马氏体不锈钢、铁素体不锈钢、奥氏体不锈钢等。

1) 马氏体不锈钢

这类钢的 ω_C=0.1%～0.4%、ω_{Cr}=12%～18%，属于铬不锈钢，最典型的是 Cr13 型不锈钢。马氏体不锈钢只在氧化性介质(如大气、海水、氧化性酸等)中耐腐蚀，而在非氧化性介质(如盐酸、碱溶液等)中耐腐蚀性很低。它的耐腐蚀性能还随铬质量分数的降低和碳质量分数的增加而降低，钢的强度、硬度和耐磨性则随碳的增加而改善。

这类钢中碳质量分数较低的 1Cr13、2Cr13 钢，它们具有良好的抗大气、海水、蒸气等介质腐蚀的能力，且有较好的塑性和韧性。因此主要用于制造耐腐蚀的结构零件，如汽轮机叶片、水压机阀和医疗器械等。碳质量分数较高的 3Cr13、3Cr13M0 钢，热处理后硬度可达 50HRC 左右，强度也较高，因此广泛用于制造防锈的医用手术工具及刃具、不锈钢轴承、弹簧等。

马氏体不锈钢的热处理与结构钢相似。用作高强度零件时进行调质处理，用作弹性元件时进行淬火和中温回火处理，用作工具和刀具时进行淬火和低温回火处理。

2) 铁素体不锈钢

这类钢的 $\omega_C \leqslant 0.12\%$、$\omega_{Cr} = 12\% \sim 30\%$，属于铬不锈钢，最典型的是 Cr17、Cr17Mo 型不锈钢。它的耐蚀性、塑性、焊接性均优于马氏体不锈钢，但强度比马氏体不锈钢低。这类钢由于碳质量分数较低，而铬质量分数较高，致使此类钢从室温到高温(1000℃左右)均为单相铁素体，所以耐腐蚀性和抗氧化性均较好。但其强度低，又不能用热处理强化，所以主要用于对耐蚀性和抗氧化性有较高要求而受力不大的构件，如化工设备中的容器、管道，食品工厂的设备等。

3) 奥氏体不锈钢

这类钢的 $\omega_C < 0.12\%$、$\omega_{Cr} = 17\% \sim 19\%$、$\omega_{Ni} = 8\% \sim 11\%$，属于铬镍不锈钢，最典型的是 Cr18Ni8(简称 18-8) 型不锈钢。奥氏体不锈钢是应用最广泛的不锈钢。

奥氏体不锈钢在室温下为单相奥氏体组织，加热时没有相变发生，故不能用热处理强化，只能用变形强化来提高钢的强度。

奥氏体不锈钢的性能特点是强度、硬度均很低(硬度为 HBS135 左右)，无磁性，塑性、韧性、焊接性、耐腐蚀性、耐热性均较好，但切削加工性较差，易黏刀和产生加工硬化，在一定条件下还会产生晶间腐蚀现象，应力腐蚀倾向亦较大。因此这类钢广泛用于在强腐蚀介质(硝酸、磷酸及碱水溶液等)中工作的设备、管道、槽等，还广泛用于要求无磁性的仪表、仪器元件等。

奥氏体不锈钢的热处理主要是固溶处理。奥氏体不锈钢在缓冷至室温状态下将获得奥氏体、铁素体和少量的碳化物组织，而非单相奥氏体组织。显然，其耐蚀性将降低。为保证奥氏体不锈钢具有良好的耐蚀性，必须设法使它获得单相奥氏体组织。在生产上经常进行所谓的固溶处理，即将它加热至 1050～1150℃，让所有碳化物全部溶于奥氏体，然后水淬快冷，不让奥氏体在冷却过程中有析出或发生相变，这样处理后，在室温状态可获得单相奥氏体组织。对于含钛或铌的钢，在固溶处理后还应进行稳定化处理，以防晶界腐蚀的发生。对于经过冷加工或焊接的奥氏体不锈钢都会存在残余应力，应进行消除应力处理。

5.6.2　耐热钢

1. 耐热性的概念

金属材料的耐热性是包含高温抗氧化性和高温强度的一个综合概念，耐热钢就是在高温下不发生氧化，并对机械负荷作用具有较高抗力的钢。

1) 金属的抗氧化性

金属的抗氧化性是保证零件在高温下能持久工作的重要条件。抗氧化能力的高低主要由材料成分来决定。钢中加入足够的 Cr、Si、Al 等元素，使钢在高温下与氧接触时，表面能生成致密的高熔点氧化膜，它严密地覆盖在钢的表面，可以保护钢免于高温气体的腐蚀。例如钢中含有 15%Cr 时，其抗氧化温度可达 900℃，若含 20%～25%Cr，则抗氧化温度可达 1100℃。

2）金属的高温强度

金属在高温下所表现的机械性能与室温下是不大相同的。当温度超过再结晶温度时，除受机械力的作用产生塑性变形和加工硬化外，同时还可发生再结晶和蠕变。当工作温度高于金属的再结晶温度，工作应力超过金属在该温度下弹性极限时，随着时间的延长金属发生极其缓慢的变化，这种现象称为"蠕变"。金属对蠕变抗力越大，则表示其高温强度越强。通常加入能升高钢的再结晶温度的合金元素来提高钢的高温强度。

2. 耐热钢的分类

按照性能，耐热钢可分为抗氧化钢和热强钢。

1）抗氧化钢

在高温下有较好的抗氧化性而有一定强度的钢称为抗氧化钢。它多用来制造炉用零件和热交换器，如燃气轮机燃烧室、锅炉吊钩、加热炉底板和辊道以及炉管等。抗氧化性取决于表面氧化皮稳定性、致密性及其与基体金属的黏附能力，其主要影响因素是化学成分。

抗氧化钢大多是在铬钢、铬镍钢或铬锰氮钢基础上添加硅或铝而配制而成的。单纯的硅钢或铝钢因其机械性能和工艺性能欠佳而很少使用。

2）热强钢

高温下有一定抗氧化能力和较高强度以及良好组织稳定性的钢称为热强钢。汽轮机、燃气轮机的转子和叶片，锅炉过热器，高温工作的螺栓和弹簧，内燃机进排气阀等用钢均属此类。

5.6.3　耐磨钢

耐磨钢是指在强大冲击和挤压条件下才能硬化的高锰钢。它的主要成分是$\omega_C = 1.0\%$～1.3%、$\omega_{Mn} = 11\%$～14%。典型钢种是 Mn13，由于这种钢机械加工比较困难，基本上都是铸造成型的，因而其钢号即写成 ZGMn13。高锰钢铸件的性质硬而脆，耐磨性差，不能实际应用。其原因是在铸态组织中存在着碳化物。实践证明，高锰钢只有在全部获得奥氏体组织时才呈现出最为良好的韧性和耐磨性。

为了使高锰钢全部获得奥氏体组织，须进行"水韧处理"。其方法是把钢加热至临界温度以上（为 1000～1100℃）保温一段时间，使钢中碳化物能全部溶解到奥氏体中去，然后迅速浸淬于水中冷却。由于冷却速度非常快，碳化物来不及从奥氏体中析出，保持了均匀的奥氏体状态。水韧处理后，高锰钢组织全是单一的奥氏体，它的强度、硬度不高，塑性、韧性很好。当高锰钢零件在工作中受到强烈冲击或强大挤压力作用时，表面因塑性变形会产生强烈的硬化，而使表面硬度显著提高到 500～550 HBW，因而获得高的耐磨性，心部仍保持原来的高韧性状态。

5.7 铸 铁

铸铁是人类使用最早的金属材料之一，到目前为止，铸铁仍是一种被广泛应用的金属材料，从整个工业生产中使用进入材料的数量来看，铸铁的使用量仅次于钢材。例如，按重量统计，在机床中铸铁件约占 60%～90%，在汽车、拖拉机中铸铁件约占 50%～70%。因此，铸铁是国民经济中重要的基础材料。

铸铁是碳质量分数在 2.5%～4.0%的铁碳合金。它是以铁、碳、硅为主要组成元素，并含有比碳钢较多的锰、硫、磷等杂质的多元合金。为了提高铸铁的力学性能或物理、化学性能，还可加入一定量的铬、钼、铜、钒、铝等合金元素，得到合金铸铁。

5.7.1 铁碳合金双重相图

将 Fe-Fe$_3$C 亚稳相图叠加在 Fe-C 稳定平衡相图上，即得到复线的双重相图，如图 5-1 所示。图中实线表示 Fe-C(石墨)稳定平衡相图，虚线表示 Fe-Fe$_3$C 亚稳相图，当实线与虚线重合时则均为实线所示。从图中可见，在同一温度下，石墨在溶液、奥氏体和铁素体中的溶解度都比渗碳体的溶解度小；(奥氏体-石墨)共晶和共析的平衡反应温度分别高于奥氏体-渗碳体共晶(6℃)共析(13℃)。奥氏体-石墨共晶点和共析点的碳质量分数也分别低于奥氏体-渗碳体共晶点(0.1%C)和共析点的 0.11%。

渗碳体不是稳定相，在较高温度、较长时间保温的条件下，渗碳体会按 Fe$_3$C→3Fe＋C$_{石墨}$ 发生分解，形成石墨。在适当条件下，碳以石墨形式析出，按 Fe-C(石墨)稳定平衡相图进行结晶和固态相变。铸铁中的石墨可以是液体铁水结晶出来，也可以按固态相变析出石墨。

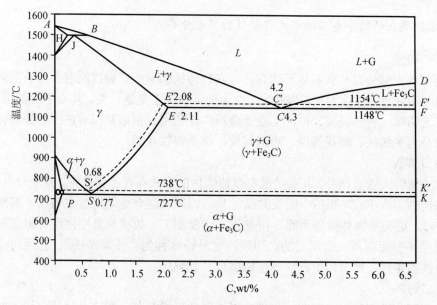

图 5-1 铁碳合金双重相图

5.7.2　铸铁的石墨化过程

铸铁中石墨的形成过程称为石墨化。在铁碳合金中，碳可以以两种形式存在，即渗碳体和石墨(用符号 G 表示)。石墨的晶格形式为简单六方。

石墨是依靠较弱的共价键结合的，因而石墨不具有金属性能(如导电性)。由于石墨面间结合力弱，层与层间易滑移，故石墨的力学性能低，硬度仅为 $3\sim5HB$，σ_b 约为 $20MN/m^2$，延伸率 δ 近于零。

当铁碳合金的碳质量分数比较高时，渗碳体这个相很不稳定，在一定的条件下要分解为游离状态的石墨，即 $Fe_3C\rightarrow3Fe+G$。这是因为石墨是一个稳定的相。熔融状态的铁水.根据其冷却速度，既可以从液相中或奥氏体中直接析出渗碳体，也可从其中直接析出石墨。析出石墨的可能性不仅与冷却速度有关，而且与硅质量分数有关。具有相同成分(铁、碳、硅三种元素)的铁水冷却时，冷却速度越慢，析出石墨的可能性越大；反之，则析出渗碳体的可能性就越大。根据铁碳双重相图，在极为缓慢的冷却条件下，铸铁的石墨化过程基本上可分以下两个阶段。

第一阶段，即液相至共晶结晶阶段。包括从过共晶成分的液相中直接结晶出一次石墨和共晶成分的液相结晶出奥氏体＋石墨；以及由一次渗碳体在高温退火时分解为奥氏体＋石墨。

第二阶段，即共晶至共析转变之间阶段。包括奥氏体冷却时沿着 $E'S'$ 线析出的二次石墨，奥氏体在共析转变时形成的共析石墨。若析出渗碳体，则渗碳体在共析温度附近及以下温度将分解而形成石墨。第二阶段石墨化形成的石墨大多附加在已有的石墨片上。

5.7.3　铸铁的分类

1. 根据碳在铸铁中存在的形式及断口的颜色分类

1)灰口铸铁

碳全部或大部分以片状石墨形式存在。灰口铸铁断裂时，裂纹沿着各个石墨片延伸，因而断口呈暗灰色，故称为灰口铸铁。工业上的铸铁大多是这一类，其力学性能虽然不高，但生产工艺简单，价格低廉，故在工业上获得广泛使用。根据灰口铸铁中石墨的存在形式不同，可分为灰铸铁、球墨铸铁、可锻铸铁、蠕墨铸铁 4 类。

2)白口铸铁

碳除少量溶入铁素体外，其余的碳都以渗碳体的形式存在于铸铁中，其断口呈银白色，故称白口铸铁。Fe-Fe$_3$C 相图中的亚共晶、共晶、过共晶合金即属这类铸铁，其组织形貌图见图 5-2。这类铸铁性能硬而脆，很难进行切削加工，故很少直接使用，但在某些特殊场合可使零件表面获得一定深度的白口层，这种铸铁称为"冷硬铸铁"，它可用作表面要求高耐磨性的零件，如气门挺杆，球墨机磨球、轧辊等。

3)麻口铸铁

碳一小部分以石墨形式存在，大部分以渗碳体形式存在。断口上呈黑白相间的麻点，故称麻口铸铁。这类铸铁也具有较大的硬脆性，故工业上很少应用。

 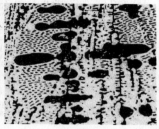 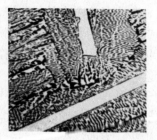

（a）共晶白口铸铁　　　　　（b）亚共晶白口铸铁　　　　　（c）过共晶白口铸铁

图 5-2　白口铸铁的组织形貌

2. 根据化学成分分类

1）普通铸铁

即含有常规元素的铸铁。包括灰口铸铁、可锻铸铁、球墨铸铁及蠕墨铸铁。

2）合金铸铁

合金铸铁又称特殊性能铸铁，是向普通铸铁中加入一定量的合金元素，如铬、镍、铜、钼、铝等制成具有某种特殊或突出性能的铸铁。

5.7.4 工业常用铸铁

在机械制造、冶金、矿山、石油化工、交通、造船、基本建设和国防工业等部门广泛使用铸铁材料。常用的铸铁有灰口铸铁、球墨铸铁、可锻铸铁、蠕墨铸铁、耐热铸铸铁、白口铸铁、耐磨铸铁、耐蚀铸铁等。

1. 灰口铸铁

在铸铁的总产量中，灰口铸铁件要占80%以上，是应用最多的铸铁。铸铁的化学成分是决定石墨化的主要因素，它对铸铁的组织和性能有很大影响。铸铁中的碳、硅是促进石墨化的元素。故可调节组织；磷是控制使用的元素；硫是应限制的元素。灰口铸铁的化学成分范围一般为：$\omega_c = 2.7\% \sim 3.6\%$，$\omega_{Si} = 1.0\% \sim 2.2\%$，$\omega_{Mn} = 0.5\% \sim 1.3\%$，$\omega_P < 0.3\%$，$\omega_S < 0.15\%$。

灰口铸铁的组织特征是片状石墨分布于钢的基体上。由于化学成分和冷却速度的综合影响，灰口铸铁的组织有以下三种：铁素体＋片状石墨、珠光体＋铁素体＋片状石墨、珠光体＋片状石墨。

灰口铸铁的力学性能主要取决于石墨的形状、大小及分布状态，同时也与基体的组织有关。灰口铸铁中的石墨数量越多、尺寸越大、分布越不均匀，对基体的割裂作用越强烈，其力学性能越差，生产时应尽量获得细小的石墨片。同时，灰铸铁的力学性能还与基体的组织有关，具有珠光体基体的灰铸铁强度较高。

灰口铸铁的抗压强度一般比其抗拉强度高出三倍到四倍；布氏硬度值与同样基体的正火钢相近；而延伸率则是很小，大致在 0.2%～0.7%。

灰口铸铁的成分接近共晶成分，其流动性好；凝固时，不易形成集中缩孔，也少有分散缩孔,仅有长度方向的线收缩,故可以铸造形状非常复杂的零件。灰口铸铁组织中的石墨可以起断屑作用和对刀具的润滑减摩作用,所以可切削加工性良好。但焊接性能差,这是因为铸铁中的 C、Mn 含量高,淬透性好,在焊缝凝固时,极易出现硬而脆的马氏体和FeC,造成焊缝脆裂。

由于热处理只能改变灰口铸铁的基体组织,不能改变石墨的形状和分布状况,这对提高灰口铸铁力学性能的效果不大,故灰口铸铁的热处理工艺仅有消除应力退火、改善加工性能的退火、表面淬火等。

灰口铸铁牌号的表示方法是用"HT"符号及其后面的数字组成,如HT100,"HT"为灰口铸铁二字的汉语拼音字头,后面的数字"100"表示最低抗拉强度(单位为 MPa)。灰口铸铁的牌号、性能及用途见表 5-12。

表 5-12　灰口铸铁的牌号、性能及用途

分类	牌号	铸件壁厚/mm	铸件最小抗拉强度 σ_b/MPa	使用范围及举例
碳素体灰铸铁	HT100	2.5~10	130	低载荷和不重要零件,如盖、外罩、手轮、支架、重锤等
		10~20	100	
		20~30	90	
		30~50	80	
珠光体＋铁素体灰铸铁	HT150	2.5~10	175	承受中等应力的零件,如支柱、底座、齿轮箱、工作台、刀架、端盖、阀体、管路附件及一般无工作条件要求的零件
		10~20	145	
		20~30	130	
		30~50	120	
珠光体灰铸铁	HT200	2.5~10	220	承受较大应力和较重要零件,如气缸体、齿轮、机座、床身、缸套、活塞、刹车轮、联轴器、齿轮箱、轴承座、液压缸等
		10~20	195	
		20~30	170	
		30~50	160	
	HT250	4.0~10	270	
		10~20	240	
		20~30	220	
		30~50	200	
孕育铸铁	HT300	10~20	290	承受高弯曲应力及抗拉应力的重要零件,如齿轮、凸轮、车窗卡盘、剪床和压力机的机身、床身、高压液压缸、滑阀壳体等
		20~30	250	
		30~50	230	
	HT350	10~20	340	
		20~30	290	
		30~50	260	

2. 球墨铸铁

球墨铸铁是将铁水经过球化处理及孕育处理而获得的一种铸铁。球化剂常用的有 Mg、稀土或稀土镁。孕育剂常用的是硅铁和硅钙合金。球墨铸铁的大致化学成分如下: ω_C＝3.6%~4.0%, ω_{Si}＝2.0%~2.8%, ω_{Mn}＝0.6%~0.8%, ω_S＜0.04%, ω_P＜0.1%, ω_{Re}＜0.03%~0.05%。

球墨铸铁的显微组织是由球形石墨和金属基体两部分组成,根据成分和冷却速度的不同可获得以下不同基体的组织:铁素体球墨铸铁、铁素体＋珠光体球墨铸铁、珠光体球墨铸铁、贝氏体球墨铸铁等。

在光学显微镜下，所观察到的石墨外观接近于圆形。在电子显微镜下观察，可看到球形石墨的外表面实际上为一个多面体，并且在表面上存在着许多小的包状物。球形石墨的内部 结构具有辐射状和年轮层状的特征。图 5-3 为铁素体球墨铸铁的金相组织。

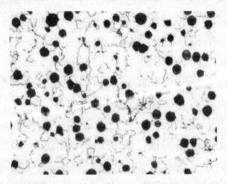

图 5-3 铁素体球墨铸铁的金相组织

由于球墨铸铁中的金属基体组织是决定其机械性能的主要因素，所以，像钢一样，球墨铸铁也可以通过合金化及热处理的办法进一步提高它的机械性能。与钢相比，球墨铸铁的屈强比高，约为 0.7～0.8。另外，球墨铸铁的耐磨性比钢好，这是因为石墨球嵌在坚强的基体上，基体可以承受载荷，石墨可以充当润滑剂，当石墨剥落后，留下的孔洞可以贮存润滑剂。但应指出，球墨铸铁的韧性仍较钢差，球墨铸铁的韧一脆转折温度也较高。

球墨铸铁可以部分代替锻钢、铸钢及某些合金钢来制造汽缸套、汽缸体、汽缸盖、活塞环、连杆、曲轴、凸轮轴、机床床身及破碎机床身、压缩机外壳和齿轮箱等。球墨铸铁的缺点是凝固时的收缩率较大，对原铸铁溶液的成分要求较严格，因而对熔炼和铸造工艺的要求较高；此外，它的消振能力也比不上灰铸铁。

球墨铸铁牌号的表示方法是用"QT"符号及其后面的两组数字组成，如 QT 400-18，"QT"为球墨铸铁二字的汉语拼音字头，第一组数字(400)代表最低抗拉强度值(单位为MPa)，第二数字(18)代表最低延伸率值。球墨铸铁的牌号、性能及用途见表 5-13。

表 5-13 球墨铸铁的牌号、性能及用途

牌号	基体	机械性能(不小于)				用途举例
		σ_b/MPa	$\sigma_{0.2}$/MPa	δ/%	HBS	
QT400-18	F	400	250	18	130～180	承受冲击、振动的零件，如汽车、拖拉机的轮毂、驱动桥壳、差速器壳、拨叉、农机具零件、中低压阀门，上、下水及输气管道，压缩机上高低压气缸，电机机壳，齿轮箱，飞轮壳等
QT400-15	F	400	250	15	130～180	
QT500-7	F	450	310	10	160～210	
QT600-3	F＋P	500	320	7	170～230	机器座架、传动轴、飞轮、电动机架、内燃机的机油泵齿轮、铁路机车车辆轴瓦等
QT700-2	F＋P	600	370	3	190～270	载荷大、受力复杂的零件，如汽车、拖拉机的曲轴、连杆、凸轮轴、气缸套，部分磨床、铣床、车床的主轴，机床的蜗杆、蜗轮，轧钢机轧辊、大齿轮、小型水轮机主轴，气缸体，桥式起重机大小滚轮等
QT800-2	P	700	420	2	225～305	
QT900-2	珠光体或回火组织	800	480	2	245～335	
QT400-18	贝氏体或回火马氏体	900	600	2	280～360	高强度齿轮，如汽车后桥螺旋锥齿轮、大减速器齿轮、内燃机曲轴、凸轮轴等

3. 蠕墨铸铁

蠕墨铸铁是近十几年来发展的一种新型铸铁材料。所谓蠕墨铸铁是将液体铁水经过变质处理和孕育处理后所获得的一种铸铁。通常采用的变质元素(又称蠕化剂)有稀土镁硅铁合金或稀土硅铁合金等。蠕墨铸铁的化学成分是 $\omega_C = 3.5\% \sim 3.9\%$，$\omega_{Si} = 2.1\% \sim 2.8\%$，$\omega_{Mn} = 0.4\% \sim 0.8\%$，$\omega_S < 0.1\%$，$\omega_P < 0.1\%$。

蠕墨铸铁的显微组织由金属基体和蠕虫状石墨组成。金属基体比较容易获得铁素体基体。在大多数情况下，蠕虫状石墨总是与球状石墨共存。

蠕墨铸铁的力学性能优于灰口铸铁，接近于铁素体基体的球墨铸铁。蠕墨铸铁的导热性、铸造性、可切削性均优于球墨铸铁，与灰口铸铁相近。因此，具有良好的综合性能。再加上组织致密，常用来制造一些经受热循环载荷的铸件(如钢锭模、玻璃模具、柴油机缸盖、排气管、刹车件等)和组织致密零件(如一些液压阀的阀体、各种耐压泵的泵体等)以及一些结构复杂，而设计又要求高强度的铸件。蠕墨铸铁的牌号、性能及用途见表 5-14。

表 5-14　蠕墨铸铁的牌号、性能及用途

牌号	基体	σ_b/MPa	$\sigma_{0.2}$/MPa	δ%	蠕化率 /%	硬度 /HBS	应用举例
		不小于					
RuT420	P	420	335	0.75	50	200~280	活塞环、制动盘、钢珠研磨盘、吸淤泵体等
RuT380	P	380	300	0.75	50	193~274	
RuT340	F+P	340	270	1.0	50	170~249	重型机床件、大型齿轮箱体、盖、座、飞轮、起重机卷筒等
RuT300	F+P	300	240	1.5	50	140~217	排气管、变速箱体、气缸盖、液压件、烧结机蓖条等
RuT260	F	260	195	3	50	121~197	增压器废气进气壳体、汽车底盘零件等

4. 可锻铸铁

可锻铸铁是先将铁水浇铸成白口铸铁，然后经石墨化退火，使游离渗碳体发生分解形成团絮状石墨的一种高强度灰口铸铁。由于团絮状石墨对铸铁金属基体的割裂和引起的应力集中作用比灰铸铁小得多，因此，可锻铸铁具有较高的强度，特别是塑性(延伸率 δ 可达 12%)比灰铸铁高得多，有一定的塑性变形能力，因而得名可锻铸铁(或展性铸铁，又称马铁)。实际上，可锻铸铁并不能锻造。为保证浇注后获得全部白口组织，可锻铸铁的含碳量和含硅量一般较低，$\omega_C = 2.2\% \sim 2.8\%$，$\omega_{Si} = 1.0\% \sim 1.8\%$，$\omega_{Mn} = 0.4\% \sim 1.2\%$，$\omega_S < 0.18\%$，$\omega_P < 0.2\%$。

我国可锻铸铁分两大类：铁素体可锻铸铁和珠光体可锻铸铁。共有八个牌号。其中(黑心)铁素体可锻铸铁的代号为"KTH"，代号后边的第一组数字表示最低抗拉强度(单位为 kgf/mm^2，$1kgf/mm^2 = 9.8MPa$)，第二组数字表示最低延伸率。珠光体可锻铸铁的代号为"KTZ"，其后面数字的含义同上。如 KTH300-06，KTZ450-06。可铸铁的牌号、性能及用途见表 5-15。

表 5-15　可锻铸铁的牌号、性能及用途

分类	牌号	试棒直径/mm	抗拉强度 σ_b/MPa	伸长率 δ%	硬度/HBS	应用举例
铁素体可锻铸铁	KTH300-06	16	300	6	130～163	弯头、三通管件
	KTH330-08	16	330	8	120～163	螺丝扳于、犁刀、车轮壳等
	KTH350-10	16	350	10	120～163	汽车、拖拉机前后轮壳、减速器壳、转向节壳等
	KTH370-12	16	370	12	120～163	
珠光体可锻铸铁	KTZ450-06	16	450	6	152～219	曲轴、凸轮轴、连杆、齿轮、活塞环、可锻轴套、万向接头、棘轮、扳手、传动链条等
	KTZ550-04	16	550	4	179～241	
	KTZ650-02	16	650	2	201～269	
	KTZ700-02	16	700	2	240～270	

可锻铸铁的强度和韧性比灰口铸铁高，尤其是珠光体基体的可锻铸铁，强度已可与铸钢媲美。珠光体可锻铸铁的可切削加工性在铁基合金中是最优良的，可进高精度切削加工。另外，珠光体可锻铸铁还可以通过火焰加热或感应加热进行表面淬火，以提高其耐磨性能。可锻铸铁具有一定的塑形，所以常用来制造能承受小冲击的铸件，如暖气片、管弯头、三通管、自来水供水管等。

5. 合金铸铁

铸铁合金化目的主要有两个，一个是为了强化铸铁组织中金属基体部分并辅之以热处理，以获得高强度铸铁；另一个目的是赋予铸铁以特殊的性能，如耐磨性、耐蚀性、耐热性等，以获得特殊性能铸铁。铸铁的合金化既适于灰口铸铁，也适于球墨铸铁和蠕墨铸铁。

常用的合金铸铁是在剧烈摩擦磨损或腐蚀介质或高温条件下使用的特殊铸铁，一般含有较多的合金元素。

1）耐磨合金铸铁

耐磨合金铸铁主要是在剧烈的摩擦磨损条件下使用。根据耐磨合金铸铁具体的工作条件和磨损形式的不同可分为两类。一类是在润滑条件下工作，像导轨、缸套等铸件，希望摩擦系数要小，这类铸铁称为减摩铸铁。另一类是在干磨条件下工作，像轧辊、抛光机叶片等铸件，要求摩擦系数要大，要求有高而均匀的硬度，这类铸铁称为抗磨铸铁。

在干摩擦条件下工作的耐磨铸铁，应具有均匀的高硬度组织。在润滑条件下工作的耐磨铸铁，其组织应为软基体上分布有硬的组织成物，以便在磨合后会使软基体有所磨损，形成沟槽，保持油膜。

根据加入的主要合金元素，我国发展的合金铸铁主要分为铬系、镍系、锰系、钨系、钒系和硼系，其显微镜组织都是白口铸铁。

2）耐热合金铸铁

铸铁中加入铬、铝、硅，与它们在耐热钢和耐热合金中一样，可大大提高其抗氧化性。这些元素可单独加入或复合加入，在表面形成稳定的致密氧化膜；显微组织中减少石墨数量，并得到球状石墨，使之不易形成氧化性气体渗入的通道。铬、铝、硅都是铁素体形成元素，提高其含量后会得到单一的铁素体基体，使得在使用温度范围内完全消除相变。这样可有效地阻止铸铁的生长作用。球墨合金铸铁在 950℃能抗氧化，若单独加硅，Si 质量

分数要达到 8%；单独加铝，Al 质量分数达到 10%；单独加铬，Cr 质量分数达到 22%。若复合加入，总量可相应减少。

球墨耐热铸铁有较高的脆性，不耐温度急变。铝硅球墨铸铁在铝硅总量不超过 10% 时，其脆性较低，有一定的塑性，易切削，可耐温度急变。耐热铸铁的种类较多，分硅系、铝系、硅铝系及铬系。

3) 耐蚀合金铸铁

耐蚀铸铁广泛用于化工部门，制作管道、阀门、泵类、反应锅及盛储器等。耐蚀铸铁的电化学腐蚀原理以及提高耐蚀性的途径基本上与不锈钢和耐酸钢形同，即加入大量硅、铝、铬、镍、铜等合金元素提高铸铁基体组织的电位，并使铸铁的表面形成一层致密的保护性氧化膜；铸铁中的碳或石墨质量分数应该尽量降低，最好获得单相基体加孤立分布的球状石墨组织。常用的耐蚀合金铸铁是高硅耐蚀铸铁和高铬耐蚀铸铁。

习　题

1. 钢中常存杂质元素有哪些？对钢分别有什么影响？
2. 简述合金元素对 Fe-Fe$_3$C 相图的影响。
3. 说明下列钢号属于哪一类钢？钢号具体含义是什么？举例说明其主要用途。

Q235-AF　20　45　T10　65Mn　ZG200-400　T12A　Q195

4. 常用合金渗碳钢有哪些种类？工业中如何进行热处理？
5. 合金调质钢中常用那些合金元素？这些合金元素在调质钢中各起什么作用？
6. 轴承钢为什么要选用铬钢？这种钢对非金属夹杂物的要求如何？
7. 超高强度钢的特点是什么？
8. 碳素刃具钢、低合金刃具钢和高速钢的特点是什么？应用范围有何不同？
9. 高速钢中的合金元素，如铬、钨、钼、钒、钴在钢中各起什么作用？
10. 热作模具钢的主要性能要求是什么？
11. 工业中的特殊性能钢有哪些？它们各自应用在什么地方？
12. 为什么可锻铸铁适宜制造薄壁零件，而球铁则不适宜制造这类零件？
13. 工业常用铸铁有哪些？这些铸铁的组织特征是什么？

模块六 有色金属及其合金

知识目标：

1. 掌握铝及铝合金的分类、成分与性能特点、热处理工艺及应用；
2. 掌握铜及铜合金的分类、成分与性能特点、热处理工艺及应用；
3. 了解钛及钛合金的分类、成分与性能特点、热处理工艺及应用；
4. 了解镁及镁合金以及轴承合金的分类、成分及其应用。

技能目标：

1. 掌握铝、铜合金的分类、成分与性能特点、热处理工艺及应用；
2. 熟悉合金元素对铝、铜合金的显微组织、热处理性能和使用性能的影响；
3. 了解钛及钛合金的分类、成分与性能特点、热处理工艺及应用；
4. 了解镁及镁合金以及轴承合金的分类、成分及其应用。

教学重点：

1. 铝、铜合金的合金化的目的和热处理工艺；
2. 铝、铜合金的分类、成分与性能特点及选择。

教学难点：

1. 铝、铜合金合金化的机制；
2. 铝、铜合金热处理工艺的制定。

通常把铁基合金(钢铁)称为黑色金属，铁基合金以外的金属称为有色金属。有色金属及其合金具有钢铁材料所没有的许多特殊的机械、物理和化学性能，是现代工业中不可缺少的金属材料。

常见的有色金属主要有以下几类。

(1)轻金属：密度<3.5，Al(2.72)，Mg(1.74)，Be，Li。

(2)重金属：Pb，Cu，Ni，Hg。

(3)贵金属：Au，Ag，Pt，Pd。

(4)稀有金属：W，Mo，V，Ti，Nb，Zr，Ta。

(5)放射性金属：Ra，U。

有色金属及其合金与钢铁相比，具有许多特性。

(1)Al，Mg，Ti及其合金密度小。

(2)Au，Cu，Ag及其合金导电性好。

(3)Ni，Mo，Nb，Co及其合金耐高温。

(4)Cr，Ni，Ti及合金具有优良的耐蚀性。

故有色金属及其合金的应用越来越多，在国民经济中占重要地位。如飞机制造业中，轻金属占总重量的 95%，钢铁及其他材料占 5%。近年来，汽车制造业中铝合金、镁合金的使用量越来越多，而镁合金在家电、信息产业的应用近年来急剧增长(年递增 20%)。镁合金是最轻的工程金属材料，具有高强度、导热性好、减振性好、电磁屏蔽能力强、加工性好(压铸表面质量高)，易回收利用，属绿色环保材料。我国是镁资源大国，储量和原镁产量居首位，约占世界总量的三分之一以上，主要分布在西部地区，但长期以来，由于技术水平落后，镁只能作为初级产品低价出口，精加工产品却大量进口(以吨为单位出口，以克为单位进口)。钛及其合金不论在化学介质中，还是在海水或淡水中都有良好的抗腐蚀性。

6.1 铝及铝合金

铝及铝合金有下列特性。

(1)密度小，熔点低，导电性、导热性好，磁化率低。

纯铝的密度 $2.72g/cm^3$，仅为铁的 1/3，熔点为 660.4℃，导电性仅次于 Cu、Au、Ag。铝合金的密度也很小，熔点更低，但导电、导热性不如纯铝，铝及铝合金的磁化率极低，属于非铁磁材料。

(2)抗大气腐蚀性能好。

铝和氧的化学亲和力大，在大气中，铝和铝合金表面会很快形成一层致密的氧化膜，防止内部继续氧化。但在碱和盐的水溶液中，氧化膜易破坏，因此不能用铝及铝合金制作的容器盛放盐和碱溶液。

(3)加工性能好，比强度高。

纯铝为面心立方晶格，无同素异构转变，具有较高的塑性($\delta=30\sim50\%$，$\psi=80\%$)，易于压力加工成型，并有良好的低温性能，纯铝的强度低，$\sigma_b=70MPa$，虽经冷变形强化，强度可提高到 150~250MPa，但也不能直接用于制作受力的结构件，而铝合金通过冷成型和热处理，其抗拉强度可达到 500~600MPa，相当于低合金钢的强度，比强度高，成为飞机的主要结构材料。

由于上述优点，铝及铝合金在电气工程、航空及宇航工业、一般机械和轻工业中都有广泛的用途。

6.1.1 工业纯铝

纯铝是一种银白色的金属，熔点(与其纯度有关，99.996%时)为 660.24℃，具有面心立方晶格，无同素异构转变。纯铝中含有 Fe、Si、Cu、Zn 等杂质元素，使性能略微降低。纯铝材料按纯度可分为三类。

(1)高纯铝。纯度为 99.93~99.99%，牌号有 L01、L02、L03、L04 四种，编号越大，纯度越高。高纯铝主要用于科学研究及制作电容器等。

(2)工业高纯铝。纯度为 98.85~99.9%，牌号有 L0、L00 等，用于制作铝箔、包铝及冶炼铝合金的原料。

（3）工业纯铝。纯度为 98.0～99.0%，牌号有 L1、L2、L3、L4、L5 五种，编号越大，纯度越低。工业纯铝可制作电线、电缆、器皿及配制合金。

工业纯铝的抗拉强度和硬度很低，分别（铸态）为 90～120MPa，24～32HBS，不能作为结构材料使用。但其塑性极高，延伸率 δ（退火）为 32%～40%，断面收缩率 ψ（退火）为 70%～90%。能通过各种压力加工制成型材。

6.1.2 铝合金

1. 铝合金的分类

铝合金都有图 6-1 所示的一般相图。

（1）形变铝合金。成分在 D 点以左的合金，加热到固溶线 DF 以上，将会得到单相的 α 固溶体，塑性很好，适于压力加工，故合金含量小于 D 点的铝合金叫作：形变铝合金。此种合金亦可分为两类。

① 不能热处理强化的铝合金：成分在 F 点以左的合金，因其成分不随温度的变化而变化，故不能借助于热处理进行强化；

② 能热处理强化的铝合金：成分在 $D～F$ 之间的合金，其 α 固溶体的成分随温度而变化，故可借助于固溶强化提高其强度。

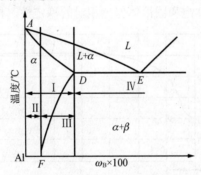

图 6-1 铝合金状态图的一般类型

（2）铸造铝合金。成分位于 D 点以右的合金，由于有共晶组织存在，流动性好，适于铸造，故称为铸造铝合金。

铸造铝合金也有成分随温度而变化的 α 相，故也能用热处理加以强化，但距 D 点越远，合金中的 α 相的相对含量越少，强化效果越不明显。

2. 铝合金的热处理

1）固溶处理

将可热处理强化的铝合金加热到 α 单相区某一温度，得到单相 α 固溶体，随后水冷，获得单相过饱和固溶体 α 组织的一种处理工艺。上述工艺亦即铝合金的淬火，但其和钢的淬火不同，高碳钢淬火后，强度、硬度立即提高，而塑性则急剧下降；铝合金淬火后，强度和硬度并不高，塑性仍很好。

2）时效强化

淬火后的铝合金放置在低于固溶线以下的某一温度，随时间的延长，其强度、硬度显著提高，而塑性下降，此谓之时效强化。

例如含铜 4%的铝合金。

平衡状态下：$\sigma_b=180\sim200$MPa，$\delta=18\%$。

淬火后：$\sigma_b=240\sim250$MPa，$\delta=20\%\sim22\%$。

室温下放置 4～5 天：$\sigma_b=420$MPa，$\delta=18\%$。

时效形式有两种：自然时效和人工时效。

① 合金能发生时效强化的必要条件是：高温能形成均匀固溶体且快冷（淬火）时不发生晶体结构和成分的变化；固溶体中溶质含量随温度降低而显著降低。

② 时效形式有两种：自然时效和人工时效。在室温下进行的时效称为自然时效，在加热条件下进行的时效称为人工时效。

③ 时效各阶段的性能特点如图 6-2 所示。时效共经历两个阶段，孕育期是自然时效的初始阶段，铝合金的强度不高，塑形好，此时可进行各种冷变形加工；超过孕育期后，强度、硬度迅速增高。

④ 时效规律。铝合金时效强化效果与加热温度有关，如图 6-3 所示。时效温度越高，强度峰值越低，强化效果越小；时效温度过高或时间过长，会导致合金变软，称为"过时效"；低温使固溶处理后的过饱和固溶体保持相对的稳定性，抑制时效的进行。

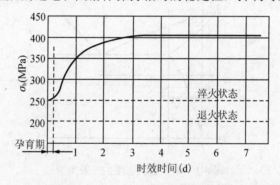

图 6-2　Al-Cu 合金的自然时效曲线

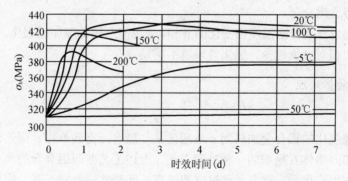

图 6-3　含 4% Cu 的 Al 合金在不同温度下的时效曲线

6.1.3　形变铝合金

根据合金的特性，形变铝合金可分为四类。

1. 防锈铝合金(LF)——200 MPa 左右

(1)成分：为 Al-Mn 系、Al-Mg 系合金，Mn、Mg 的主要作用是固溶弱化和提高耐蚀性。

(2)热处理：不能进行时效强化，常采用冷变形方法提高其强度。

(3)代号："LF＋序号"，LF 是"铝防"的汉语拼音字首，例如 LF5。

(4)应用：主要用于制作蒙皮、容器和装饰等抗蚀构件。

2. 硬铝(LY)——300～480 MPa

(1)成分：Al-Cu-Mg 系合金，加入元素铜、镁形成强化相。

(2)热处理与性能：经固溶-时效处理，能获得相当高的强度，故称"硬铝"；但抗蚀性差，采用"包铝"提高抗蚀性能。

(3)代号："LY＋序号"，"LY"是"铝硬"的汉语拼音字首；例如 LY11。

(4)应用：主要用于制作发动机叶片、滑轮等有一定强度要求的零件和构件。

3. 超硬铝(LC)——600 MPa

(1)成分：Al-Cu-Mg-Zn 系合金，加入元素铜、镁、锌形成更多的强化相。

(2)热处理：固溶处理-人工时效，其室温强度最高；采用"包铝"提高抗蚀性能。

(3)代号："LC＋序号"，"LC"是"铝超"的汉语拼音字首，例如 LC4。

(4)应用：多用于制造受力大的重要构件，如飞机大梁、起落架等。

4. 锻铝(LD)——400 MPa 以上

(1)成分与性能：Al-Cu-Mg-Si 系和 Al-Cu-Mg-Ni-Fe 系合金，特点是多元素少量，且具有良好的热塑性、铸造和锻造性能，适合压力加工。

(2)热处理：固溶处理-人工时效强化后，仍保持较高强度。

(3)代号："LD＋序号"，"LD"是"铝锻"的汉语拼音字首；例如 LD5。

(4)应用：多用于制造受重载荷的锻件和模锻件。

6.1.4　铸造铝合金

1. 成分

具有良好的铸造性能，其成分接近共晶点。

2. 热处理

(1)变质处理。在铸造铝合金中，变质处理细化晶粒的原因一般认为是 Na 等元素能促进硅的形核，并吸附在硅晶体的表面，阻止硅的长大。同时钠的存在使液态合金产生 5～10℃ 的过冷度，并使共晶点向右移动，这样不仅形核率增加，细化共晶组织而且使合金组织中出现了初生 α 固溶体。如图 6-4、图 6-5 所示。

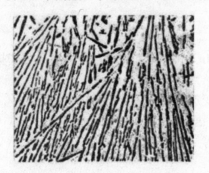

图 6-4　ZL102 合金变质前的显微组织

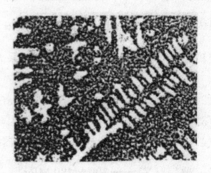

图 6-5　ZL192 合金变质后的显微组织

(2)固溶处理(淬火)＋自然(人工)时效，提高其综合力学性能。

3. 代号

Z L(铸铝)＋序号(1××——硅系；2××——铜系；3××——镁系；4××——辛系) 例如 ZL109 表示铸造铝硅合金。

4. 常用铸造铝合金牌号、性能和应用

常用铸造铝合金牌号、性能和应用见表 6-1。

表 6-1　常用铸造铝合金牌号、性能和应用

代号	性能	应用
ZL109 硅铝明	铸造性好、但力学性能能低、σ_b＝140MPa、δ＝4%	形状复杂的零件：仪表、气缸体、水(油)泵壳体等
ZL201	具有较高的耐热强度	内燃机气缸盖、活塞等高温(300℃以下)工作的构件
ZL301	具有较好的耐蚀性能、高强度，但铸造性和耐热性差	泵体、船舰配件等大气或海水中工作的构件
ZL401	具有较高的强度、铸造性好、价格便宜，但耐热性差	汽车、飞机上形状复杂的构件

6.2　铜及铜合金

铜及铜合金有下列特性。

(1)优异的物理、化学性能。纯铜导电性、导热性极佳，铜合金的导电、导热性也很好。铜及铜合金对大气和水的抗蚀能力很高。铜是抗磁性物质。

(2)良好的加工性能。铜及其某些合金塑性很好；容易冷、热成形；铸造铜合金有很好的铸造性能。

(3)某些特殊机械性能。例如优良的减摩性和耐磨性(如青铜及部分黄铜)，高的弹性极限和疲劳极限(如铍青铜等)。

（4）色泽美观。

铜及铜合金在电气工业、仪表工业、造船工业及机械制造工业部门中获得了广泛的应用。但铜的储量较小，价格较贵，属于应节约使用的材料，只有在特殊需要的情况下，例如要求有特殊的磁性、耐蚀性、加工性能、机械性能以及特殊的外观等条件下，才考虑使用。

6.2.1 纯铜

纯铜呈玫瑰红色，因其表面在空气中氧化形成一层紫红色的氧化物而常称紫铜，密度 $8.94g/cm^3$，熔点为 $1083℃$，具有面心立方晶格，没有同素异构转变。纯铜是人类最早使用的金属，也是迄今为止得到最广泛应用的金属材料之一。纯铜强度较低，在各种冷热加工条件下有很好的变形能力，不能通过热处理强化，但是能通过冷变形加工硬化。

微量杂质 Bi、Pb、S 等会与 Cu 形成低熔点共晶组织导致"热脆"，如形成熔点为 $270℃$ 的（Cu＋Bi）和熔点为 $326℃$ 的（Cu＋Pb）共晶体，并且分布在晶界上，在正常的热加工温度 $820\sim860℃$ 下，晶界早期熔化，发生晶间断裂。硫和氧则易与铜形成脆性化合物 Cu_2S 和 Cu_2O，冷加工时破裂断开，导致"冷脆"。

工业纯铜中铜的质量分数为 $99.5\%\sim99.95\%$，其牌号以"铜"的汉语拼音字首"T"＋顺序号表示，如 T1、T2、T3、T4，顺序数字越大，纯度越低，见表 6-2。

表 6-2 工业纯铜的牌号、成分及用途

牌号	代号	纯度/%	杂质/%		杂质总量/%	用途
			Bi	Pb		
一号铜	T1	99.95	0.002	0.005	0.05	导电材料和配制高纯度合金
二号铜	T2	99.90	0.002	0.005	0.1	导电材料，制作电线、电缆等
三号铜	T3	99.70	0.002	0.01	0.3	铜材、电气开关、垫圈、铆钉、油管等
四号铜	T4	99.50	0.003	0.05	0.5	铜材、电气开关、垫圈、铆钉、油管等

6.2.2 铜的合金化和铜合金的分类及编号

1. 铜的合金化

纯铜的强度较低，不能直接用作为结构材料，虽然可以通过加工硬化提高其强度和硬度，但是塑性会急剧下降，延伸率仅为变形前（$\delta\approx50\%$）的 4% 左右。而且，导电性也大为降低。因此，为了保持其高塑性等特性，对 Cu 实行合金化是提高其强度的有效途径。

根据合金元素的结构、性能、特点以及它们与 Cu 原子的相互作用情况，Cu 的合金化可通过以下形式达到强化的目的。

（1）固溶强化。Cu 与近 20 种元素有一定的互溶能力，可形成二元合金 Cu-Me。从合金元素的储量、价格、溶解度及对合金性能的影响等诸方面因素考虑，在铜中的固溶度为 10% 左右的 Zn、Al、Sn、Mn、Ni 等适合作为产生固溶强化效应的合金元素，可将铜的强度由 240MPa 提高到 650MPa。

（2）时效强化。Be、Si、Al、Ni 等元素在 Cu 中的固溶度随温度下降会急剧减小，它们形成的铜合金可进行淬火时效强化。

Be 质量分数为 2% 的 Cu 合金经淬火时效处理后，强度可高达 1400MPa。

(3)过剩相强化。Cu 中的合金元素超过极限溶解度以后，会析出过剩相，使合金的强度提高。过剩相多为脆性化合物，数量较少时，对塑性影响不太大；数量较多时，会使强度和塑性同时急剧降低。

2. 铜合金的分类及编号

根据合金元素的不同，铜合金可分为黄铜、青铜、白铜三大类。

1)黄铜的分类与编号

黄铜是以 Zn 为主加元素的铜合金，黄铜具有较高的强度和塑性，良好的导电性、导热性和铸造工艺性能，耐蚀性与纯铜相近。黄铜价格低廉，色泽明亮美丽。

按化学成分可分为普通黄铜及特殊黄铜(或复杂黄铜)；按生产方式可分为压力加工黄铜及铸造黄铜。

普通黄铜的牌号以"黄"的汉语拼音字首"H"＋数字表示，数字表示铜的质量分数，如 H62 表示 Cu 质量分数为 62%，其余为 Zn 的普通黄铜。

特殊黄铜的代号表示形式是"H＋第一合金元素符号＋铜含量-第一合金元素含量＋第二合金元素含量"，数字之间用"-"分开，如 HAl59-3-2，表示含 Cu59%，含 Al3%，含 Ni2%，余量为 Zn 的特殊黄铜。

铸造黄铜的牌号则以"铸"字汉语拼音字首"Z"＋铜锌元素符号"ZCuZn"表示，具体为"ZCuZn＋锌含量＋第二合金元素符号＋第二合金元素含量"，如 ZCuZn40Pb2 表示含 Zn40%，含 Pb2%，余量为 Cu 的铸造黄铜。

常用普通黄铜、特殊黄铜、铸造黄铜的牌号及用途见表 6-3、表 6-4、表 6-5。

表 6-3　普通黄铜牌号及用途

牌　号	用　　途
H96	冷凝管、散热器及导电零件等
H90	奖章、供水及排水管等
H80	薄壁管、造纸网、波纹管、装饰品、建筑用品等
H70	弹壳、造纸、机械及电气零件
H68	形状复杂的冷、深冲压件、散热器外壳及导管等
H62、H59	机械、电气零件，铆钉、螺冒、垫圈、散热器及焊接件、冲压件

表 6-4　特殊黄铜牌号及用途

类　别	牌　号	用　　途
铅黄铜	HPb63-3	钟表、汽车、拖拉机及一般机器零件
	HPb59-1	适于热冲压及切削加工零件，如销子、螺钉、垫圈等
铝黄铜	HAl77-2	海船冷凝器管及耐蚀零件
	HAl60-1-1	齿轮、蜗轮、轴及耐蚀零件
	HAl59-3-2	船舶、电机、化工机械等常温下工作的高强度耐蚀零件
硅黄铜	HSi80-3	耐磨锡青铜的代用材料，船舶及化工机械零件
锰黄铜	HMn58-2	船舶零件及轴承等耐磨零件
铁黄铜	HFe59-1-1	摩擦及海水腐蚀下工作的零件
锡黄铜	HSn90-1	汽车、拖拉机弹性套管
	HSn62-1	船舶零件
镍黄铜	Hni65-5	压力计管、船舶用冷凝管、电机零件

表 6-5　铸造黄铜牌号及用途

类　别	牌　号	用　途
硅黄铜	ZCuZn16Si4	接触海水工作的配件以及水泵、叶轮和在空气、淡水、油、燃料以及工作压力为 4.5MPa，工作温度在 225℃以下蒸汽中工作的零件
铅黄铜	ZCuZn40Pb2	一般用途的耐磨、耐蚀零件，如轴套、齿轮等
铝黄铜	ZCuZn25Al6Fe3Mn3	高强度、耐磨件，如桥梁支承板、螺母、螺杆、滑块和蜗轮等
铝黄铜	ZCuZn31Al2	压力铸造件，如电机、仪表等以及造船和机械制造中的耐蚀零件
锰黄铜	ZCuZn40Mn3Fe1	耐海水腐蚀零件，以及 300℃以下工作的管件，船舶用螺旋桨等大型铸件
锰黄铜	ZCuZn40Mn2	在空气、淡水、海水、蒸汽(<300℃)和各种液体、燃料中工作的零件

2) 青铜的分类及编号

青铜是以除 Zn 和 Ni 以外合金元素为主加元素的铜合金。青铜具有良好的耐蚀性、耐磨性、导电性、切削加工性、导热性能、较小的体积收缩率。

按主加合金元素的不同可分为锡青铜、铝青铜、铍青铜等；按生产方式的不同可分为压力加工青铜、铸造青铜。

压力加工青铜牌号以"青"字汉语拼音字首"Q"开头，后面是主加元素符号及质量分数，其后是其他元素的质量分数，数字间以"-"隔开，如 QAl10-3-1.5 表示主加元素为 Al 且含 Fe 为 3%，含 Mn1.5%，余量为 Cu 的铝青铜。

铸造青铜表示方法是"ZCu＋第一主加元素符号＋含量＋合金元素＋含量＋……"如 ZCuSn5Pb5Zn5 表示主加元素为 Sn 且含 Sn5%、Pb5%、Zn5%，余量为 Cu 的铸造锡青铜。常用青铜的牌号及用途见表 6-6。

表 6-6　常用青铜的牌号及用途

类别	代号 (或牌号)	用　途
压力加工锡青铜	QSn4-3	弹性元件、化工机械耐磨零件和抗磁零件
压力加工锡青铜	QSn6.5-0.1	精密仪器中的耐磨零件和抗磁元件，弹簧
压力加工锡青铜	QSn4-4-2.5	飞机、汽车、拖拉机用轴承和轴套的衬垫
铸造锡青铜	ZCuSn10Zn2	在中等及较高载荷下工作的重要管配件，阀、泵体等
铸造锡青铜	ZCuSn10P1	重要的轴瓦、齿轮、连杆和轴套等
特殊青铜 (无锡)	ZCuAl10Fe3	重要的耐磨、耐蚀重型铸件，如轴套、蜗轮等
特殊青铜 (无锡)	ZCuAl9Mn2	形状简单的大型铸件，如衬套、齿轮、轴承
特殊青铜 (无锡)	QBe2	重要仪表的弹簧、齿轮等
特殊青铜 (无锡)	ZCuPb30	高速双金属轴瓦、减摩零件等

3) 白铜的分类及编号

白铜是以 Ni 为主加元素的铜合金。白铜具有较高的强度和塑性，可进行冷、热变形加工，具有很好的耐蚀性、电阻率较高。根据性能和应用分为耐蚀用白铜和电工用白铜；按化学成分和组元数目可分普通白铜(或简单白铜)和特殊白铜(或复杂白铜)。特殊白铜又按加入 Zn、Mn、Al 等不同合金元素，称作锌白铜、锰白铜和铝白铜等。

普通白铜的牌号以"白"字汉语拼音字首"B"＋数字表示，数字代表 Ni 的含量，如 B30 表示含 Ni30%的普通白铜。

特殊白铜的代号表示形式是"B＋第二合金元素符号＋镍的含量＋第二合金元素含

量"，数字之间以"-"隔开，如 BMn3-12 表示含 Ni3%、Mn12%、Cu85%的锰白铜。常用白铜的牌号及用途见表 6-7。

表 6-7　常用白铜的牌号及用途

类　　别	牌　　号	用　　途
普通白铜	B30、B19、B5	船舶仪器零件，化工机械零件
锌白铜	BZn15-20	潮湿条件下和强腐蚀介质中工作的仪表零件
锰白铜	BMn3-12	主要用途的弹簧
	BMn40-1.5	热电偶丝

6.2.3　黄铜

1. 普通黄铜

普通黄铜是铜锌二元合金。Cu-Zn 二元相图见图 6-6。α 相是锌溶入铜中形成的固溶体，锌的溶解度随温度变化而变化，在 456℃（溶解度最大为 39%Zn）以下降温，溶解度略有下降。β 相是以电子化合物 CuZn 为基的固溶体，具有体心立方晶格，当温度降至 456～468℃以下时，发生有序化转变，β 相转化为有序固溶体 β' 相，硬且脆，难以进行冷加工变形。γ 相是以电子化合物 $CuZn_3$ 为基的固溶体，具有六方晶格，更脆，强度和塑性极差。工业上使用的黄铜中 Zn 的质量分数一般不超过 47%，否则因性能太差而无使用价值。

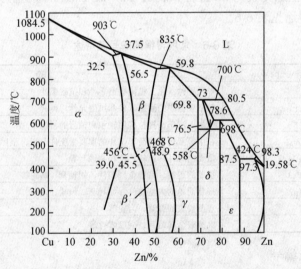

图 6-6　Cu-Zn 合金相图

仅有 α 固溶体的黄铜为单相黄铜，有较高的强度和塑性，可进行冷、热变形加工；它还具有良好的锻造、焊接性能。常用单相黄铜有 H68、H70、H90 等，H68、H70 因较高强度和塑性，常用作子弹和炮弹的壳体，故又称为"弹壳黄铜"。当 Zn 质量分数超过 32%，就出现了 $\alpha+\beta'$ 双相黄铜。与单相黄铜相比，双相黄铜塑性下降，强度随 Zn 质量分数提高而升高。

当 Zn 质量分数为 45%时强度达到最大值。$\alpha+\beta'$ 双相黄铜具有良好的热变形能力，较高的强度和耐蚀性。常用牌号有 H59、H62 等，可用于散热器、水管、油管、弹簧等。当 Zn 质量分数>45%以后，组织全部为 β' 相，强度急剧下降，塑性继续降低。

2. 特殊黄铜

特殊黄铜是在铜锌二元合金基础上加入 Pb、Al、Mn 等合金元素形成的多元铜合金。合金元素的加入，特殊黄铜的力学性能、切削加工性能、铸造性能、耐蚀性能等得到了进一步提高，拓宽了应用范围。

Al、Sn、Si、Mn 主要是提高抗蚀性，Pb、Si 能改善耐磨性，Ni 能降低应力腐蚀敏感性，合金元素一般都能提高强度。特殊黄铜有铅黄铜、铝黄铜、锡黄铜、硅黄铜、锰黄铜、铁黄铜、镍黄铜等。

3. 铸造黄铜

铸造黄铜含较多的 Cu 及少量合金元素，如 Pb、Si、Al 等。它的熔点比纯铜低，液固相线间隔小，流动性较好，铸件致密，偏析较小，具有良好的铸造成形能力。铸造黄铜的耐磨性、耐大气、海水的腐蚀性能也较好，适于用作轴套、腐蚀介质下工作的泵体、叶轮等。

4. 黄铜的脱锌和季裂

黄铜虽然具有良好的耐蚀性，但是在一定的环境下会发生脱锌和季裂现象导致破坏。

1）脱锌

脱锌是黄铜在盐液等介质存在时发生电化学腐蚀，表面失去 Zn 导致力学性能下降的现象。Zn 的电极电位比铜低，Zn 极易在盐液等介质中溶解，表面残存疏松多孔的海绵铜，其与表层以下的黄铜因电极电位差又构成微电池，黄铜成为阳极加速腐蚀，形成了一定深度的脱 Zn 层，抗蚀性和力学性能恶化。为防止发生脱 Zn，生产中常使用低 Zn 铜（<15%）或加入质量分数为 0.02%~0.06%的 As。

2）季裂

季裂是指经过冷变形加工的黄铜（含 Zn>20%）制品，由于残余应力的存在，在潮湿的大气或海水中，尤其是在含氨气的环境中，放置一段时间，容易产生应力腐蚀，使黄铜开裂，这种自发破裂的现象称应力腐蚀开裂或季裂。防止黄铜的季裂，可以进行喷丸处理，在表面施加压应力；低温退火（250~300℃加热保温 1~3h）去除残存拉应力；或加适量 Al、Sn、Si、Mn、Ni 等元素来显著降低对应力腐蚀的敏感性。

6.2.4 青铜

工业生产习惯上把黄铜、白铜以外的铜合金都称为青铜。

1. 锡青铜

以 Sn 为主加元素的铜基合金称锡青铜。锡青铜的主要特点是耐蚀、耐磨、强度高、弹性好等。图 6-7 为 Cu-Sn 二元合金相图局部。

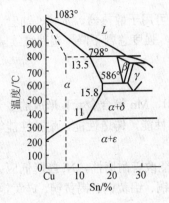

图 6-7 Cu-Sn 合金相图

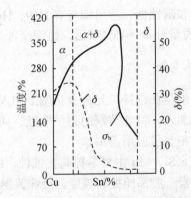

图 6-8 锡青铜组织和力学性能与含锡量的关系

Sn 在铜中可形成固溶体，也可形成金属化合物。因此，根据含 Sn 量不同，锡青铜的组织和性能也不同，图 6-8 是锡青铜的组织和力学性能与含 Sn 量的关系。由图可知：

含 Sn 为 5%～6%时，合金的组织为 α 单相固溶体，合金的塑性最高，强度也增加；含 Sn 超过 6%～7%后，由于组织中出现硬而脆的 δ 相(以化合物 $Cu_{31}Sn_8$ 为基的固溶体)，塑性显著下降，强度继续增加，当含 Sn 超过 20%时，由于大量的 δ 相出现，使合金变脆，合金的强度和塑性均下降。因此，压力加工锡青铜含 Sn 一般低于 7%～8%，含 Sn 大于或等于 10%的合金适宜铸造。

由于锡青铜表面生成由 $Cu_2O \cdot 2CuCO_3 \cdot Cu(OH)_2$ 构成的致密薄膜，因此锡青铜在大气、海水、碱性液和其他无机盐类溶液中有极高的耐蚀性，但在酸性溶液中抗蚀性较差。

锡青铜的结晶温度区间较大，流动性差，易形成枝状偏析和分散缩孔，铸件致密性差。但是锡青铜的线收缩率小，热裂倾向小，可铸造形状复杂、厚薄不均匀的铸件，尤其是构图精巧、纹路复杂的工艺品。

为了改善锡青铜的铸造性能、力学性能、耐磨性能、弹性性能和切削加工性，常加入 Zn、P、Ni 等元素形成多元锡青铜。

锡青铜可用作轴套、弹簧等抗磨、抗蚀、抗磁零件，广泛应用于化工、机械、仪表、造船等行业。

2. 铝青铜

以 Al 为主加合金元素的铜基合金称铝青铜，是得到最广泛应用的一种青铜。它的成本比较低，一般含铝为 8.5%～10.5%。铝青铜具有良好的力学性能，耐蚀性和耐磨性，并能进行热处理强化。铝青铜有良好的铸造性能，在大气、海水、碳酸及大多数有机酸中具有比黄铜和锡青铜更高的抗蚀性，此外还有冲击时不发生火花等特性。宜作机械、化工、造船及汽车工业中的轴套、齿轮、蜗轮、管路配件等零件。

3. 铍青铜

以 Be 为主加合金元素的铜基合金称铍青铜。一般含铍为 1.7%～2.5%。铍青铜可以淬火时效处理，有很高的强度、硬度、疲劳极限和弹性极限，而且耐蚀、耐磨、无磁性、导电和导热性好，受冲击无火花等。在工艺方面，它承受冷、热压力加工的能力很强，铸造性能亦好。主要用于制作高级精密的弹性元件，如弹簧、膜片、膜盘等，特殊要求的耐磨零件，如钟表的齿轮和发条、压力表游丝；高速、高温、高压下工作的轴承、衬套及矿山、炼油厂用的冲击不带火花的工具。铍青铜价格较贵。

6.2.5　白铜

以 Ni 为主加合金元素的铜基合金称白铜。

工业上应用的白铜有普通白铜和特殊白铜。普通白铜是 Cu-Ni 二元合金；特殊白铜是在 Cu-Ni 合金基础上加入 Zn、Mn、Al 等合金元素，分别称锌白铜、锰白铜、铝白铜等。

白铜具有高的耐蚀性、优良的冷、热加工工艺性。因此，广泛用于制造精密仪器、仪表化工机械及医疗器械中的关键零件。

6.3　钛及其合金

钛及钛合金具有重量轻、比强度高、耐高温、耐腐蚀以及良好低温韧性等优点，同时资源丰富，所以有着广泛应用前景。但目前钛及钛合金的加工条件复杂，成本较昂贵，在很大程度上限制了它们的应用。

6.3.1　纯钛

纯 Ti 是灰白色轻金属，钛的密度小，为 $4.54g/cm^3$，熔点高，约为 1668℃，热膨胀系数小，导热性差。纯 Ti 塑性好、强度低，容易加工成形，可制成细丝和薄片。Ti 在大气和海水中有优良的耐蚀性，在硫酸、盐酸、硝酸、氢氧化钠等介质中都很稳定。Ti 的抗氧化能力优于大多数奥氏体不锈钢。

Ti 在固态下有同素异构转变：882.5℃以下为密排六方晶格，称 α-Ti；882.5℃以上直到熔点为体心立方晶格，称 β-Ti。在 882.5℃时发生同素异构转变 α-Ti→β-Ti，它对强化有很重要的意义。

工业纯 Ti 中含有 H、C、O、Fe、Mg 等杂质元素，少量杂质可使钛的强度和硬度显著升高，塑性和韧性明显降低。工业纯钛按杂质含量不同分为 TA1、TA2、TA3 三种（见表6-8），编号越大杂质越多，可制作在 350℃以下工作的、强度要求不高的零件。

表6-8　工业纯钛及部分钛合金的牌号及用途

类别	牌号	成　分	用　途
工业纯钛	TA1	Ti（杂质极微）	在 350℃以下工作、强度要求不高的零件
	TA2	Ti（杂质微）	
	TA3	Ti（杂质微）	
α 钛合金	TA4	Ti-3Al	在 500℃以下工作的零件，导弹燃料罐、超音速飞机的蜗轮机匣
	TA5	Ti-4Al-0.005B	
	TA6	Ti-5Al	
β 钛合金	TB1	Ti-3Al-8Mo-11Cr	在 350℃以下工作的零件、压气机叶片、轴、轮盘等重载荷旋转件，飞机构件
	TB2	Ti-5Mo-5V-8Cr-3Al	
$\alpha + \beta$ 钛合金	TC1	Ti-2Al-1.5Mn	在 400℃以下工作的零件，有一定高温强度的发动机零件，低温用部件
	TC2	Ti-3Al-1.5Mn	
	TC3	Ti-5Al-4V	
	TC4	Ti-6Al-4V	

6.3.2　钛合金

合金元素溶入 α-Ti 中，形成 α 固溶体，溶入 β-Ti 中形成 β 固溶体。Al、C、N、O、B 等使 α-Ti→ β-Ti 转变温度升高，称为 α 稳定化元素。Fe、Mo、Mg、Cr、Mn、V 等使同素异构转变温度下降，称为 β 稳定化元素。Sn、Zr 等对转变温度的影响不明显，称为中性元素。

根据使用状态的组织，钛合金可分为三类：α 钛合金、β 钛合金和 $(\alpha+\beta)$ 钛合金。牌号分别以 TA、TB、TC 加上编号来表示。钛合金的牌号及用途见表 6-8。

1) α 钛合金

钛中加入 Al、B 等 α 稳定化元素获得 α 钛合金。α 钛合金的室温强度低于 β 钛合金和 $(\alpha+\beta)$ 钛合金，但高温（500～600℃）强度比它们的高，并且组织稳定，抗氧化性和抗蠕变性好，焊接性能也很好。α 钛合金不能淬火强化，主要依靠固溶强化，热处理只进行退火（变形后的消除应力退火或消除加工硬化的再结晶退火）。

α 钛合金的典型的牌号是 TA7，成分为 Ti-5Al-2.5Sn。其使用温度不超过 500℃，主要用于制造导弹的燃料罐、超音速飞机的涡轮机匣等。

2) β 钛合金

钛中加入 Mo、Cr、V 等 β 稳定化元素得到 β 钛合金。β 钛合金有较高的强度、优良的冲压性能，并可通过淬火和时效进行强化。在时效状态下，合金的组织为 β 相和弥散分布的细小 α 相粒子。

β 钛合金的典型牌号为 TB1，成分为 Ti-3Al-13V-11Cr，一般在 350℃ 以下使用，适于制造压气机叶片、轴、轮盘等重载的回转件，以及飞机构件等。

3) $(\alpha+\beta)$ 钛合金

钛中通常加入 β 稳定化元素、大多数还加入 α 稳定化元素所得到的 $(\alpha+\beta)$ 钛合金，塑性很好，容易锻造、压延和冲压，并可通过淬火和时效进行强化。热处理后强度可提高 50%～100%。

TC4 是典型的 $(\alpha+\beta)$ 钛合金，成分为 Ti-6Al-4V，经淬火及时效处理后，显微组织为块状 $\alpha+\beta+$ 针状 α。其中针状 α 是时效过程中从 β 相中析出的。由于强度高，塑性好，在 400℃ 时组织稳定，蠕变强度较高，低温时有良好的韧性，并有良好的抗海水应力腐蚀及抗热盐应力腐蚀的能力，所以适于制造在 400℃ 以下长期工作的零件，要求一定高温强度的发动机零件，以及在低温下使用的火箭、导弹的液氢燃料箱部件等。

6.3.3　钛及钛合金的热处理

1) 退火

消除应力退火目的是消除工业纯钛和钛合金零件机加工或焊接后的内应力。退火温度一般为 450～650℃，保温 1～4h，空冷。

再结晶退火目的是消除加工硬化。纯钛一般采用 550～690℃温度，钛合金用 750～800℃温度，保温 1～3h，空冷。

2)淬火和时效

目的是提高钛合金的强度和硬度。

α 钛合金和含 β 稳定化元素较少的 $(\alpha+\beta)$ 钛合金，自 β 相区淬火时，发生无扩散型的马氏体转变 $\beta \to \alpha'$，α' 为马氏体，是 β 稳定化元素在 α -Ti 中的过饱和固溶体，具有密排六方晶格，硬度较低，塑性好，是一种不平衡组织，加热时效时分解成 α 相和 β 相的混合物，强度和硬度有所提高。

β 钛合金和含 β 稳定化元素较多的 $(\alpha+\beta)$ 钛合金淬火时，β 相转变成介稳定的 β 相，加热时效后，介稳定 β 相析出弥散的 α 相，使合金的强度和硬度提高。

α 钛合金一般不进行淬火和时效处理，β 钛合金和 $(\alpha+\beta)$ 钛合金可进行淬火时效处理，提高强度和硬度。

钛合金的淬火温度一般选在 $\alpha+\beta$ 两相区的上部范围，淬火后部分 α 保留下来，细小的 β 相转变成介稳定 β 相或 α' 相或两种均有(取决于 β 稳定化元素的含量)，经时效后获得好的综合机械性能。假若加热到 β 单相区，β 晶粒极易长大，则热处理后的韧性很低。一般淬火温度为 760~950℃，保温 5~60min；水中冷却。

钛合金的时效温度一般在 450~550℃之间，时间为几小时至几十小时。

钛合金热处理加热时应防止污染和氧化，并严防过热。β 晶粒长大后，无法用热处理方法挽救。

6.4 镁及其合金

镁是地壳中第三种最丰富的金属元素，储量占地壳的 2.5%，仅次于铝和铁。镁及镁合金比强度高、耐冲击、具有优良的可切削加工性，并对碱、汽油及矿物油具有化学稳定性，因而可用作输油管道。作为结构材料已越来越发挥重要的作用。

6.4.1 纯镁

纯镁为银白色，其密度为 1.74g/cm³，熔点为 (650 ± 1) ℃，沸点为 (1100 ± 10) ℃。纯镁的电极电位很低，因此抗蚀性较差，在潮湿大气、淡水、海水及绝大多数酸、盐溶液中易受腐蚀。镁具有密排六方晶格，室温和低温塑性较低，容易脆断，但高温塑性较好，可进行各种形式的热变形加工。

6.4.2 镁合金

纯镁的力学性能较低，实际应用时，一般在纯镁中加入一些合金元素，制成镁合金。镁的合金化原理与铝相似，主要通过加入合金元素，产生固溶强化、时效强化、细晶强化及过剩相强化作用，以提高合金的力学性能、抗腐蚀性能和耐热性能。镁合金中常加入的合金元素有 Al、Zn、Mn、Zr 及稀土元素等。

目前工业中应用的镁合金主要集中于 Mg-Al-Zn、Mg-Zn-Zr 和 Mg-Re-Zr 等几个合金系，其中前两个合金系是发展高强镁合金的基础。

6.4.3　工业常用镁合金

国产镁合金牌号由相应汉语拼音字头和合金顺序号表示，表 6-9 为镁合金的牌号、性能及用途。

表 6-9　镁合金的牌号及用途

牌号	抗拉强度/MPa	伸长率/%	用　　途
ZM1	235	5	飞机轮毂、支架等抗冲击件
ZM2	185	2.5	200℃以下工作的发动机零件等
ZM3	118	1.5	高温高压下工作的发动机匣等
ZM5	225	5	机舱隔框、增压机匣等高载荷零件
MB1	210	8	形状简单受力不大的耐蚀零件
MB2	250	20	飞机蒙皮、壁板及耐蚀零件
MB8	260	7	形状复杂的锻件和模锻件
MB15	335	9	室温下承受大载荷的零件，如机翼等

1) 铸造镁合金

铸造镁合金包括高强铸造镁合金(如 ZM5、ZM1 和 ZM2)和耐热铸造镁合金(如 ZM3 等)两类。

ZM5 是应用最广泛的合金之一，其特点是强度较高，塑性良好，易于铸造，适于生产各类铸件。ZM5 的淬火加热温度一般选择 415~420℃，采用热水冷却。冷水淬火易引起晶间开裂。

2) 变形镁合金

该合金有 Mg-Mn 系、Mg-Al-Zn 系和 Mg-Zn-Zr 系。Mg-Mn 系合金包括 MB1 和 MB8 二种，它们不能热处理强化，这些合金工艺性能好，抗蚀性高，适于制作飞机蒙皮、模锻件和要求耐蚀的管件。

MB2 属 Mg-Al-Zn 系，不能热处理强化，塑性较好，适于加工成各种板、棒和锻件等半成品。

MB15 属 Mg-Zn-Zr 系，可进行热处理强化，具有较高的强度，能制造形态复杂的大型锻件。MB15 合金耐蚀性良好，无应力腐蚀破裂倾向。

6.4.4　镁合金的热处理

镁合金的热处理方式与铝合金基本相同，但由于组织结构上的差别，与铝合金相比，呈现以下几个特点：

(1) 镁合金的组织一般比较粗大，且常达不到平衡态，因此淬火加热温度较低。

(2) 合金元素在镁中的扩散速度较慢，需要的淬火加热时间较长。

(3) 铸造镁合金及加工前未经退火的变形镁合金易产生不平衡组织，淬火加热速度不宜过快，一般采用分级加热的方式。

(4) 自然时效条件下，过饱和固溶体析出沉淀相的速度极慢，故镁合金需用人工时效处理。

(5)镁合金的氧化倾向大，加热炉内需保持一定的中性气氛，普通电炉一般通人 SO_2 气体或在炉中放置一定数量的硫铁矿石碎块，并要密封。

镁合金常用的热处理工艺有铸造或锻造后的直接人工时效、退火、淬火不时效及淬火加人工时效等，具体工艺规范根据合金成分特点及性能需求确定。

6.5 轴 承 合 金

轴承根据工作条件不同可分为滚动轴承和滑动轴承两类。是汽车、拖拉机、机床及其他机器中的重要部件。轴承合金是制造滑动轴承中的轴瓦及内衬的材料。当轴旋转时，轴瓦和轴发生强烈的摩擦，并承受轴颈传给的周期性载荷。因此轴承合金应具有以下性能：

(1)足够的强度和硬度，以承受轴颈较大的单位压力。

(2)足够的塑性和韧性，高的疲劳强度，以承受轴颈的周期性载荷，并抵抗冲击和振动。

(3)良好的磨合能力，使其与轴能较快地紧密配合。

(4)高的耐磨性，与轴的摩擦系数小，并能保留润滑油，减轻磨损。

(5)良好的耐蚀性、导热性、较小的膨胀系数，防止摩擦升温而发生咬合。

轴瓦材料不能选用高硬度的金属，以免轴颈受到磨损；也不能选用软的金属，防止承载能力过低。因此轴承合金应既软又硬，组织特点是，在软基体上分布硬质点，或者在硬基体上分布软质点。

若轴承合金的组织是软基体上分布硬质点，则运转时软基体受磨损而凹陷，硬质点将凸出于基体上，使轴和轴瓦的接触面积减小，而凹坑能储存润滑油，降低轴和轴瓦之间的摩擦系数，减少轴和轴承的磨损。另外，软基体能承受冲击和振动，使轴和轴瓦能很好地结合，并能起嵌藏外来小硬物的作用，保证轴颈不被擦伤，如图 6-9 所示。

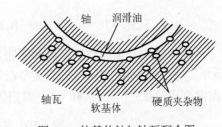

图 6-9 软基体轴与轴瓦配合图

轴承合金的组织是硬基体上分布软质点时，也可达到上述同样目的。

6.5.1 滑动轴承合金的分类及牌号

常用的轴承合金按主要成分可分为锡基、铅基、铝基、铜基等数种，前两种称为巴氏合金，轴承合金一般在铸态下工作，其牌号以"铸"字汉语拼音字首"Z"开头，表示方法为"Z＋基本元素符号＋主加元素符号＋主加元素含量＋辅加元素符号＋辅加元素含量……"。例如，ZSnSb12Pb10Cu4，即表示含 Sb12%、含 Pb10%和 Cu4%的锡基轴承合金。

6.5.2　常用滑动轴承合金

1. 锡基轴承合金（锡基巴氏合金）

锡基轴承合金是以锡为基础合金，辅加 Sb、Cu、Pb 等元素而形成的一种软基体硬质点类型的轴承合金。最常用的牌号是 ZSnSb11Cu6。

其组织可用 Sn-Sb 合金相图来分析（见图 6-10）。α 相是 Sb 溶解于 Sn 中的固溶体，为软基体。β' 相是以化合物 SnSb 为基的固溶体，为硬质点。即硬质点 β' 相均匀分布在 α 相软基体上。铸造时，由于 β' 相较轻，易发生严重的比重偏析，所以加入 Cu，生成 Cu_6Sn_5，呈树枝状分布，阻止 β' 相上浮，有效地减轻比重偏析。Cu_6Sn_5 的硬度比 β' 相高，也起硬质点作用，进一步提高合金的强度和耐磨性 ZSnSb11Cu6 的显微组织为 $\alpha+\beta'+Cu_6Sn_5$。其中 α 相软基体呈黑色，β' 硬质点呈白方块状，Cu_6Sn_5 呈白针状或星状。

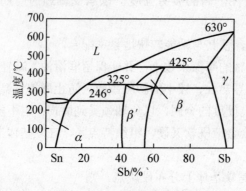

图 6-10　Sn-Sb 合金相图

锡基轴承合金的摩擦系数和膨胀系数小，塑性和导热性好，适于制作最重要的轴承，如汽轮机、发动机和压气机等大型机器的高速轴瓦。但锡基轴承合金的疲劳强度较低，许用温度也较低（不高于 150℃）。常用锡基轴承合金的牌号及用途见表 6-10。

表 6-10　常用锡基轴承合金的牌号及用途

牌　　号	用　　途
ZSnSb12Pb10Cu4	一般机械的主轴轴承，但不适于高温工作
ZSnSb11Cu6	2000 马力以上的高速蒸汽机，500 马力的蜗轮压缩机用的轴承
ZSnSb8Cu4	一般大机器轴承及轴衬，重载、高速汽车发动机、薄壁双金属轴承
ZSnSb4Cu4	蜗轮内燃机高速轴承及轴衬

2. 铅基轴承合全（铅基巴氏合金）

铅基轴承合金是以 Pb 为基础合金，辅加 Sb、Cu、Sn 等元素而形成的一种软基体硬质点类型的轴承合金。常用牌号是 ZPbSb16Cu2。

图 6-11 为该合金的 Pb-Sb 相图。α 为 Sb 在 Pb 中的固溶体，β 为 Pb 在 Sb 中的固溶体。含 15%～17%Sb 的 Pb-Sb 合金的组织为 $(\alpha+\beta)+\beta$。$(\alpha+\beta)$ 共晶体为软基体，β 相为硬质点。但由于基体太软，β 相很脆易破碎，且有严重的比重偏析，性能不好，所以在

铅基轴承合金中再加入锡和铜。锡是为了生成化合物 SnSb，并得到以 SnSb 为基的固溶体作为硬质点；Cu 是为了形成化合物 Cu_6Sn_5，防止比重偏析，同时亦起硬质点作用。

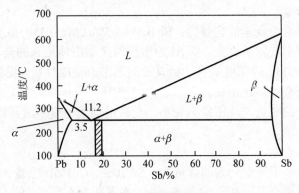

图 6-11　Pb-Sb 相图

ZPbSb16Cu2 的显微组织为 $\alpha+\beta+Cu_6Sn_5$。$\alpha+\beta$ 共晶体为软基体，白方块为以 SnSb 为基的 β 固溶体，起硬质点作用，白针状晶体为化合物 Cu_6Sn_5。这种合金的铸造性能和耐磨性较好(但比锡基轴承合金低)，价格较便宜，可用于制造中、低载荷的轴瓦，例如汽车、拖拉机曲轴的轴承等。常用铅基轴承合金的牌号及用途见表 6-11。

表 6-11　常用铅基轴承合金的牌号及用途

牌　号	用　途
ZPbSb16Sn16Cu2	工作温度<120℃，无显著冲击载荷，重载高速轴承
ZPbSb15Sn5Cu3Cd2	船舶机械，小于 250kW 的电动机轴承
ZPbSb15Sn10	中等压力的高温轴承
ZPbSb15Sn5	低速、轻压力条件下工作的机械轴承
ZPbSb10Sn6	重载、耐蚀、耐磨用轴承

3. 铜基轴承合金

铜基轴承合金包括铅青铜、锡青铜等，常用合金牌号为 ZCuPb30、ZCuSn10P1 等。

ZCuPb30 是硬基体上分布软质点类型的轴承合金，润滑性能好，摩擦系数小，耐磨性好，铅青铜还具有良好的耐冲击能力和疲劳强度，并能长期工作在较高的温度 250～320℃下，导热性优异。常用于高载荷、高速度的滑动轴承，如航空发动机、高速柴油机轴承等。铅青铜的强度较低，实际使用时也常和铅基巴氏合金一样在钢轴瓦上浇铸成内衬，进一步发挥其特性。

ZCuSn10P1 是以 α 固溶体作为软基体，金属化合物 β 相和 Cu_3P 作为硬质点，强度高，耐磨性好，也可用于高速柴油机轴承。

4. 铝基轴承合金

铝基轴承合金是以 Al 为基本元素，主加元素为 Sb、Cu、Sn 等形成的合金。与其他轴承合金相比，它不但是一种新型的减摩材料，还具有生产成本低、密度小、导热性、耐蚀性好、疲劳强度高等优点，主要用于高速、高载条件下工作的汽车、内燃机轴承等。铝基轴承合金主要不足之处是线膨胀系数大，运行时特别是在启动状态下容易与轴咬合，应用中常采用增大轴承间隙，提高接触面平整度或镀锡加以防止。铝基轴承合金硬度较高，相应地要提高轴的硬度，防止轴颈被擦伤。

1) 铝锑镁轴承合金

组成铝锑镁轴承合金元素的含量为：Sb 3.5%～5%，Mg 0.3%～0.7%，余量为 Al，是软基体分布硬质点类型的轴承合金，以 Al 为溶剂的 α 固溶体是软的基体，化合物 AlSb（β 相）是硬的质点，微量 Mg 的作用是将针状 β 相的形态改变成片状，提高塑性、韧性和屈服强度。一般是将该合金浇铸在钢轴瓦上形成内衬使用。

铝锑镁轴承合金的缺点是承压能力较小，允许滑动线速度不大，冷启动性较差，多用于小载荷的柴油机轴承。

2) 高锡铝基轴承合金

高锡铝基轴承合金中所含元素的含量为：Sn 20%，Cu1%，余量为 Al，是硬质基体上分布软质点类型的轴承合金。由于 Al 和 Sn 在固态下几乎不互溶，所以显微组织由 Al＋Sn 组成，Al 是硬基体，Sn 呈球状是软质点，微量 Cu 的作用是使基体进一步强化。

高锡铝基合金一般是与钢复合制成双金属结构使用，疲劳强度较高，耐磨性、耐热性、耐蚀性良好，承压能力较高，允许滑动线速度较高，可代替巴氏合金、铜基轴承合金。铝锑镁轴承合金常用在高速大功率的重型机床、内燃机车、拖拉机和滑动轴承上。

3) 铝石墨轴承合金

铝石墨轴承合金所含元素的含量为：Si6 %～8%，C 3%～6%，余量为 Al，是一种新型的轴承合金。

石墨的减振能力较强，自润滑作用明显，在较高的温度有减摩作用。因此，铝石墨轴承合金在干摩擦或在 250℃ 温度下都能保持良好的耐磨性，常用于活塞和机床的滑动轴承。

习　　题

6.1　铝合金性能有哪些特点？铝合金可以分为哪几类？试根据二元铝合金一般相图说明其依据。

6.2　硬铝合金的热处理有什么特点？实际操作时要注意哪些问题？

6.3　铜合金性能有哪些特点？铜合金可以分为哪几类？铜合金的强化有哪几种途径？

6.4　什么是硅铝明？为什么硅铝明具有良好的铸造性能？硅铝明采用变质处理的目的是什么？

6.5　画出下列材料的组织，标明组织组成物。

ZL102 铸态（未变质处理）、ZL102 铸态（变质处理后）、H62 退火状态、锡基巴氏合金 ZSnSb11Cu6 铸态。

6.6　滑动轴承合金的工作条件和必备的性能如何？

6.7　指出下列合金的名称、化学成分、主要性质和作用。

LF21、LY11、LC4、LD6、ZL201、ZL401、ZCuSn10P1、ZCuSn5Pb5Sn5。

6.8　分析 4%Cu 的 Al-Cu 合金固溶处理与 45 钢淬火两种工艺的不同点及相同点。

6.9　画出经固溶处理后的含 4%Cu 的 Al-Cu 合金的自然时效曲线图。

6.10　说出下列材料的类别，各举一个应用实例。

LY12，ZL102，H62，ZSnSb11Cu6，QBe2。例如：LF11，防锈铝合金，可制造油箱。

模块七　非金属材料

知识目标：

1. 掌握高分子材料的分类、成分与性能特点、热处理工艺及应用；
2. 掌握无机非金属材料的分类、成分与性能特点、热处理工艺及应用；
3. 了解碳纤维复合材料的分类、成分与性能特点、热处理工艺及应用；
4. 了解智能复合材料的分类、成分及其应用。

技能目标：

1. 掌握高分子材料的分类、成分与性能特点、热处理工艺及应用；
2. 熟悉握无机非金属材料使用性能的影响；
3. 了解碳纤维复合材料的分类、成分与性能特点、热处理工艺及应用；
4. 了解智能复合材料的分类、成分及其应用。

教学重点：

1. 高分子材料的目的和热处理工艺；
2. 无机非金属材料的分类、成分与性能特点及选择。

教学难点：

1. 高分子材料的机制；
2. 智能复合材料热处理工艺的制定。

7.1　高分子材料

高分子材料(Macromolecular Material)是以高分子化合物为基础的材料。高分子材料是由相对分子质量较高的化合物构成的材料，包括橡胶、塑料、纤维、涂料、胶黏剂和高分子基复合材料，高分子是生命存在的形式。所有的生命体都可以看作是高分子的集合。

人类社会一开始就利用天然高分子材料作为生活资料和生产资料，并掌握了其加工技术。如利用蚕丝、棉、毛织成织物，用木材、棉、麻造纸等。19 世纪 30 年代末期，进入天然高分子化学改性阶段，出现半合成高分子材料。1870 年，美国人 Hyatt 用硝化纤维素和樟脑制得的赛璐珞塑料，是有划时代意义的一种人造高分子材料。1907 年出现合成高橡胶分子酚醛树脂，真正标志着人类应用化学合成方法有目的地合成高分子材料的开始。1953 年，德国科学家 Zieglar 和意大利科学家 Natta，发明了配位聚合催化剂，大幅度地扩大了合成高分子材料的原料来源，得到了一大批新的合成高分子材料，使聚乙烯和聚丙烯这类通用合成高分子材料走入了千家万户，确立了合成高分子材料作为当代人类社会文明发展阶段的标志。现代，高分子材料已与金属材料、无机非金属材料相同，成为科学技术、经济建设中的重要材料。

7.1.1 高分子材料的分类

1. 按来源分类

高分子材料按来源分为天然、半合成(改性天然高分子材料)和合成高分子材料。

2. 按特性分类

高分子材料按特性分为橡胶、纤维、塑料、高分子胶粘剂、高分子涂料和高分子基复合材料等。

3. 按高分子主链结构分类

(1)碳链高分子:分子主链由 C 原子组成,如 PP、PE、PVC。
(2)杂链高聚物:分子主链由 C、O、N 等原子构成。如聚酰胺、聚酯。
(3)元素有机高聚物:分子主链不含 C 原子,仅由一些杂原子组成的高分子。如硅橡胶。

4. 其他分类

按高分子主链几何形状分类:线型高聚物,支链型高聚物,体型高聚物。
按高分子排列情况分类:结晶高聚物,非晶高聚物。

7.1.2 塑料

1. 塑料的组成

塑料是以树脂为主要成分,加入一些用来改善使用性能和工艺性能的添加剂而制成的。树脂的种类、性能、数量决定了塑料的性能。因此,塑料基本上是以树脂的名称命名的,如聚氯乙烯塑料就是以树脂聚氯乙烯命名的。工业中用的树脂主要是合成树脂。

添加剂的种类较多,常用的有以下几种。

(1)填料。填料可使塑料具有所要求的性能,并能降低成本。用木屑、纸屑、石棉纤维、玻璃纤维等有机材料作填料,可增加塑料强度;用高岭土、滑石粉、氧化铝、二氧化硅、石墨、煤粉等无机物作填料,可使塑料有较高的耐热性、耐蚀性、耐磨性、热导性等。

(2)增塑剂。增塑剂用以增加树脂的可塑性、柔软性,降低脆性,改善加工性能。常用的增塑剂有磷酸脂类化合物、甲酸脂类化合物、氯化石蜡等。

(3)稳定剂(防老剂)。稳定剂可增强塑料对光、热、氧等老化作用的抵抗力,延长塑料寿命。常用的稳定剂有硬脂酸盐、铅的化合物、环氧化合物等。

除上述添加剂外,还有润滑剂、着色剂、固化剂、发泡剂、抗静电剂、稀释剂、阻燃剂等。并非每种塑料都要加入上述全部的添加剂,而是根据塑料品种和使用要求加入所需要的某些添加剂。

2. 塑料的分类

1) 按树脂在加热和冷却时所表现出的性能分类

按树脂在加热和冷却时所表现出的性能将塑料分为热塑性和热固性塑料两种。

热塑性塑料的分子结构主要是链状的线型结构，其特点是加热时软化，可塑造成形，冷却后则变硬，此过程可反复进行，其基本性能不变。这类塑料有较高的力学性能，且成形工艺简便，生产率高，可直接注射、挤出、吹塑成形。但耐热性、刚性较差，使用温度<120℃。主要的热塑性塑料有：聚乙烯、聚丙烯、聚苯乙烯、聚氯乙烯、尼龙等。

热固性塑料是指在受热或其他条件下能固化或具有不溶特性的塑料。其特点是初加热时软化，可塑制成形，冷凝固化后成为坚硬的制品，若再加热，则不软化，不溶于溶剂中，不能再成形。这类塑料具有抗蠕变性强，受压不易变形，耐热性较高等优点，但强度低，成形工艺复杂，生产率低。典型的热固性塑料有酚醛塑料、环氧塑料、氨基塑料、不饱和聚酯、醇酸塑料等。

2) 按塑料应用范围分类

按塑料应用范围分为通用塑料和工程塑料两种。

(1) 通用塑料。

通用塑料是指产量大（占总产量的75%以上）、用途广、通用性强、价格低的一类塑料，主要制作生活用品、包装材料和一般小型零件。通用塑料主要包括聚乙烯、聚氯乙烯、聚苯乙烯、聚丙烯、酚醛塑料和氨基塑料等六大品种。这一类塑料的特点是产量大、用途广、价格低，它们占塑料总产量的3/4以上，大多数用于日常生活用品。其中，以聚乙烯、聚氯乙烯、聚苯乙烯、聚丙烯这四大品种用途最广泛。

① 聚乙烯（PE）。生产聚乙烯的原料均来自于石油或天然气，它是塑料工业产量最大的品种。聚乙烯的相对密度小（0.91～0.97），耐低温，电绝缘性能好，耐蚀性好。高压聚乙烯质地柔软，适于制造薄膜；低压聚乙烯质地坚硬，可作一些结构零件。聚乙烯的缺点是强度、刚度、表面硬度都低，蠕变大，热膨胀系数大，耐热性低，且容易老化。

② 聚氯乙烯（PVC）。聚氯乙烯是最早工业生产的塑料产品之一，产量仅次于聚乙烯，广泛用于工业、农业和日用制品。聚氯乙烯耐化学腐蚀、不燃烧、成本低、加工容易；但它耐热性差冲击强度较低，还有一定的毒性。聚氯乙烯要用于制作食品和药品的包装，必须采用共聚和混合的方法改进，制成无毒聚氯乙烯产品。

③ 聚苯乙烯（PS）。聚苯乙烯是20世纪30年代的老产品，目前是产量仅次于前两者的塑料品种。它有很好的加工性能，其薄膜具有优良的电绝缘性，常用于电器零件；它的发泡材料相对密度小（0.33），有良好的隔音、隔热、防震性能，广泛应用于仪器的包装和隔音材料。聚苯乙烯易加入各种颜料制成色彩鲜艳的制品，用来制造玩具和各种日用器皿。

④ 聚丙烯（PP）。聚丙烯工业化生产较晚，但因其原料易得，价格便宜，用途广泛，所以产量剧增。它的优点是相对密度小，是塑料中最轻的，而它的强度、刚度、表面硬度都比PE塑料大；它无毒，耐热性也好，是常用塑料中唯一能在水中煮沸、经受消毒温度（130℃）的品种。但聚丙烯的黏合性、染色性、印刷性均差，低温易脆化，易受热、光作用而变质，且易燃，收缩大。聚丙烯有优良的综合性能，目前主要用于制造各种机械零件，如齿轮、接头、法兰、各种化工管道等，它还被广泛用于制造各种家用电器外壳和药品、食品的包装等。

（2）工程塑料。

工程塑料是指具有优异的力学性能（强度、刚性、韧性）、绝缘性、化学性能、耐热性和尺寸稳定性的一类塑料。多作为结构材料在机械设备和工程结构中使用。工程塑料的机械性能较好，耐热性和耐腐蚀性也比较好，是当前大力发展的塑料品种。这类塑料主要有：聚酰胺、聚甲醛、有机玻璃、聚碳酸酯、ABS 塑料、聚苯醚、聚砜、氟塑料等。

① 聚酰胺（PA）。聚酰胺又叫尼龙或锦纶，是最先发现能承受载荷的热塑性塑料，在机械工业中应用比较广泛。它的机械强度较高，耐磨、自润滑性好，而且耐油、耐蚀、消音、减振，大量用于制造小型零件。

② 聚甲醛（POM）。甲醛是没有侧链、高密度、高结晶性的线型聚合物，性能比尼龙好，但耐候性较差。聚甲醛按分子链化学结构不同分为均聚甲醛和共聚甲醛。聚甲醛广泛应用于机床、化工、汽车、电器仪表、农机等。

③ 聚碳酸酯。聚碳酸酯是新型热塑性工程塑料，品种很多，工程上常用的是芳香族聚碳酸酯，其综合性能很好，近年来发展很快，产量仅次于尼龙。聚碳酸酯的化学稳定性也很好，能抵抗日光、雨水和气温变化的影响，它的透明度高，成型收缩率小，制件尺寸精度高，广泛应用于机械、仪表、电讯、交通、航空、光学照明、医疗器械等方面。如波音 747 飞机上就有 2500 个零件用聚碳酸酯制造，其总重量达两吨。

④ ABS 塑料。ABS 是由丙烯腈、丁二烯、苯乙烯三种组元所组成，三个单体量可以任意变化，制成各种品级的树脂。ABS 具有三种组元的共同性能，丙烯腈使其耐化学腐蚀，有一定的表面硬度，丁二烯使其具有韧性，苯乙烯使其具有热塑性塑料的加工特性，因此ABS 是具有"坚韧、质硬、刚性"的材料。ABS 塑料性能好，而且原料易得，价格便宜，所以在机械加工、电器制造、纺织、汽车、飞机、轮船、化工等工业中得到广泛应用。

⑤ 聚苯醚（PPO）。聚苯醚是线型、非结晶的工程塑料，具有很好的综合性能。它的最大特点是使用温度宽（−190～190℃），达到热固性塑料的水平；它的耐摩擦磨损性能和电性能也很好，还具有卓越的耐水、蒸汽性能。所以聚苯醚主要用作在较高温度下工作的齿轮、轴承、凸轮、泵叶轮、鼓风机叶片、水泵零件、化工用管道、阀门以及外科医疗器械等。

⑥ 聚砜（PSF）。聚砜是分子链中具有硫键的透明树脂，具有良好的综合性能，它耐热性、抗蠕变性好，长期使用温度为 150～174℃，脆化温度为−100℃。广泛应用于电器、机械设备、医疗器械、交通运输等。

⑦ 聚四氟乙烯。聚四氟乙烯是氟塑料中的一种，具有很好的耐高、低温，耐腐蚀等性能。聚四氟乙烯几乎不受任何化学药品的腐蚀，它的化学稳定性超过了玻璃、陶瓷、不锈钢，甚至金、铂，俗称"塑料王"。由于聚四氟乙烯的使用范围广，化学稳定性好，介电性能优良，自润滑和防黏性好，所以在国防、科研和工业中占有重要地位。

⑧ 有机玻璃（PMMA）。有机玻璃的化学名称是"聚甲基丙烯酸甲酯"。它是目前最好的透明材料，透光率达到 92%以上，比普通玻璃好，且相对密度小（1.18），仅为玻璃的一半。有机玻璃有很好的加工性能，常用来制作飞机的座舱、弦舱，电视和雷达标图的屏幕，汽车风挡，仪器和设备的防护罩，仪表外壳，光学镜片等。有机玻璃的缺点是耐磨性差，也不耐某些有机溶剂。

3. 塑料的特性

（1）密度小、比强度高。塑料密度为 0.9～2.2g/cm³，只有钢铁的 1/8～1/4，铝的 1/2。

泡沫塑料的密度约为 $0.01g/cm^3$，这对减轻产品自重有重要意义。虽然塑料的强度比金属低，但由于密度小，故比强度高。

（2）化学稳定性好。塑料能耐大气、水、酸、碱、有机溶液等的腐蚀。聚四氟乙烯能耐"王水"腐蚀。

（3）优异的电绝缘性。多数塑料有很好的电绝缘性，可与陶瓷、橡胶等绝缘材料相媲美。

（4）减摩、耐磨性好。塑料的硬度比金属低，但多数塑料的摩擦系数小。另外，有些塑料（如聚四氟乙烯、尼龙等）本身有自润滑能力。

（5）消声吸振性好。

（6）成形加工性好。大多数塑料都可直接采用注射或挤出工艺成形，方法简单，生产率高。

（7）耐热性低。多数塑料只能在 100℃ 左右使用，少数塑料可在 200℃ 左右使用；塑料在室温下受载荷后容易产生蠕变现象，载荷过大时甚至会发生蠕变断裂；易燃烧，易老化（因光、热、载荷、水、酸、碱、氧等长期作用，使塑料变硬、变脆、开裂等现象，称为老化）；导热性差，约为金属的 1/500～1/600；热膨胀系数大，约为金属的 3～10 倍。

7.1.3 橡胶

橡胶是具有高弹性的轻度交联的线型高聚物，它们在很宽的温度范围内处于高弹态。一般橡胶在 −40～80℃ 范围内具有高弹性，某些特种橡胶在 −100℃ 的低温和 200℃ 高温下都保持高弹性。橡胶在外力作用下可产生较大形变，除去外力后能迅速恢复原状。有天然橡胶和合成橡胶两种。天然橡胶的主要成分是聚异戊二烯；合成橡胶的主要种有丁基橡胶、顺丁橡胶、氯丁橡胶、三元乙丙橡胶、丙烯酸酯橡胶、聚氨酯橡胶等。橡胶广泛用于制作密封件、减振件、传动件、轮胎和电线等制品。

纯弹性体的性能随温度变化很大，如高温发黏，低温变脆，必须加入各种配合剂，经加温加压的硫化处理，才能制成各种橡胶制品。硫化剂加入量大时，橡胶硬度增高。硫化前的橡胶称为生胶，硫化后的橡胶有时也称为橡皮。常用橡胶品种的性能及用途见表 7-1。

表 7-1 常用橡胶品种的性能及用途

橡胶材质	概述	特性	用途
天然橡胶（NR）	是从植物中的汁液胶乳经加工制成的高弹性固体	具有优良的物理机械性能、弹性和加工性能	1. 广泛应用于轮胎、胶带、胶管、胶鞋、胶布以及日用、医用、文体制品等的原料 2. 适用制作减振零件、在汽车刹车油、醇等带氢氧根的液体中使用的制品
丁腈胶（NBR）	由丁二烯与丙烯腈经乳液聚合而得的共聚物，称丁二烯-丙烯腈橡胶，简称丁腈橡胶。它的含量是影响丁腈橡胶性能的重要指针，并以优异的耐油性着称	1. 耐油性最好，耐热氧老化性能、耐磨性、耐化学腐蚀性优于天然橡胶，但对强氧化性酸的抵抗能力较差 2. 弹性、耐寒性、耐屈挠性、抗撕裂性差，变形生热大 3. 电绝缘性能差，属于半导体橡胶，不宜作电绝缘材料使用 4. 耐臭氧性能较差 5. 加工性能较差	1. 用于制作接触油类的胶管、胶辊、密封垫圈、贮槽衬里，飞机油箱衬里以及大型油囊等 2. 可制造运送热物料的运输带

橡胶材质	概述	特性	用途
乙丙胶 (EPDM)	是由乙烯、丙烯为基础单体合成的共聚物。橡胶分子链中依单体单元组成不同有二元乙丙橡胶和三元乙丙橡胶之分。	1. 耐老化性能优异，被誉为"无龟裂"橡胶 2. 优秀的耐化学药品性能 3. 卓越的耐水、耐过热水及耐水蒸气性 4. 优异的电绝缘性能 5. 低密度和高填充特性 6. 乙丙胶具有良好的弹性和抗压缩变形性 7. 不耐油 8. 硫化速度慢，比一般合成橡胶慢3～4倍 9. 自黏性和互黏性都很差，给加工工艺带来困难	1. 汽车零件：包括轮胎胎侧及胎侧覆盖胶条等 2. 电气制品：包括高、中、低压电缆绝缘材料等 3. 工业制品：耐酸、碱、氨、及氧化剂等；各种用途的胶管、垫圈；耐热输送带和传动带等 4. 建筑材料：桥梁工程用橡胶制品，橡胶地砖等 5. 其他方面：橡皮船、游泳用气垫、潜水衣等，其使用寿命比其他通用橡胶高
硅橡胶 (VQM)	是指分子链中以Si-O单元为主，侧基为单价有机基团的一类弹性材料，总称为有机聚硅氧烷	1. 既耐高温又耐严寒，可在-100～300℃范围内保持弹性 2. 耐臭氧、耐天候老化性能优异 3. 电绝缘性优良。其硫化胶的电绝缘性在受潮、遇水或温度升高时的变化较小 4. 具有疏水表面特性和生理惰性，对人体无害 5. 具有高透气性，其透气率较普通橡胶大10～100倍以上 6. 物理机械性能较差，拉伸强度、撕裂强度、耐磨性能均比天然橡胶及其他合成橡胶低很多	1. 在航空、宇航、汽车、冶炼等工业部门中应用 2. 医用材料 3. 用于军工业、汽车部件、石油化工、医疗卫生和电子等工业上，如模压制品、O形圈、垫片、胶管、油封、动静密封件以及密封剂、黏合剂等
氢化丁腈胶 (HNBR)	为丁腈胶中经由氢化后去除部分双链，经氢化后其耐温性、耐候性比一般丁腈胶提高很多，其耐油性与丁腈橡胶相近	1. 较丁腈胶拥有较佳的抗磨性 2. 具极佳的抗蚀、抗张、抗撕和压缩变形的特性 3. 在臭氧、阳光及其他的大氧状况下具良好的抵抗性 4. 可适用于洗衣或洗碗的清洗剂中	1. 汽车发动机系统之密封件 2. 空调制冷系统
丙烯酸酯橡胶 (ACM)	由AlkylEsterAcrylate为主成分聚合而称之弹性体，耐石化油、耐高温、耐候性均佳	1. 适用于汽车传动油中 2. 具有良好的抗氧化及抗候性 3. 具抗弯曲变型的功能 4. 对油品有极佳的抵抗性 5. 在机械强度、压缩变形及耐水性方面则较弱，比一般耐油胶稍差	汽车传动系统及动力系统密封件
丁苯胶 (SBR)	是苯乙烯与丁二烯之共聚物，与天然橡胶比较，质量均匀、异物少，但机械强度则较弱，可与天然橡胶掺合使用	1. 低成本的非抗油性材质 2. 良好的抗水性，硬度70°以下具良好弹力 3. 高硬度时具较差的压缩变形 4. 可使用大部分中性的化学物质及干性、滋性的有机酮	广泛用于轮胎、胶管、胶带、胶鞋、汽车零件、电线、电缆等橡胶制品

续表

橡胶材质	概述	特性	用途
氟素橡胶 (FPM)	是主链或侧链的碳原子上含有氟原子的一类合成高分子弹性体。具有优异的耐高温、耐氧化、耐油和耐化学药品性，耐高温性优于硅橡胶	1. 有优异的耐高温性能(在200℃以下长期使用，能短期经受 300℃以上的高温)，在橡胶材料中是最高的 2. 有较好的耐油、耐化学腐蚀性能，可耐王水腐蚀，也是在橡胶材料中最好的 3. 具有不延燃性，属自熄性橡胶 4. 在高温、高空下的性能比其他橡胶都好，气密性接近于丁基橡胶 5. 耐臭氧老化、天候老化及辐射作用都很稳定	广泛用于现代航空、导弹、火箭、宇宙航行等尖端技术及汽车、造船、化学、石油、电讯、仪表机械等工业部门
氟素硅胶 (FLS)	为硅橡胶经氟化处理，其一般性能兼具有氟橡胶及硅橡胶的优点	1. 其耐油性、耐溶剂、耐燃料油及耐高低温性均佳 2. 适用于特别用途如要求能抗含氧的化学物、含芳香氢的溶剂等	太空、航天机件上
氯丁胶 (CR)	是由 2-氯-1,3-丁二烯聚合而成的一种高分子弹性体。具有耐候、耐燃、耐油、耐化学腐蚀等优异特性	1. 较高的力学性能，拉伸强度较大与天然胶相当 2. 优良的耐老化(耐候，耐臭氧，耐热)性能 3. 优异的阻燃性。具有不自燃的特点 4. 优良的耐油、耐溶剂性能 5. 良好的黏合性 6. 电绝缘性不好 7. 较差的低温性能，低温使橡胶失去弹性，甚至发生断裂 8. 储存稳定性差	1. 用于制造胶管、胶带、电线包皮、电缆护套、印刷胶辊、胶板、衬垫及各种垫圈、胶黏剂等 2. 耐 R12 制冷剂的密封件 3. 适合用来制作接触大气、阳光、臭氧的零件
丁基橡胶 (IIR)	是异丁烯和少量异戊二烯或丁二烯的共聚体	1. 对大部分一般气体具不渗透性 2. 对阳光及臭氧具良好的抵抗性 3. 可暴露于动物或植物油或是可氧化的化学物中 4. 不宜与石油溶剂、胶煤油和芳香烃同时使用	可用作耐化学药品、真空设备的橡胶零件
聚氨酯胶 (PU)	分子链中含有较多的氨基甲酸酯基团的弹性材料，其橡胶机械物性相当好，高硬度、高弹性、耐磨耗性均是其他橡胶类所难相比的	1. 拉伸强度比所有橡胶高 2. 伸长率大 3. 硬度范围宽 4. 撕裂强度非常高，但随着温度升高而迅度下降 5. 耐磨性能突出，比天然橡胶高 9 倍 6. 耐热性好，耐低温性能较好 7. 耐老化、耐臭氧、耐紫外线辐射性能佳，但在紫外线照射下易褪色 8. 耐油性良好 9. 耐水性不好 10. 弹性比较高，但滞后热量大，只宜作低速运转及薄制品	广泛应用于汽车工业、机械工业、电气和仪表工业、皮革和制鞋工业、建筑业、医疗和体育用品等领域

7.1.4　纤维

凡能保持长度比本身直径大 100 倍的均匀条状或丝状的高分子材料称为纤维，纤维的次价力大、形变能力小、模量高，一般为结晶聚合物。纤维包括有天然纤维和化学纤维。其中，化学纤维又分为人造纤维和合成纤维。人造纤维是用自然界的纤维加工制成，如叫"人造丝"、"人造棉"的粘胶纤维和硝化纤维、醋酸纤维等。合成纤维以石油、煤、天然气为原料制成，发展很快。目前，产量最多的六大品种如下。

(1)涤纶。叫的确良，高强度、耐磨、耐蚀、易洗快干，是很好的衣料。

(2)尼龙。在我国称为锦纶，强度大、耐磨性好、弹性好，主要缺点是耐光性差。

(3)腈纶。在国外称为奥纶、开司米纶，它柔软、轻盈、保暖，有人造羊毛之称。

(4)维纶。原料易得，成本低，性能与棉花相似且强度高，缺点是弹性较差，织物易皱。

(5)丙纶。是后起之秀，发展快，纤维以轻、牢、耐磨著称，缺点是可染性差，日晒易老化。

(6)氯纶。难燃、保暖、耐晒、耐磨，弹性也好，由于染色性差，热收缩大，限制了它的使用。

7.1.5　涂料

涂料是涂附在工业或日用产品表面起美观或起保护作用的一层高分子材料。涂料就是通常所说的油漆，这是一种有机高分子胶体的混合溶液，涂在物体表面上能干结成膜。

1. 涂料的功能

涂料主要有三大基本功能：一是保护功能，起着避免外力碰伤、摩擦，防止腐蚀的作用；二是装饰功能，起着使制品表面光亮美观的作用；三是特殊功能，可作为标志使用，如管道、气瓶和交通标志牌等。

2. 涂料的组成

涂料是由粘接剂、颜料、溶剂和其他辅助材料组成。

(1)粘接剂。粘接剂是主要的膜物质，一般采用合成树脂作粘接剂，它决定了膜与基体层粘接的牢固程度。

(2)颜料也是涂膜的组成部分，它不仅使涂料着色，而且能提高涂膜的强度、耐磨性、耐久性和防锈能力。

(3)溶剂是涂料的稀释剂，其作用是稀释涂料，以便于施工，干结后挥发。

(4)辅助材料通常有催干剂、增塑剂、固化剂、稳定剂等。

3. 常用涂料

常用的涂料包括：酚醛树脂涂料、氨基树脂涂料、醇酸树脂涂料、聚氨脂涂料、有机硅涂料等。

(1)酚醛树脂涂料是应用最早的合成涂料，有清漆、绝缘漆、耐酸漆、地板漆等。

(2)氨基树脂涂料的涂膜光亮、坚硬，广泛用于电风扇、缝纫机、化工仪表、医疗器械、玩具等各种金属制品。

(3)醇酸树脂涂料涂膜光亮，保光性强，耐久性好，广泛用于金属、木材的表面涂饰。环氧树脂涂料的附着力强，耐久性好，适用于作金属底漆，也是良好的绝缘涂料。

(4)聚氨脂涂料的综合性能好，特别是耐磨性和耐蚀性好，适用于列车、地板、舰船甲板、纺织用的纱管以及飞机外壳等。

(5)有机硅涂料耐高温性能好，也耐大气、耐老化，适于高温环境下使用。

7.1.6 胶黏剂

胶黏剂是以黏性物质环氧树脂、酚醛树脂、聚脂树脂、氯丁橡胶、丁腈橡胶等为基础，加入需要的添加剂(填料、固化剂、增塑剂、稀释剂等)组成的，俗称为胶。人类在很久以前就开始使用淀粉、树胶等天然高分子材料做胶黏剂。

胶黏剂按黏性物质化学成分不同，分为有机胶黏剂和无机胶黏剂(如水玻璃等)。有机胶黏剂又分为天然胶黏剂(如骨胶、松香等)和合成胶黏剂。工程上应用最广的是合成胶黏剂。

工程中用胶黏剂连接两个相同或不同材料制品的工艺方法称为胶接。胶接可代替铆接、焊接、螺纹连接，具有重量轻，黏接面应力分布均匀，强度高，密封性好，操作工艺简便，成本低等优点，但胶接接头耐热性差，易老化。

选择胶黏剂时，主要应考虑胶接材料的种类、受力条件、工作温度和工艺可行性等因素。

7.2 陶瓷材料

陶瓷是用天然原料或人工合成的粉状化合物，经过成形和高温烧结制成的，由无机化合物构成的多相固体材料。陶瓷材料是人类应用最早的材料。传统的陶瓷材料是以硅和铝的氧化物为主的硅酸盐材料，新近发展起来的先进陶瓷或称精细陶瓷，成分扩展为纯的氧化物、碳化物、氮化物和硅化物等，其内涵远远超出了传统陶瓷范畴，几乎涉及整个无机非金属领域。

7.2.1 陶瓷材料的性能

(1)硬度。陶瓷的硬度高于其他材料，一般硬度>1500HV，而淬火钢的硬度只有500～800HV，高分子材料硬度<20HV。

(2)塑韧性。陶瓷室温下几乎无塑性，韧性极低，脆性大。

(3)强度。陶瓷的理论强度很高，但由于晶界的存在，实际强度比理论值低得多，抗拉强度很低，抗压强度高，抗弯强度高。

(4)弹性。陶瓷有一定弹性，一般高于金属。

(5)高温性能。陶瓷的熔点一般高于金属，热硬性高，抗高温蠕变能力强，高温下抗氧化性好，具有不可燃烧性和不老化性。

(6)导电性。大多数陶瓷绝缘性好。

(7)导热性。导热性差，多为较好的绝热材料。

(8)化学稳定性。耐蚀能力强。

7.2.2　陶瓷材料的分类

陶瓷材料可分为传统陶瓷、特种陶瓷和金属陶瓷等三种。

1. 传统陶瓷

是以粘土、长石和石英等天然原料，经过粉碎、成型和烧结制成，主要用作日用、建筑、卫生以及工业上应用是绝缘、耐酸、过滤陶瓷等。

2. 特种陶瓷

是以人工化合物为原料制成，如氧化物、氮化物、碳化物、硅化物、硼化物和氟化物瓷以及石英质、刚玉质、碳化硅质过滤陶瓷等。这类陶瓷具有独特的力学、物理、化学、电、磁、光学等性能，满足工程技术的特殊需要，主要用于化工、冶金、机械、电子、能源和一些新技术中。在特种陶瓷中，按性能可分为高强度陶瓷、高温陶瓷、耐磨陶瓷、耐酸陶瓷、压电陶瓷、电介质陶瓷、光学陶瓷、半导体陶瓷、磁性陶瓷和生物陶瓷。按照化学组成分类，特种陶瓷可分为氧化物陶瓷、氮化物陶瓷、碳化物陶瓷、复合瓷和纤维增强陶瓷。

3. 金属陶瓷

是由金属和陶瓷组成的材料，它综合了金属和陶瓷两者的大部分有用的特性。按照这种材料的生产方法，以前常将其归属于陶瓷材料一类，现在则多将其算作复合材料。

7.2.3　传统陶瓷

传统陶瓷就是粘土类陶瓷，它产量大，应用广。大量用于日用陶器、瓷器、建筑工业、电器绝缘材料、耐蚀要求不很高的化工容器、管道，以及机械性能要求不高的耐磨件，如纺织工业中的导纺零件等。

7.2.4　特种陶瓷

现代工业要求高性能的制品，用人工合成的原料，采用普通陶瓷的工艺制得的新材料，称为特种陶瓷。它包括氧化物陶瓷、氮化硅陶瓷、碳化硅陶瓷、氮化硼陶瓷等几种。

1. 氧化铝陶瓷

这是以 Al_2O_3 为主要成分的陶瓷，Al_2O_3 质量分数大于 46%，也称为高铝陶瓷。Al_2O_3 质量分数在 90%～99.5%时称为刚玉瓷。按 Al_2O_3 的成分可分为 75 瓷、85 瓷、96 瓷、99 瓷等。氧化铝含量越高性能越好。氧化铝瓷耐高温性能很好，在氧化气氛中可使用到

1950℃。氧化铝瓷的硬度高、电绝缘性能好、耐蚀性和耐磨性也很好。可用作高温器皿、刀具、内燃机火花塞、轴承、化工用泵、阀门等。氧化铝陶瓷做成的假牙与天然齿十分接近，它还可以做人工关节用于很多部位，如膝关节、肘关节、肩关节、指关节、髋关节等。

2. 氮化硅陶瓷

氮化硅是键性很强的共价键化合物，稳定性极强，除氢氟酸外，能耐各种酸和碱的腐蚀，也能抵抗熔融有色金属的浸蚀。氮化硅的硬度很高，仅次于金刚石、立方氮化硼和碳化硼。有良好的耐磨性，摩擦系数小，只有 0.1～0.2，相当于加油的金属表面。氮化硅还有自润滑性，可在润滑剂的条件下使用，是一种非常优良的耐磨材料。氮化硅的热膨胀系数小，有极好的抗温度急变性。

氮化硅按生产方法分为热压烧结法和反应烧结法两种。反应烧结氮化硅可用于耐磨、耐腐蚀、耐高温、绝缘的零件，如腐蚀介质下工作的机械密封环、高温轴承、热电偶套管、输送铝液的管道和阀门、燃气轮机叶片、炼钢生产的铁水流量计以及农药喷雾器的零件等。热压烧结氮化硅主要用于刀具，可进行淬火钢、冷硬铸铁等高硬材料的精加工和半精加工，也用于钢结硬质合金、镍基合金等的加工，它的成本比金刚石和立方氮化硼刀具低。热压氮化硅还可作转子发动机的叶片、高温轴承等。

3. 碳化硅陶瓷

碳化硅的高温强度大，其他陶瓷在 1200～1400℃时强度显著下降，而碳化硅的抗弯强度在 1400℃时仍保持 500～600MPa。碳化硅的热传导能力很高，仅次于氧化铍，它的热稳定性、耐蚀性、耐磨性也很好。

碳化硅是用于 1500℃以上工作部件的良好结构材料，如火箭尾喷管的喷嘴、浇注金属中的喉嘴以及炉管、热电偶套管等。还可用作高温轴承、高温热交换器、核燃料的包封材料以及各种泵的密封圈等。

4. 氮化硼陶瓷

氮化硼晶体属六方晶系，结构与石墨相似，性能也有很多相似之处，所以又叫"白石墨"。它有良好的耐热性、热稳定性、导热性、高温介电强度，是理想的散热材料和高温绝缘材料。氮化硼的化学稳定性好，能抵抗大部分熔融金属的浸蚀。它也有很好的自润滑性。氮化硼制品的硬度低，可进行机械加工，精度为 1/100mm。氮化硼可用于制造熔炼半导体的坩埚及冶金用高温容器、半导体散热绝缘零件、高温轴承、热电偶套管及玻璃成型模具等。

氮化硼的另一种晶体结构是立方晶格。立方氮化硼结构牢固，硬度和金刚石接近，是优良的耐磨材料，也用于制造刀具。

5. 氧化锆陶瓷

氧化锆的熔点为 2715℃，在氧化气氛中 2400℃时是稳定的，使用温度可达到 2300℃。它的导热率小，高温下是良好的隔热材料。室温下是绝缘体，到 1000℃以上成为导电体，可用作 1800℃以上的高温发热体。氧化锆陶瓷一般用作钯、铑等金属的坩埚、离子导电材料等。

6. 氧化铍陶瓷

氧化铍的熔点为 2570℃，在还原性气氛中特别稳定。它的导热性极好，和铝相近，其抗热冲击性很好，适于作高频电炉的坩埚。还可以用作激光管、晶体管散热片、集成电路的外壳和基片等。但氧化铍的粉末和蒸汽有毒性，这影响了它的使用。

7. 氧化镁陶瓷

氧化镁的熔点为 2800℃，氧化气氛中使用可在 2300℃保持稳定，在还原性气氛中使用时 1700℃就不稳定了。氧化镁陶瓷是典型的碱性耐火材料，用于冶炼高纯度铁、铁合金、铜、铝、镁等以及熔化高纯度铀、钍及其合金。它的缺点是机械强度低、热稳定性差，容易水解。

7.3　复　合　材　料

由两种或两种以上性质不同的物质，经人工制成的多相固体材料称为复合材料。复合材料的结构为多相，一类组成(或相)为基体，起粘结作用，另一类为增强相。复合材料具有各组成材料的优点，能获得单一材料无法具备的优良综合性能。例如，混凝土性脆、抗压强度高，钢筋性韧、抗拉强度高，为使性能取长补短，制成了钢筋混凝土。

7.3.1　复合材料的基本类型与组成

复合材料按基体类型可分为金属基复合材料、高分子基复合材料和陶瓷基复合材料等三类。目前应用最多的是高分子基复合材料和金属基复合材料。

复合材料按性能可分为功能复合材料和结构复合材料。功能复合材料是指具有某种物理功能和效应的复合材料，如磁性复合材料等。结构复合材料是指利用其力学性能，用以制作结构和零件的复合材料。

复合材料按增强相的种类和形状可分为颗粒增强复合材料、纤维增强复合材料和层状增强复合材料。其中，发展最快，应用最广的是各种纤维(玻璃纤维、碳纤维、硼纤维、SiC 纤维等)增强的复合材料。

7.3.2　复合材料的性能特点

1. 比强度和比模量高

复合材料的比强度和比模量都比较高，例如碳纤维和环氧树脂组成的复合材料，其比强度是钢的 7 倍，比模量比钢大 3 倍。这对构件在保证使用性能的条件下，减轻自重有重要意义。

2. 耐疲劳性能好

复合材料中基体和增强纤维间的界面能够有效地阻止疲劳裂纹的扩展。因为复合材料基体中密布着大量纤维，疲劳断裂时，裂纹的扩展要经历很曲折和复杂的路径，所以疲劳强度高。例如碳纤维－聚酯树脂复合材料的疲劳极限是拉伸强度的 70%～80%，而金属材料的疲劳极限只有强度极限值的 40%～50%。

3. 减振性能强

结构的自振频率除与结构本身的质量、形状有关外，还与材料的比模量的平方根成正比。材料的比模量越大，则其自振频率越高，可避免在工作状态下产生共振及由此引起的早期破坏。此外，纤维与基体的界面有吸振能力，故其阻尼特性好，即使产生了共振也会很快衰减。

4. 耐高温性能好

由于各种增强纤维一般在高温下仍可保持高的强度，所以用它们增强的复合材料的高温强度和弹性模量均较高，特别是金属基复合材料。例如 7075-76 铝合金，在 400℃时，弹性模量接近于零，强度值也从室温时的 500MPa 降至 30～50MPa。而碳纤维或硼纤维增强组成的复合材料，在 400℃时，强度和弹性模量可保持接近室温下的水平。

5. 断裂安全性高

纤维增强复合材料在每平方厘米截面上，有几千至几万根增强纤维(直径一般为 10～100μm)，当其中一部分受载荷作用断裂后，应力迅速重新分布，载荷由未断裂的纤维承担起来，不致造成构件在瞬间完全丧失承载能力而断裂，所以工作安全性高。

6. 其他性能特点

许多复合材料都有良好的化学稳定性、隔热性、烧蚀性以及特殊的电、光、磁等性能。
复合材料进一步推广使用的主要问题是，断裂伸长小，抗冲击性能尚不够理想，生产工艺方法中手工操作多，难以自动化生产，间断式生产周期长，效率低，加工出的产品质量不够稳定等。增强纤维的价格很高，使复合材料的成本比其他工程材料高得多。虽然复合材料利用率比金属高(约 80%)，但在一般机器和设备上使用仍然是不够经济的。

7.3.3　纤维增强材料

1. 玻璃纤维

玻璃纤维有较高的强度，相对密度小，化学稳定性高，耐热性好，价格低。缺点是脆性较大，耐磨性差，纤维表面光滑而不易与其他物质结合。玻璃纤维可制成长纤维和短纤维，也可以织成布，制成毡。

2. 碳纤维与石墨纤维

有机纤维在惰性气体中，经高温碳化可以制成碳纤维和石墨纤维。在 2000℃以下制得碳纤维，再经 2500℃以上处理得石墨纤维。碳纤维的相对密度小，弹性模量高，而且在

2500℃无氧气氛中也不降低。石墨纤维的耐热性和导电性比碳纤维高，并具有自润滑性。

3. 硼纤维

硼纤维是用化学沉积的方法将非晶态硼涂覆到钨和碳丝上面制得的。硼纤维强度高，弹性模量大，耐高温性能好。在现代航空结构材料中，硼纤维的弹性模量绝对值最高，但硼纤维的相对密度大，延伸率差，价格昂贵。

4. SiC 纤维

SiC 纤维是一种高熔点、高强度、高弹性模量的陶瓷纤维。它可以用化学沉积法及有机硅聚合物纺丝烧结法制造 SiC 连续纤维。SiC 纤维的突出优点是具有优良的高温强度。

5. 晶须

晶须是直径只有几微米的针状单晶体，是一种新型的高强度材料。晶须包括金属晶须和陶瓷晶须。金属晶须中可批量生产的是铁晶须，其最大特点是可在磁场中取向，可以很容易地制取定向纤维增强复合材料。陶瓷晶须比金属晶须强度高，相对密度低，弹性模量高，耐热性好。

7.3.4　玻璃纤维增强塑料

玻璃纤维增强塑料通常称为"玻璃钢"。由于其成本低，工艺简单，所以目前是应用最广泛的复合材料。它的基体可以是热塑性塑料，如尼龙、聚碳酸酯、聚丙烯等；也可以是热固性塑料，如环氧树脂、酚醛树脂、有机硅树脂等。

玻璃钢可制造汽车、火车、拖拉机的车身及其他配件，也可应用于机械工业的各种零件，玻璃钢在造船工业中应用也越来越广泛，如玻璃钢制造的船体耐海水腐蚀性好，制造的深水潜艇，比钢壳的潜艇潜水深 80%。玻璃钢的耐酸、碱腐蚀性能好，在石油化工工业中可制造各种罐、管道、泵、阀门、贮槽等。玻璃钢还是很好的电绝缘材料，可制造电机零件和各种电器。

习　题

1. 什么叫高分子材料？
2. 高分子材料与金属材料相比，在性能有哪些差异？
3. 热塑性塑料、热固性塑料在性能上有何差异？
4. 橡胶有哪些优良性能？下列制品分别是利用橡胶的哪些性能？
(1)氢气球；(2)轮胎；(3)麦克风电缆包皮；(4)化工用胶手套。
5. 什么叫陶瓷材料？普通陶瓷和特种陶瓷有何差别？
6. 什么叫复合材料？复合材料怎么分类？
7. 复合材料具有哪些性能特点？
8. 什么叫玻璃钢？举例说明玻璃钢的用途。
9. 什么是合成纤维？列举常用合成纤维，并说明其特点及应用场合。

模块八 铸 造

知识目标：

1. 掌握砂型铸造的工艺设计的方法、要求及程序；
2. 掌握砂型铸造的基本造型方法及适用范围；
3. 熟悉砂型铸造的各种造型材料及其基本功能；
4. 熟悉砂型铸造的铸件的结构工艺性；
5. 熟悉特种加工的特点及其应用；
6. 了解特种铸造的工艺过程。

技能目标：

1. 能合理选用铸造方法；
2. 能用铸造的理论知识解决常见的铸造缺陷。

教学重点：

1. 砂型铸造的造型；
2. 砂型铸造的结构工艺性。

教学难点：

1. 砂型铸造的造型；
2. 造型的工艺设计。

将熔化的金属和合金浇注到铸型中，经冷却凝固后获得一定形状和性能的零件或毛坯的成型方法称为铸造。所得到的零件和毛坯称为铸件。铸造在工业生产中得到广泛应用，铸件所占的比重相当大，如机床、内燃机中，铸件占总重量的 70%～90%，拖拉机和农用机械中占 50%～70%。铸件之所以被广泛应用，是因为铸造是液态成形，具有以下特点：

（1）成形方便且适应性强。铸造成型方法对工件的尺寸形状几乎没有任何限制，只要能把金属熔炼成熔融状态并浇入铸型，一般就能生产出铸件。因此，对形状复杂或大型机械零件一般都采用铸造方法初步成形。铸件的材料可以是铸铁、铸钢、铸造铝合金、铸造铜合金等各种金属材料，也可以是高分子材料和陶瓷材料；铸件的尺寸可大可小；铸件的形状可简单可复杂；适用于单件小批量和大批量生产。

（2）成本较低。由于铸造成形方便，铸件毛坯与零件形状相近，能节省金属材料和切削加工工时；铸造原材料来源广泛，可以利用废料、废件等，节约国家资源；铸造设备通常比较简单，投资较少。因此，铸件的成本较低。

但是铸造生产也存在一些缺点：

（1）铸件的组织性能较差即铸件晶粒粗大(铸态组织)，化学成分不均匀，力学性能较差。因此，常用于制造受力不大或承受静载荷的机械零件毛坯，如箱体、床身、支架等。

(2)砂型铸造生产工序较多，有些工艺过程难以控制，铸件质量不够稳定，废品率较高。

(3)工人劳动强度大，劳动条件较差。

(4)铸件表面粗糙，尺寸精度不高。

铸造的工艺方法很多，一般习惯把铸造分成两大类：砂型铸造和特种铸造。

(1)砂型铸造。形成铸型的原材料主要为砂子，且液态金属完全靠重力充满整个铸型型腔，在砂型中生产铸件的铸造方法，称为砂型铸造。图 8-1 所示为砂型铸造简图。

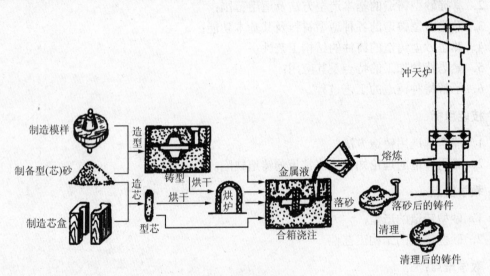

图 8-1　砂型铸造简图

砂型铸造一般可分为手工砂型铸造和机器砂型铸造。前者主要适用于单件、小批生产以及复杂和大型铸件的生产，后者只适用于成批大量生产。

(2)特种铸造。与砂型铸造不同的其他铸造方法，统称为特种铸造，如熔模铸造、金属型铸造、压力铸造、低压铸造、离心铸造等。

8.1　铸造工艺基础

铸造生产过程比较复杂，影响铸件质量的因素很多，废品率一般较高。铸造废品的产生不仅与铸型工艺有关，还与铸型材料、铸造合金、合金的熔炼与浇注等密切相关，而这些因素又不易综合控制，所以，铸件容易出现浇不足、缩孔、夹渣、气孔、裂纹等缺陷，这些缺陷对铸件质量有着严重的影响。因此，我们先从铸件质量问题入手，结合铸件主要缺陷的形成与防止加以论述，为选择铸造合金和铸造方法打好基础。

8.1.1　液态合金充型理论

液态合金充满铸型型腔，获得形状完整、轮廓清晰铸件的能力，称为液态合金的充型能力。在液态合金的充型过程中，有时伴随着结晶现象，若充型能力不足，在型腔被填满之前，形成的晶粒将充型的通道堵塞，金属液被迫停止流动，于是铸件将产生浇不足或冷隔等缺陷。浇不足使铸件未能获得完整的形状；冷隔时，铸件虽获得完整的外形，但因存有未完全熔合的垂直接缝，铸件的力学性能大大降低。

影响充型能力的主要因素如下。

1. 合金的流动性

液态合金本身的流动能力，称为合金的流动性，是合金主要铸造性能之一。影响合金流动性的因素很多，以化学成分的影响最为显著。共晶成分合金的结晶是在恒温下进行的，此时，液态合金从表层逐层向中心凝固，由于已结晶的固体层内表面比较光滑，对金属液的阻力较小，同时，共晶成分合金的凝固温度最低。相对来说，合金的过热度大，推迟了合金的凝固，故流动性最好。除纯金属外，其他成分合金是在一定温度范围内逐步凝固的，即经过液、固并存的两相区，此时，结晶是在截面上一定宽度的凝固区内同时进行的，由于初生的树枝状晶体使已结晶固体层内表面粗糙，所以，合金的流动性变差。合金成分愈远离共晶，结晶温度范围愈宽，流动性愈差。如亚共晶铸铁随碳的质量分数增加，结晶间隔减小，流动性提高。

2. 浇注条件

1) 浇注温度

浇注温度对合金的充型能力有着决定性影响。浇注温度愈高，合金的黏度下降，且因过热度高，合金在铸型中保持流动的时间长，故充型能力强；反之，充型能力差。

鉴于合金的充型能力随浇注温度的提高呈直线上升，因此，对薄壁铸件或流动性较差的合金可适当提高浇注温度，以防浇不足和冷隔缺陷。但浇注温度过高，铸件容易产生缩孔或缩松、粘砂、气孔、粗晶等缺陷，故在保证充型能力足够的前提下，浇注温度不宜过高。通常，灰口铸铁的浇注温度为1200～1380℃，铸钢为1520～1620℃，铝合金为680～780℃，铜为1100～1200℃。

2) 充型压力

液态合金在流动方向上所受的压力愈大，充型能力愈好。砂型铸造时，充型压力是由直浇道所产生的静压力取得的，故直浇道的高度必须适当。在压力铸造、低压铸造和离心铸造时，因充型压力得到提高，所以充型能力较强。

3. 铸型填充条件

液态合金充型时，铸型的阻力将影响合金的流动速度，而铸型与合金之间的热交换又将影响合金保持流动的时间。因此，铸型的如下因素对充型能力均有显著影响。

1) 铸型的蓄热能力

即铸型从金属中吸收和储存热量的能力。铸型材料的热导率和比热容愈大，对液态合金的激冷能力愈强，合金的充型能力就愈差。如金属型铸造较砂型铸造容易产生浇不足等缺陷。

2) 铸型温度

在金属型铸造和熔模铸造时，可将铸型预热数百摄氏度，由于降低了铸型和金属液间的温度，减缓了冷却速度，故使充型能力得到提高。

3) 铸型中气体

在金属液的热作用下，型腔中的气体膨胀，型砂中的水分汽化，煤粉和其他有机物燃烧，将产生大量气体。如果铸型的排气能力差，则型腔中气体的压力增大，以致阻碍液态合金的充型。为减小气体的压力，除应设法减少气体来源外，应使型砂具有良好的透气性，并在远离浇口的最高部位开设出气口。

8.1.2　铸件的收缩

1. 铸造合金的收缩

铸造合金从浇注、凝固直至冷却到室温的过程中，其体积或尺寸缩减的现象，称为收缩。合金的收缩给铸造工艺带来许多困难，是多种铸造缺陷(如缩孔、缩松、裂纹、变形等)产生的根源。合金的收缩经历如下三个阶段：

(1) 液态收缩。合金液从浇注温度冷却到凝固开始温度(液相线温度)间的收缩，此时的收缩表现为型腔内液面的降低。

(2) 凝固收缩。合金从凝固开始温度冷却到凝固终止温度(固相线温度)间的收缩，在一般情况下，这个阶段还表现为型腔内液面的降低。

(3) 固态收缩。合金从凝固终止温度冷却到室温间的收缩。固态体积收缩表现为三个方向线尺寸的缩小，即三个方向的线收缩。

液态收缩和凝固收缩是铸件产生缩孔和缩松的主要原因，固态收缩是铸件产生内应力、变形和裂纹等缺陷的主要原因。

合金的总收缩率为上述三种收缩的总和。不同合金的收缩率不同。在常用合金中，铸钢的收缩最大，灰口铸铁最小。灰口铸铁收缩很小是由于其中大部分碳是以石墨状态存在的，石墨的比容大，在结晶过程中石墨析出所产生的体积膨胀，抵消了合金的部分收缩。表 8-1 所示为几种铁碳合金的体积收缩率。

表 8-1　几种铁碳合金的体积收缩率

合金种类	含碳量/%	浇注温度/℃	液态收缩/%	凝固收缩/%	固态收缩/%	总收缩率/%
铸造碳钢	0.35	1610	1.6	3	7.8	12.46
白口铸铁	3.00	1400	2.4	4.2	5.4~6.3	12~12.9
灰口铸铁	3.50	1400	3.5	0.1	3.3~4.2	6.9~7.8

铸件的实际收缩率与其化学成分、浇注温度、铸件结构和铸型条件有关。

2. 铸件中的缩孔与缩松

1) 缩孔和缩松的形成

液态合金在冷凝过程中，若其液态收缩和凝固收缩所缩减的容积得不到补足，则在铸件最后凝固的部位形成一些孔洞。按照孔洞的大小和分布，可将其分为缩孔和缩松两类。

(1) 缩孔。它是集中在铸件上部或最后凝固的部位容积较大的孔洞。缩孔多呈倒圆锥形，内表面粗糙，通常隐藏在铸件的内层，但在某些情况下，可暴露在铸件的上表面，呈明显的凹坑。

缩孔的形成过程如图 8-2 所示。液态合金填满铸型型腔〔见图 8-2(a)〕后，由于铸型的吸热，靠近型腔表面的金属很快凝结成一层外壳，而内部仍然是高于凝固温度的液体〔见图 8-2(b)〕；温度继续下降，外壳加厚，但内部液体因液体收缩和补充凝固层的凝固收缩，体积缩减，液面下降，使铸件内部出现了空隙〔见图 8-2(c)〕。直到内部完全凝固，在铸件上部形成了缩孔〔见图 8-2(d)〕。已经产生缩孔的铸件继续冷却到室温时，因固态收缩使铸件的外廓尺寸略有缩小〔见图 8-2(e)〕。

总之，合金的液态收缩和凝固收缩愈大，浇注温度愈高，铸件愈厚，缩孔的容积愈大。

(2)缩松。分散在铸件某区域内的细小缩孔，称为缩松。当缩松与缩孔的容积相同时，缩松的分布面积要比缩孔大得多。

缩松的形成原因也是由于铸件最后凝固区域的收缩未能得到补足。

缩松分为宏观缩松和显微缩松两种。宏观缩松是用肉眼或放大镜可以看出的小孔洞，多分布在铸件中心轴线处或缩孔下方(见图 8-3)。显微缩松是分布在晶粒之间的微小孔洞，要用显微镜才能观察出来，这种缩松分布面积更为广泛，有时遍及整个截面。显微缩松难以完全避免，对于铸件一般不作为缺陷对待，但对气密性、力学性能、物理性能或化学性能要求较高的铸件，则必须设法减少。

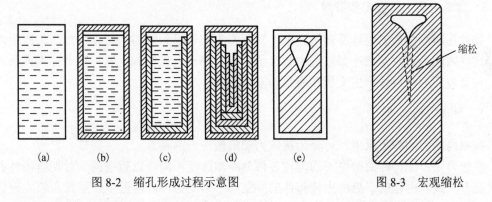

(a)　　(b)　　(c)　　(d)　　(e)

图 8-2 缩孔形成过程示意图　　　　　　　　图 8-3 宏观缩松

2)缩孔和缩松的防止

缩孔和缩松都使铸件的力学性能下降，缩松还可使铸件因渗漏而报废。因此，缩孔和缩松都属铸件的重要缺陷，必须根据技术要求，采取适当的工艺措施予以防止。实践证明，只要能使铸件实现"顺序凝固"，尽管合金的收缩较大，也可获得没有缩孔的致密铸件。

所谓顺序凝固，就是在铸件上可能出现缩孔的厚大部位通过安放冒口等工艺措施，使铸件上远离冒口的部位先凝固(见图 8-4 中Ⅰ)，而后是靠近冒口部位凝固(见图 8-4 中Ⅱ、Ⅲ)，最后才是冒口本身的凝固。按照这样的凝固顺序，先凝固部位的收缩，由后凝固部位的金属液来补充；后凝固部位的收缩，由冒口中的金属液来补充，从而使铸件各个部位的收缩均能得到补充，而将缩孔转移到冒口之中。冒口为铸件的多余部分，在铸件清理时将其去除。

为了实现顺序凝固，在安放冒口的同时，还可在铸件上某些厚大部位增设冷铁。如图 8-5 所示铸件的热节不止一个，若仅靠顶部冒口，难以向底部凸台补缩，为此，在该凸台的型壁上安放了两个外冷铁。由于冷铁加快了该处的冷却速度，使厚度较大的凸台反而最先凝固，从而实现了自下而上的顺序凝固，防止了凸台处缩孔、缩松的产生。可以看出，冷铁仅是加快某些部位的冷却速度，以控制铸件的凝固顺序，但本身并不起作用。冷铁通常用钢或铸铁制成。

安放冒口和冷铁，实现顺序凝固，虽可有效地防止缩孔和缩松（宏观缩松），但却耗费许多金属材料和工时，加大了铸件成本。同时，顺序凝固扩大了铸件各部分的温度差，促进了铸件的变形和裂纹倾向。因此，主要用于必须补缩的场合，如铝青铜、铝硅合金和铸钢件等。

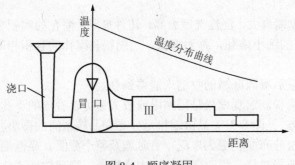
图 8-4　顺序凝固

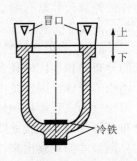
图 8-5　冷铁的应用

8.1.3　铸造内应力、变形和裂纹

铸件在凝固之后的继续冷却过程中，其固态收缩若受到阻碍，铸件内部即将产生内应力。这些内应力有时是在冷却过程中暂存的，有时则一直保留到室温，后者称为残余内应力。铸造内应力是铸件产生变形和裂纹的基本原因。

1. 内应力的形成

按照内应力的产生原因，可分为热应力和机械应力两种。

热应力是由于铸件的壁厚不均匀，各部分冷却速度不同，以致在同一时期内铸件各部分收缩不一致而引起的。热应力使铸件的厚壁或心部受拉伸，薄壁或表层受压缩。铸件的壁厚差别愈大，合金的线收缩率愈高，弹性模量愈大，热应力愈大。

机械应力是合金的线收缩率受到铸型或型芯机械阻碍而形成的内应力，如图 8-6 所示。

2. 铸件的变形与防止

如前所述，具有残余内应力的铸件，厚的部分受拉伸，薄的部分受压缩，但处于这种状态的铸件是不稳定的，将自发地通过变形来减缓其内应力，以趋于稳定状态。显然，只有原来受拉伸部分产生压缩变形，受压缩部分产生拉伸变形，才能使铸件中的残余内应力减少或消除。如图 8-7 所示为车床床身，其导轨部分因较厚而受拉应力，床壁部分较薄而受压应力，于是朝着导轨方向发生弯曲变形，使导轨呈内凹。

实践证明，尽管变形后铸件的内应力有所减弱，但并未彻底去除，这样的铸件经机械加工之后，由于内应力的重新分布，还将缓缓地发生微量变形，使零件丧失了应有的精度。为此，对于不允许发生变形的重要机件（如机床床身、变速箱、刀架等）必须进行时效处理。时效处理可分自然时效和人工时效两种。自然时效是将铸件置于露天场地半年以上，使其缓慢地发生变形，从而使内应力消除。人工时效是将铸件加热到 550～650℃进行去应力退火。

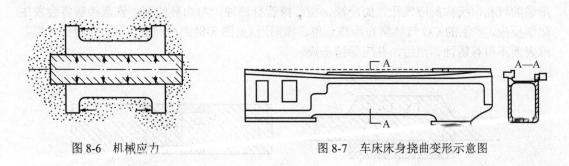

图 8-6 机械应力　　　　　　　图 8-7 车床床身挠曲变形示意图

3. 铸件的裂纹与防止

当铸造内应力超过金属的强度极限时，铸件便将产生裂纹。裂纹是铸件的严重缺陷，可导致铸件报废。裂纹可分为热裂和冷裂两种。

1) 热裂

热裂是铸件在高温下产生的裂纹。影响热裂形成的主要因素是合金性质和铸型阻力。此外，砂箱的箱带与铸件过近、型芯骨的尺寸过大、浇注系统位置不合理等，均可增大铸型阻力、促进热裂的形成。

2) 冷裂

冷裂是在低温下形成的裂纹。冷裂常出现在形状复杂大工件的受拉伸部位，特别是具有应力集中处(如尖角、缩孔、气孔、夹渣等缺陷附近)。有些冷裂纹在落砂时并未形成，而是在铸件清理、搬运或机械加工时受到振击才出现的。

为防止铸件的冷裂，除应设法减小铸造内应力外，还应控制钢、铁的含磷量。如铸钢的含磷量不大于 0.1%，铸铁的含磷量不大于 0.5%，因冲击韧性急剧下降，冷裂倾向将明显增加。此外，浇注之后，勿过早打箱。

8.1.4 铸件中的气孔

按照气体的来源，气孔可分为侵入气孔、析出气孔和反应气孔三类。

1. 侵入气孔

侵入气孔是由于砂型表面层聚集的气体侵入金属液中而形成的气孔。侵入铸件中的气体主要来自造型材料中的水分、黏结剂和各种附加物。预防侵入气孔的基本途径是降低型砂(型芯砂)的发气量和增加铸型的排气能力。

2. 析出气孔

溶解于金属液中的气体在冷凝过程中，因气体溶解度下降而析出，铸件因此而形成的气孔称为析出气孔。析出气孔在铝合金中最为多见，因其直径多小于 1mm，这不仅影响合金的力学性能，并将严重影响铸件的气密性。

3. 反应气孔

浇入铸型中的金属液与铸型材料、型芯撑、冷铁或熔渣之间，因化学反应产生气体而形成的气孔，统称反应气孔。如冷铁、型芯撑若有锈蚀，与灼热的钢、铁液接触将会发生化学反应，产生的 CO 气体常在冷铁、型芯撑附近（见图 8-8）形成气孔。因此，冷铁、型芯撑表面不得有锈蚀、油污，并应保持干燥。

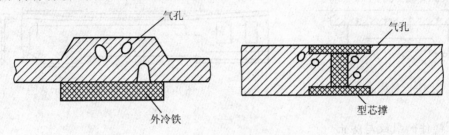

图 8-8　冷铁气孔

8.1.5　铸件的常见缺陷

　　铸件缺陷产生的原因是很复杂的，必须根据工厂的具体条件进行综合分析，才能找出准确的原因，采取相应措施加以防止。表 8-2 是铸件的常见缺陷及其产生的主要原因。

表 8-2　铸件的常见缺陷及其产生的主要原因

类别	名称	缺陷的特征	产生缺陷的主要原因
孔眼	气孔	气孔多分布于铸件的上表面或内部，呈球状或梨形，内孔一般比较光滑	1. 造型材料水分过多或含有大量发气物质 2. 型砂和型芯砂的透气性差，或烘干不良 3. 拔模及修型时局部刷水过多 4. 铁水温度过低，气体难以析出 5. 浇注速度过快，型腔中气体来不及排除 6. 铸件结构不合理，不利排气等
	缩孔	孔的内壁粗糙，形状不规则，多产生在厚壁处	1. 浇注系统和冒口的位置不当，未能保证顺序凝固 2. 铸件结构设计不合理，如壁厚差过大，过渡突然，因而使局部金属聚集 3. 浇注温度太高或铁水成分不对，收缩太大
	砂眼	孔内填有散落的型砂	1. 型砂和型芯砂的强度不够，舂砂太松，起模或合箱时未对准，将型砂碰坏 2. 浇注系统不合理，使砂型或型芯被冲坏 3. 铸件结构不合理，使砂型或型芯的突出部分过细、过长，容易被冲坏等
	渣眼	孔形不规则，孔内充塞熔渣	1. 浇注时挡渣不良，熔渣随金属液流入型腔 2. 浇口杯未注满或断流，致命熔渣与金属液流入型腔 3. 铁水温度过低，流动性不好，熔渣不易浮出等

续表

类别	名称	缺陷的特征	产生缺陷的主要原因
表面缺陷	浇不足	铸件未浇满	1. 铁水温度太低，浇注速度太慢，或铁水量不够 2. 浇口太小或未开出气口，产生抬箱或跑火 3. 铸件结构不合理，如局部过薄，或表面过大；上箱高度低，铁水压力不足等
	热裂	铸件开裂，裂纹处金属表面呈氧化色 裂纹	1. 铸件结构设计不合理，壁厚差太大 2. 浇注温度太高，导致冷却速度不均匀，或浇口位置不当，冷却顺序不对 3. 春砂太紧，退让性差或落砂过早等
	粘砂	铸件表面粗糙，粘有砂粒 粘砂	1. 型砂，耐火性不够 2. 砂粒粗细不合适 3. 砂型的紧实度不够，春砂太松 4. 浇注温度太高，未刷涂料或刷得不够
	冷隔	铸件有未完全熔合的缝隙，交接处多呈圆形	1. 铁水温度太低，浇注速度太慢，金属液汇合时，因表层氧化未能熔为一体 2. 浇口太小或布置不对 3. 铸件壁太薄，型砂太湿、含发气物质太多等
形状尺寸和重量不合格	错箱	铸件沿分型面产生错移	1. 合箱时上下箱未对准 2. 砂箱的标线或定位销未对准 3. 分模的上下木模未对准
	偏芯	型芯偏移，引起铸件形状及尺寸不合格	1. 型芯变形或放置偏位 2. 型芯尺寸不准或固定不稳 3. 浇口位置不对，铁水冲偏了型芯
化学成分及组织不合格	白口	铸件的断口呈银白色，难以切削加工	1. 炉料成分不对 2. 熔化配料操作不当 3. 开箱过早 4. 铸件壁太薄

8.2 普通型砂铸造

8.2.1 砂型铸造的工艺过程

砂型铸造是以砂为主要造型材料制备铸型的一种铸造过程，90%以上的铸件是用砂型铸造方法生产的。砂型铸造工艺过程主要由以下几个部分组成：①制作模样和芯盒；②制备造型材料；③造砂型；④造型芯；⑤砂型及型芯的烘干；⑥合型；⑦熔炼金属；⑧浇注；⑨落砂和清理；⑩检验。其整个过程如图8-9所示。

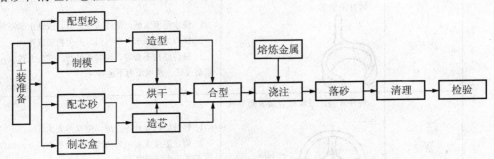

图 8-9　砂型铸造的工艺过程

但需注意，有时对某个具体的铸造工艺过程来说，并不一定包括上述全部内容，如铸件无内壁时，就无需造芯，湿型铸造时砂型就无需烘干等。而砂型铸造的造型工艺是指铸型的制作方法和过程，它包括造砂型(简称造型)、造型芯(简称造芯)，以及浇注系统、冒口、排气口的制作和合型。它是砂型铸造工艺过程中最重要的组成部分。

8.2.2　造型方法选择

1. 造型材料

制作铸型和型芯所用的材料叫作造型材料。一般指砂型铸造用的材料，包括砂、黏土、有机黏结剂和无机黏结剂、水及其他附加物等。型砂和型芯砂的质量直接影响了铸件的质量，型砂质量不好会使铸件产生气孔、砂眼、粘砂、夹砂等缺陷，这些缺陷造成的废品约占铸件总废品的50%以上，此外，生产 1t 合格的铸件需 2.5～10t 的造型材料，因此必须合理地选用和配制造型材料。

1) 型(芯)砂应具备的性能

(1) 强度。型砂强度不足时会造成塌箱、冲砂和砂眼等缺陷，但强度太高又会使铸型太硬、透气性差，阻碍铸件收缩而使铸件形成气孔和裂纹等缺陷。

(2) 透气性。空气通过紧实的砂样或砂型(型芯)的能力称为透气性。如果型砂的透气性不好，气体容易留在铸件内而造成气孔等缺陷。

(3) 耐火性。型砂的耐火性不高，砂粒也易黏附在铸件表面，使清理和切削加工困难。

(4) 退让性。型砂在铸件凝固收缩时，相应地减小自己的体积，因而不阻碍铸件收缩的性能，称为退让性。退让性差的型(芯)砂会使铸件产生内应力、变形甚至开裂等缺陷。

2) 型(芯)砂的组成

型(芯)砂是由原砂、黏结剂及附加物等按一定配比加水混制而成。原砂的主要成分为石英(SiO_2)，型砂中石英含量高，颗粒圆而粗大，其耐火性好。黏结剂的作用是使铸造砂粒在湿态或干态互相结合在一起，使型(芯)砂具有强度。

3) 涂料

为了弥补型(芯)砂耐火性不足而造成铸件表面粘砂的缺陷，常在铸型型腔表面，尤其是型芯的工作表面涂刷涂料。

2. 各种造型方法的特点和应用

造型可分手工造型和机器造型。手工造型用于小批量生产，机器造型用于大批量生产。

1) 手工造型

在实际生产中，根据铸件的尺寸、形状、生产批量、使用要求以及生产条件的不同，可用来各式各样的造型方法，现将主要方法分述如下。

(1) 整模造型。整模造型是将模型做成与零件形状相适应的整体结构，用整体模型进行造型的方法叫作整模造型。图 8-10 为轴承铸件整模造型过程。

整模造型的特点是模型在一个砂箱内（下箱），分型面是平面并在端面，其铸型构造简单，操作方便，不会产生错箱缺陷。

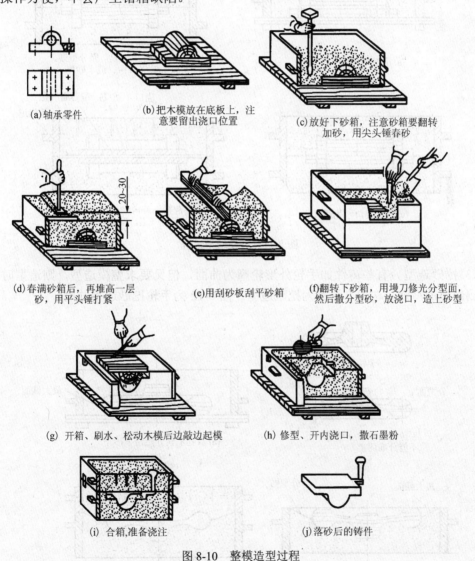

(a) 轴承零件

(b) 把木模放在底板上，注意要留出浇口位置

(c) 放好下砂箱，注意砂箱要翻转加砂，用尖头锤春砂

(d) 春满砂箱后，再堆高一层砂，用平头锤打紧

(e) 用刮砂板刮平砂箱

(f) 翻转下砂箱，用墁刀修光分型面，然后撒分型砂，放浇口，造上砂型

(g) 开箱、刷水、松动木模后边敲边起模

(h) 修型、开内浇口，撒石墨粉

(i) 合箱,准备浇注

(j) 落砂后的铸件

图 8-10 整模造型过程

(2) 分模造型。沿模型截面最大处分为两半，并用销钉将其定位。型腔位于上下两半型内，这种造型方法叫作分模造型。图 8-11 是水管铸件分模造型过程。

分模造型是造型方法中应用最广的一种，其造型简单，便于下芯和安放浇注系统。

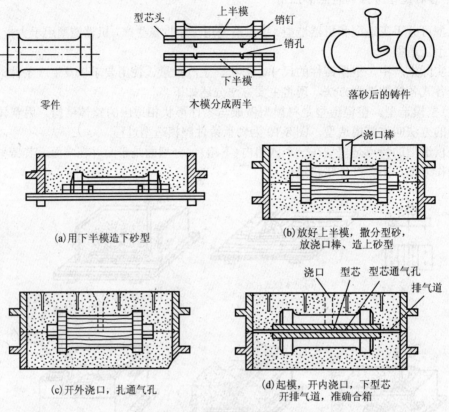

图 8-11　分模造型过程

(3)挖砂造型。有些铸件如手轮外形轮廓为曲面，但又要求整模造型，则造型时需挖出阻碍起模的型砂，这种方法称为挖砂造型。图 8-12 为手轮挖砂造型过程。

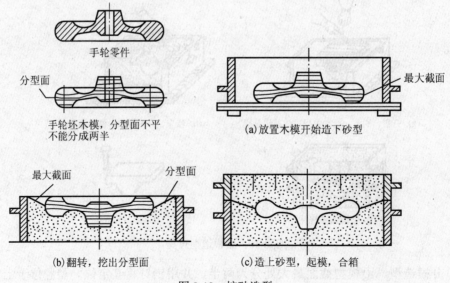

图 8-12　挖砂造型

生产数量较多时，一般采用假箱造型，它的特点是造型前先做一个特制的假箱来代替造型用的底板，再在假箱上造下型。用假箱造型不必挖砂就可以使模型露出最大的截面。假箱只用于造型，不参与浇注，所以叫作假箱。假箱可根据铸件生产数量的不同，用金属、木材制作（见图 8-13），也可用强度较高的型砂来代替（见图 8-14）。采用假箱造型，提高了造型效率与质量，适用于小批、成批生产。

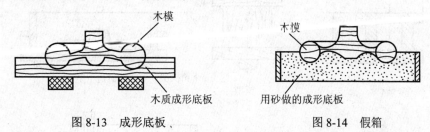

图 8-13　成形底板　　　　　　　　　图 8-14　假箱

（4）活块造型。将模型上阻碍起模的部分做成活动的构件称为活块。起模时，先取出模型主体，再单独取出活块，这种造型方法称为活块造型，如图 8-15 所示。

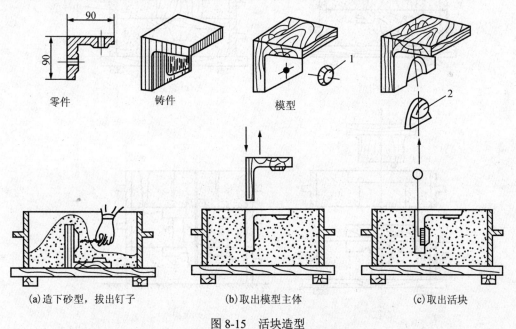

(a)造下砂型，拔出钉子　　　(b)取出模型主体　　　(c)取出活块

图 8-15　活块造型

1—用钉子连接的活块；2—用燕尾槽连接的活块

（5）三箱造型。采用两个分型面和三个砂箱的造型方法称为三箱造型，如图 8-16 所示。

这种造型方法生产率低，合箱时易错箱，故铸件尺寸精度较两箱造型低，而且三箱造型还必须备有高度和模型相适应的中层砂箱，不能用于机器造型（无法造中箱），仅使用于铸件形状较复杂，最大截面在两端，有两个分型面的单件小批生产。在成批大量生产中，可采用增加外型芯的方法，将三箱造型改为两箱造型，以便于采用机器造型（见图 8-17）。

（6）刮板造型。制造尺寸大于 500mm 的回转体或等截面形状的铸铁件时（如弯管、带轮等），若生产数量很少，为节省制造实体模型所需的材料加工时，可用与铸件截面形状相应的刮板来造型，这种造型方法称为刮板造型。刮板分为绕轴线旋转及沿导轨往复移动两类。图 8-18 为带轮铸件刮板造型。

刮板造型的模型简单，节省木料，但造型生产率低，要求操作技术水平较高，所以只适用于单件，生产尺寸较大的旋转体或等截面铸件。

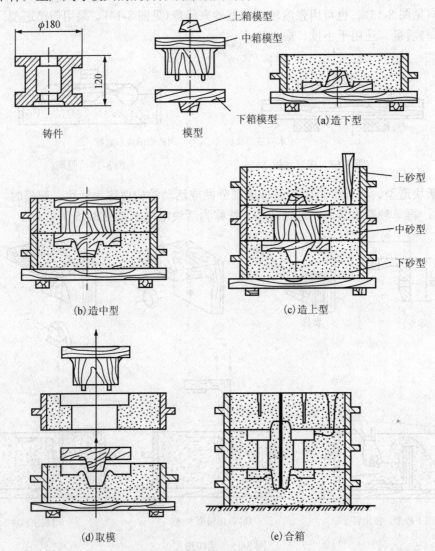

图 8-16　三箱造型

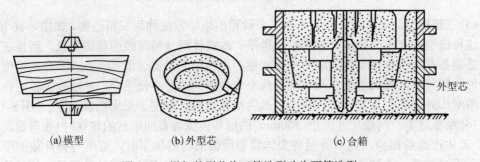

图 8-17　增加外型芯将三箱造型改为两箱造型

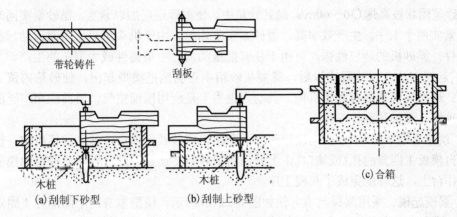

图 8-18 带轮铸件刮板造型

(7)地坑造型。在车间地面上挖一个地坑代替砂箱，将模型放入地坑中填砂造型称为地坑造型，如图 8-19 所示。

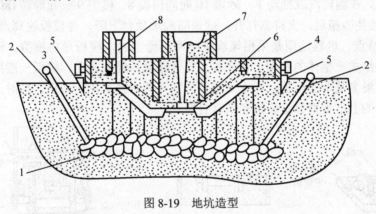

图 8-19 地坑造型

1—焦炭；2—管子；3—型砂；4—上半型；5—定位楔；6—型腔；7—浇口杯；8—出气口

2)机器造型

机器造型使造型中最主要的两项操作——紧砂和起模实现了机械化。它可大大地提高生产率，改善劳动条件以及提高铸件精度和表面质量。在大批量生产中，尽管机器造型所需要的设备、专用砂箱和模板等投资较大，但铸件总的成本仍能显著降低。因此，机器造型是现代化铸工车间生产的基本方式。

(1)紧砂方法。目前造型机绝大部分都是以压缩空气为动力来紧实型砂的。造型机的紧砂方法为压实、震实、震压和抛砂四种基本方式，其中以震压式应用最广。

① 震压紧实。它是将砂箱放在工作台上，填满型砂，先进行多次震击。在惯性力的作用下，将型砂初步紧实，为了提高型砂的紧实度，震实终了还需进行辅助压实，其目的是提高砂箱中上层型砂的紧实度。图 8-20 为其工作原理。震压紧砂的方法可使型砂紧实度分布均匀，而且生产率很高，因此它是生产中、小型铸件的基本方法。

② 抛砂紧实。抛砂紧实如图 8-21 所示。它是利用抛砂机头的电动机驱动高速叶片(900～1500r/min)，连续地将传送带运来的型砂在机头内受到初步紧实，由于离心力的作

用,型砂呈团状被高速(30~60m/s)抛到砂箱中,使型砂逐层加以紧实。抛砂紧实同时完成填砂与紧实两个工序,生产效率高,型砂紧实度均匀。由于机头可沿水平面运动,故可紧实大铸件。抛砂机的适应性强,可用于任何批量的大、中型铸件或大型芯的生产。

③ 起模方法。型砂紧实以后,就要从砂箱中正确地把模型起出,使砂箱内留下完整的型腔。造型机大都装有起模机构,其动力也多半是应用压缩空气,目前应用广泛的起模机构有顶箱、漏模和翻转三种。

a. 顶箱起模。图 8-22(a)为顶箱起模示意图。型砂紧实以后,开动顶箱机构,使四根顶杆 3 自模板 1 四角的孔(或缺口)中上升,而把砂箱 2 顶起,此时固定着模型的模板,仍留在工作台上,这样就完成了起模工序。

b. 漏模起模。采用漏模起模方法如图 8-22(b)所示,模型本身的平面部分 4 固定在模板 5 上,模型上的各凸起部分 6 可向下抽出,在起模过程中由卡模板 5 托住图中 A 处的型砂,因而避免了掉砂。漏模起模机构常用于形状复杂或高度较大的铸型。

c. 翻转起模。图 8-22(c)所示为翻转起模。型砂紧实后,砂箱夹持器将砂箱夹持在造型机转板 7 上,在翻转汽缸推动下,砂箱 10 随同模板 8、模型 9 一起翻转 180°。然后承受台 11 上升,接住砂箱后,夹持器打开,砂箱随同承受台下降,与模板脱离而起模。

④ 工艺特点。机器造型是采用模板进行两箱造型的,模板是将模型、浇注系统沿分型面与底板联结成一整体的专用工艺装备,尺寸精确,经久耐用,模板一般用金属制造。机器造型的模板多是单面模板,即上下两箱分别在两台造型机上造出,这时上下箱各需一块模板,造好的上下半型靠定位销和销套合箱。

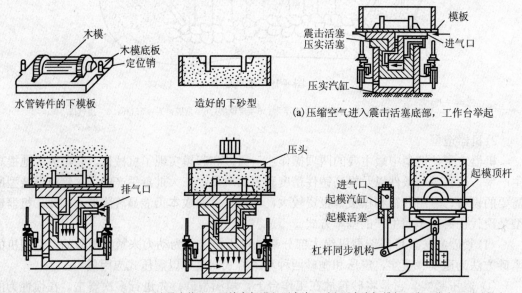

(a)压缩空气进入震击活塞底部,工作台举起

(b)震击活塞上升将排气口打开,工作台下降,产生震击,反复多次,直至型砂震紧。然后将砂堆高出砂箱

(c)震击停止,压缩空气进入压实汽缸,压实活塞上升,将工作台连砂箱一起上升,顶到上面的压头,将砂箱上层的型砂压紧

(d)压实汽缸排气,靠工作台及型砂的自重而下降,与此同时起模顶杆上升,穿过模板四角,托住砂箱,模型则继续下降,进行起模

图 8-20　震压紧砂机造型过程

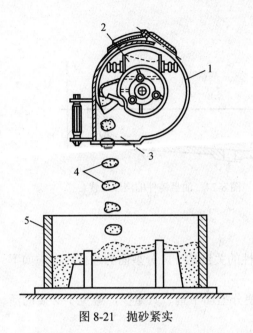

图 8-21 抛砂紧实

1—机头外壳；2—型砂入口；3—砂团出口；
4—型砂；5—砂箱

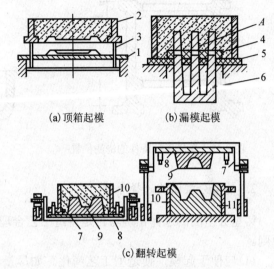

(a)顶箱起模　　(b)漏模起模

(c)翻转起模

图 8-22 起模方法示意图

1，8—模板；2，10—砂箱；3—顶杆；4—平面部分；
5—卡模板；6—凸起部分；7—造型机转板；9—模型；11—承受台

8.2.3 浇注位置与分型面的选择

浇注位置是指金属浇注时铸件所处的空间位置，而铸型分型面是指砂箱间的接触表面。

1. 浇注位置的选择原则

(1)铸件的重要加工面应朝下。因为铸件的上表面容易产生砂眼、气孔、夹渣等缺陷，组织也不如下表面致密。如果这些加工面难以做到朝下，则应尽力使其位于侧面。当铸件的重要加工面有数个时，则应将较大的平面朝下。

图 8-23 所示为车床床身铸件的浇注位置。由于床身导轨面是关键表面，不允许有明显的表面缺陷，而且要求组织致密，因此通常都将导轨面朝下浇注。

(2)铸件的大平面应朝下。型腔的上表面除了容易产生砂眼、气孔、夹渣等缺陷外，大平面还常产生夹砂缺陷。这是由于在浇注过程中金属液对型腔上表面有强烈的热辐射，型砂因急剧热膨胀和强度下降而拱起或开裂，于是金属液进入表层裂缝之中，形成了夹砂缺陷。因此，对平板、圆盘类铸件大平面应朝下。

(3)为防止铸件薄壁部分产生浇不足或冷隔缺陷，应将面积较大的薄壁部分置于铸型下部或使其处于垂直或倾斜位置。图 8-24 为油盘铸件的浇注位置。

(4)对于容易产生缩孔的铸件，应使厚的部分放在分型面附近的上部或侧面，以便在铸件厚处直接安置冒口，使之实现自下而上的顺序凝固。

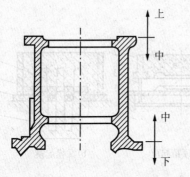
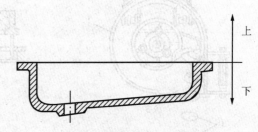

图 8-23　车床床身铸件的浇注位置　　　　　图 8-24　油盘铸件的浇注位置

2. 铸型分型面的选择原则

铸型分型面的选择正确与否是铸造工艺合理性的关键之一。分型面的选择应考虑如下原则。

(1) 应便于起模, 使造型工艺简化。如尽量使分型面平直、数量少, 避免不必要的活块和型芯等。

图 8-25 为一起重臂铸件的分型位置, 按图中所示的分型面为一平面, 故可采用较简便的分离模造型。如果选用俯视图所示的弯曲分型面, 则需采用挖砂或假箱造型, 而在大量生产中则使模板的制造费用增加。

选择分型面时应尽量避免不必要的型芯。必须指出, 并非型芯愈少, 铸件的成本愈低。如图 8-26 所示的轮形铸件, 由于轮的圆周面存有内凹, 在批量不大的生产条件下, 多采用三箱来造型。但在大批量生产条件下, 由于采用机器造型, 故应改用图中所示的环状型芯使铸型简化成只有一个分型面, 上述方法尽管增加了型芯的费用, 但机器造型所取得的经济效益可以补偿而有余。

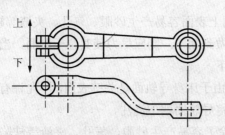
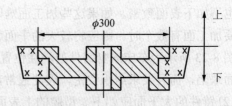

图 8-25　起重臂铸件的分型位置　　　　　图 8-26　用型芯减少分型面

(2) 应尽量使铸件全部或大部置于同一砂箱, 以保证铸件精度。图 8-27 为一床身铸件, 其顶部平面为加工基准面。图中方案 (a) 在妨碍起模的凸台增加了外部型芯, 因采用整模造型使加工面和基准面在同一砂箱内, 故能够保证铸件精度, 是大批量生产中的合理方案。而图中方案 (b), 若有错箱将影响铸件精度。考虑单件、小批生产条件下, 铸件的尺寸偏差在一定范围内可用划线来纠正, 故在相应条件下方案 (b) 仍可采用。

(3) 为便于造型、下芯、合箱和检验铸件壁厚, 应尽量使型腔及主要型芯位于下箱。但下箱型腔也不宜过深, 并尽量避免使用吊芯和大的吊砂。

图 8-28 为一机床支柱的两个分型方案。可以看出, 方案Ⅰ和Ⅱ同样便于下芯时检查铸

件壁厚，防止产生偏芯缺陷，但方案Ⅱ的型腔及型芯大部分位于下箱，这样便可减小上箱的高度，有利于起模及翻箱操作，故较为合理。

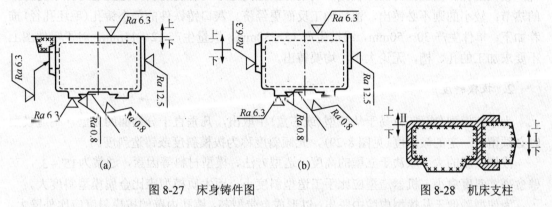

图 8-27 床身铸件图　　　　　图 8-28 机床支柱

8.2.4 工艺参数的选择

为了绘制铸造工艺图，在铸造工艺方案初步确定之后，还必须选定铸件的机械加工余量、拔模斜度、收缩率、型芯头尺寸等具体参数。

1. 机械加工余量和铸孔

在铸件上为切削加工而加大的尺寸称为机械加工余量。加工余量必须认真选取，余量过大，切削加工费工，且浪费金属材料；余量过小，制品会因残留黑皮而报废，或者因铸件表层过硬而加速刀具磨损。

机械加工余量的具体数值取决于铸件生产批量、合金的种类、铸件的大小、加工面与基准面的距离及加工面在浇注时的位置等。大量生产时，因采用机器造型，铸件精度高，故余量减小；反之，手工造型误差大，余量应加大。铸钢件因表面粗糙，余量应加大；有色合金铸件价格昂贵，且表面光洁，所以余量应比铸铁小。铸件的尺寸愈大或加工面与基准面的距离愈大，铸件的尺寸误差也愈大，故余量也应随之加大。此外，浇注时朝上的表面因产生缺陷的概率较大，其加工余量应比底面和侧面大。表 8-3 列出灰口铸铁件的机械加工余量。

表 8-3　灰口铸铁件的机械加工余量　　　　　　（单位：mm）

铸件最大尺寸 /mm	浇注位置	机械加工余量					
		加工面与基准面的距离 < 50mm	加工面与基准面的距离 50～120mm	加工面与基准面的距离 120～260mm	加工面与基准面的距离 260～500mm	加工面与基准面的距离 500～800mm	加工面与基准面的距离 800～1250mm
<120	顶面底、侧面	3.5～4.5 2.5～3.5	4.0～4.5 3.0～3.5				
120～260	顶面底、侧面	4.0～5.0 3.0～4.0	4.5～5.0 3.5～4.0	5.0～5.5 4.0～4.5			
260～500	顶面底、侧面	4.5～6.0 3.5～4.5	5.0～6.0 4.0～4.5	6.0～7.0 4.5～5.0	6.5～7.0 5.0～6.0		
500～800	顶面底、侧面	5.0～7.0 4.0～5.0	6.0～6.7 4.5～5.0	6.5～7.5 4.5～5.5	7.0～8.0 5.0～6.0	7.5～9.0 6.5～7.0	
800～1250	顶面底、侧面	6.0～7.0 4.0～5.5	6.5～7.5 5.0～6.0	7.0～8.0 5.0～6.0	7.5～8.0 5.5～6.0	8.0～9.0 5.5～7.0	8.5～10 6.5～7.5

铸件的孔、槽是否铸出，不仅取决于工艺上的可能性，还必须考虑其必要性。一般来说，较大的孔、槽应当铸出，以减少切削加工工时，节约金属材料，同时也可减小铸件上的热节；较小的则不必铸出，留待加工反而更经济。灰口铸铁件的最小铸孔(毛坯孔径)推荐如下：单件生产 30～50mm，成批生产 15～30mm，大量生产 12～15mm。对于零件图上不要求加工的孔、槽，无论大小，均要铸出。

2. 拔模斜度

为了使模型(或型芯)易于从砂型(或芯盒)中取出，凡垂直于分型面的立壁，制造模型时必须留出一定的倾斜度(见图 8-29)，此倾斜度称为拔模斜度或铸造斜度。

拔模斜度的大小取决于立壁的高度、造型方法、模型材料等因素，通常为15′～3°，立壁愈高，斜度愈小，机器造型应比手工造型斜度小，而木质模型应比金属模型斜度大。

为使型砂便于从模型内腔中脱出，以形成自带型芯，铸孔内壁的拔模斜度应比外壁大，通常为3°～10°。

在铸造工艺图中加工表面上的拔模斜度应结合加工余量直接示出(见图 8-29)，而不加工表面上的斜度仅需用文字注明即可。

3. 收缩率

由于合金的线收缩，铸件冷却后的尺寸将比型腔尺寸略为缩小，为保证铸件的应有尺寸，模型尺寸必须比铸件放大一个该合金的收缩量。

在铸件冷却过程中，其线收缩不仅受到铸型和型芯的机械阻碍，同时，还存有铸件各部分之间的相互制约。因此，铸件的线收缩率除因合金种类而异外，还根据铸件的形状、尺寸而定。通常，灰口铸铁为 0.7%～1.0%，铸造碳钢为 1.3%～2.0%，铝硅合金为 0.8%～1.2%，锡青铜为 1.2%～1.4%。

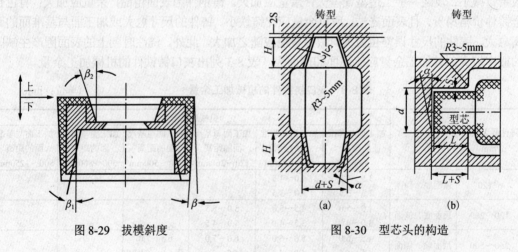

图 8-29　拔模斜度　　　　　　　　图 8-30　型芯头的构造

4. 型芯头

主要用于定位和固定砂芯，使砂芯在铸型中有准确的位置。型芯头可分为垂直芯头和水平芯头两大类。

垂直型芯一般都有上、下芯头［见图 8-30（a）］，但短而粗的型芯也可省去上芯头。垂直芯头的高度主要取决于型芯头直径。芯头必须留有一定的斜度 α。下芯头的斜度应小些（5°～10°），高度应大些，以便增强型芯在铸型中的稳定性，上芯头的斜度应大些（6°～15°），高度应小些，以便于合箱。

水平芯头［见图 8-30（b）］的长度取决于型芯头直径及型芯的长度。为便于下芯及合箱，铸型上型芯座的端部也应留出一定斜度 α。悬臂型芯头必须长而大，以平衡支持型芯，防止合箱时型芯下垂或被金属液抬起。

型芯头与铸型型芯座之间应留有 1～4mm 的间隙（S），以便于铸型的装配。

5. 浇注系统

把金属液注入铸型型腔内所经过的一系列通道称为浇注系统。它是关系铸件质量的重要问题。对浇注系统的要求是：

（1）使金属液平稳地流入型腔，避免对砂型和型芯的冲击。

（2）防止熔渣、砂粒或其他杂质进入型腔。

（3）能调节铸件的凝固顺序。

浇注系统是由外浇口 1、直浇口 2、横浇口 3、内浇口 4 等部分组成，如图 8-31 所示。

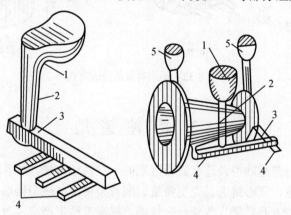

图 8-31 浇注系统

1—外浇口；2—直浇口；3—横浇口；4—内浇口；5—出气口

外浇口的作用是减少金属液流的冲击，使金属液平稳流入直浇口，并能起浮渣的作用，直浇口是有一定锥度的垂直通道。利用直浇口的高度产生一定的静压力，使金属液产生充填压力。

横浇口主要是起挡渣作用，为此横浇口必须开在内浇口的上面，并使直浇口的截面积大于横浇口的截面积，横浇口的截面积又大于内浇口的截面积，这样才能保证金属液在浇注过程中始终充满浇口；于是熔渣等杂质便可上浮到横浇口的上部而不至于由下面的内浇口流入型腔中。此外，横浇口还能分配金属液以及减缓金属液流的速度，使金属液平稳地流入内浇口。

内浇口是金属液直接流入型腔的通道，它应使金属平稳流入铸型，不产生冲型和冲芯现象。它的位置、大小、数量与所浇注的铸件结构形状有关，并对铸件质量有重要的影响。如将内浇口开设在铸件的薄壁处则使铸件趋向于同时凝固，它的截面积过小，易使铸件产生浇不足、冷隔等缺陷。

　　根据铸件的形状、大小及合金种类的不同，可采用不同的浇注系统。图 8-32(a)为顶注式浇口，它易充满薄壁铸件，有利于补缩，但金属液对铸型冲击大，宜用于高度小而形状简单的铸件。图 8-32(b)为底注式浇口，液体金属流动平稳，不易冲砂和氧化，但补缩差，对薄壁件不适宜。图 8-31 为中间注入式浇口，适用于上、下箱都有型腔的铸型，优缺点介于上述二者之间。应用较广，图 8-32(c)为阶梯式浇口，用于高度大的铸件。

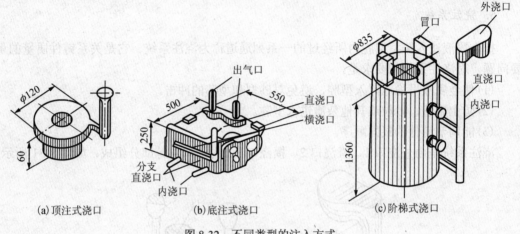

(a)顶注式浇口　　　　(b)底注式浇口　　　　(c)阶梯式浇口

图 8-32　不同类型的注入方式

8.3　特　种　铸　造

　　特种铸造是指与普通砂型铸造有显著区别的一些铸造方法，如熔模铸造、金属型铸造、压力铸造、低压铸造、离心铸造、壳型铸造、陶瓷型铸造、磁型铸造等。每种特种铸造方法在提高铸件精度和表面质量、改善合金性能、提高劳动生产率、改善劳动条件和降低铸造成本等方面，各有其优越之处。近些年来，特种铸造在中国发展相当迅速，其地位和作用日益提高。

8.3.1　熔模铸造

　　熔模铸造是用易熔材料(如蜡料)制成模样，然后在模样上涂挂若干层耐火材料，经硬化之后型壳，将蜡模熔化、排出型外，从而获得具有与蜡模形状相应的铸型，再经高温焙烧后即浇注的铸造方法，也把它称为"失蜡铸造"。

1. 熔模铸造的工艺过程

熔模铸造的工艺过程包括：蜡模制造、结壳、脱蜡、焙烧、造型和浇注。
1)蜡模制造
为制出蜡模要经过如下步骤。

(1)母模制造。母模是铸件的基本模样，材料为钢或铜，用它制造压型。

(2)压型制造。压型［见图 8-33(a)］是用来制造蜡模的专用模具。为了保证蜡模质量，压型必须有很高的精度和低的粗糙度，而且型腔尺寸必须包括蜡料和铸造合金的双重收缩率。

压型一般用钢、铜或铝经切削加工制成，这种压型的使用寿命长，制出的蜡模精度高，但压型的成本高，生产准备时间长，主要用于大批量生产。对于小批量生产，则可采用易熔合金(Sn、Pb、Bi 等组成的合金)、塑料或石膏直接向模样(母模)上浇注而成。

(3)蜡模的压制。制造蜡模的材料有石蜡、蜂蜡、硬脂酸、松香等，常采用 50%石蜡和 50%硬脂酸的混合料。

压制时，将蜡料加热至糊状后，在 2～3 个 atm(latm＝101325Pa) 下，将蜡料压入到压型内［见图 8-33(b)］，待蜡料冷却凝固便可从压型内取出，然后修去分型面上的毛刺，即得单个蜡模［见图 8-33(c)］。

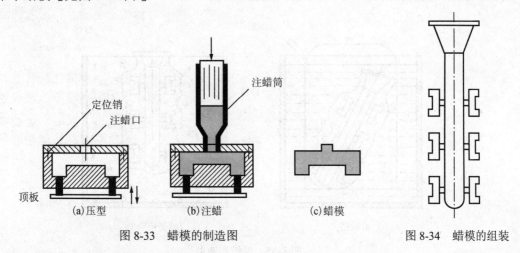

图 8-33　蜡模的制造图　　　　　　　　图 8-34　蜡模的组装

(4)蜡模组装。熔模铸件一般均较小，为提高生产率、降低铸件成本，通常将若干个蜡模焊在一个预先制好的蜡质直浇口棒上构成蜡模组(见图 8-34)，从而实现一箱多铸。

2)结壳

它是在蜡模组上涂挂耐火材料，以制成一定强度的耐火型壳过程。由于型壳质量对铸件的精度和表面粗糙度有着决定性的影响，因此，结壳是熔模铸造的关键环节，结壳要经过几次浸挂涂料、撒砂、硬化、干燥等工序。

(1)浸涂料。将蜡模组置于涂料中浸渍，使涂料均匀地覆盖在蜡模组表层。涂料是由耐火材料(如石英粉)、黏结剂(如水玻璃、硅酸乙酯)组成的糊状混合物，这种涂料可使型腔获得光洁的面层。

(2)撒砂。使浸渍涂料的蜡模组均匀地黏附一层较粗的石英砂，其主要目的是迅速增厚型壳。小批量生产时采用手工撒砂，而大批量生产时在专门的撒砂设备上进行。

(3)硬化。为使耐火材料层结成坚固的型壳，撒砂之后，应进行化学硬化和干燥。

为了使型壳具有较高的强度，上述结壳过程要重复进行 4～6 次，最后制成 5～12mm 厚的耐火型壳。

3) 脱蜡

结壳之后便进行脱蜡。将附有型壳的蜡模组浸泡于 85～95℃ 的热水中，使蜡料熔化并经朝上的浇口上浮而脱出，就可得到一个中空的型壳，如图 8-35(a) 所示。脱出的蜡料经过回收处理仍可重复使用。

4) 焙烧

为进一步去除型壳中的水分、残余蜡料和其他杂质，在浇注金属之前，必须将型壳送入加热炉内，加热到 800～1000℃ 进行焙烧。通过焙烧，可使型壳的强度增高，型腔更为干净。

5) 造型和浇注

为提高合金的充型能力，防止浇不足、冷隔等缺陷，要在焙烧出炉后趁热(100～700℃)进行浇注。但为了防止浇注时型壳变形或破裂，而将脱蜡后的型壳置于铁箱之中，在周围用粗砂填紧后再浇注［图 8-35(b)］称为造型，又称填砂。

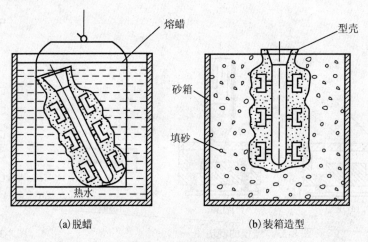

(a) 脱蜡　　　　　　　　　　(b) 装箱造型

图 8-35　脱蜡和造型

实践证明，若在加固层涂料中加入一定比例的黏土制成高强度型壳，则可不经造型填砂便可直接进行浇注，因而缩短了生产周期，降低了铸件成本。

6) 落砂和清理

冷却之后，将型壳破坏，取出铸件，然后去掉浇口、清理毛刺。对于铸钢件还需进行退火或正火，以便获得所需的力学性能。

2. 熔模铸造的特点和适用范围

熔模铸造有以下优点：

(1) 由于铸型精密、没有分型面，型腔表面极为光洁，故铸件的精度及表面质量均优(精度 IT11～IT14，表面粗糙度 R_a25～3.2μm)。同时，铸型在预热后浇注，故可生产出形状复杂的薄壁铸件(最小壁厚 0.7mm)。

(2) 由于型壳用高级耐火材料制成，故能适应各种合金的铸造，这对于那些高熔点合金及难切削加工合金(如高锰钢、磁钢、耐热合金)的铸造尤为可贵。

(3) 生产批量不受限制，除适于成批、大量生产外，也可用于单件生产。

熔模铸造的主要缺点是材料昂贵、工艺过程繁杂、生产周期长(4～16 天),铸造成本比砂型铸造高数倍。此外,难以实现全盘机械化和自动化生产,且铸件不能太大(或太长),一般为几十克到几千克,最大不超过 25kg。

综前所述,熔模铸造主要适用于高熔点合金(如铸钢)及形状复杂难以切削加工合金的小零件。例如,汽轮机、涡轮机的叶片,其几何形状非常复杂,若采用切削加工方法来制造,不仅费工,且金属材料(耐热合金钢)的利用率甚低;若采用熔模铸件,则稍加磨削便可应用。

8.3.2　金属型铸造

金属型铸造是将液态合金浇入金属铸型,以获得铸件的一种铸造方法。由于金属铸型可反复使用多次(几百次到几千次),故有永久型铸造之称。

1. 金属型构造

金属型的结构主要取决于铸件的形状、尺寸、合金的种类及生产批量等。如图 8-36 所示。

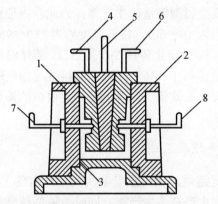

图 8-36　铸造铝活塞金属型典型结构简图

1,2—左右半型;3—底型;4～6—分块金属型芯;7,8—销孔金属型芯

按照分型面的方位,金属型可分为整体式、垂直分型式、水平分型式和复合分型式。其中垂直分型式便于开设浇口和取出铸件,也易于实现机械化生产,所以应用最广。金属型的排气依靠出气口及分布在分型面上的许多通气槽。为了能在开型过程中将灼热的铸件从型腔中推出,多数金属型设有推杆机构。

金属型一般用铸铁制成,也可采用铸钢。铸件的内腔可用金属型芯或砂芯来形成,其中,金属型芯用于有色金属件。为使金属型芯能在铸件凝固后迅速从内腔中抽出,金属型还常设有抽芯机构。对于有侧凹的内腔,为使型芯得以取出,金属型芯可由几块组合而成。图 8-36 为铸造铝活塞金属型典型结构简图,由图可见,它是垂直和水平分型相结合的复合结构,其左、右半型用铰链相连接,以开合铸型。由于铝活塞内腔存有凸台,整体型芯无法抽出,故而采用组合型芯。浇注后,先抽出 5,然后再取出 4、6。

2. 金属型的铸造工艺

由于金属型导热快，且没有退让性和透气性，所以铸件易产生冷隔、浇不足、裂纹等缺陷，灰铸铁件常产生白口组织。因此为获得优质铸件和延长金属型的使用寿命，必须严格控制其工艺。

(1) 喷刷涂料。金属型型腔和型芯表面每次浇注前必须喷刷厚度为 $0.2 \sim 1.0$ mm 耐火涂料，其作用是：①减缓铸件的冷却速度；②防止高温金属液流对型壁的直接冲刷；③利用涂料有一定的蓄气、排气能力，防止气孔。

(2) 保持铸型一定的工作温度。其目的是减缓铸型对金属的激冷作用，以减少铸件缺陷。同时，因减小了铸型与金属的温差，铸型的寿命得以提高。

金属型的工作温度如下：铸铁件 $250 \sim 350℃$，有色金属件 $100 \sim 250℃$。为保持上述工作温度，开始铸造时要对金属型进行预热，在连续生产过程中，必须利用金属型上的散热装置(气冷或水冷)来散热。

(3) 适合的出型时间。浇注之后，铸件在金属型内停留的时间愈长，由于收缩量增大，铸件的出型及抽芯愈困难，铸件的裂纹倾向加大，同时，因铸件冷却速度快，铸铁的白口倾向增加；此外，还将降低金属型铸造的生产率。为此，应使铸件尽早从铸型中取出。通常，小型铸铁件的出型时间为 $10 \sim 60$ s，铸件温度约为 $780 \sim 950℃$。

(4) 防止铸铁件产生白口。为防止铸铁件产生白口，铸件壁厚不宜过薄(一般 >15 mm)，铁水中的碳、硅总质量分数应高于 6%，同时，涂料中应加些硅铁粉。此外，若采用孕育处理的铁水对预防白口也有显著效果。对于已经产生白口的铸件，要利用出型时的自身余热及时进行退火。

3. 金属型铸造的特点和适用范围

金属型铸造具有许多优越性。如可承受多次浇注，实现了"一型多铸"，便于实现机械化和自动化生产，从而大大提高了生产率，同时，铸件精度和表面质量比砂型铸造显著提高(精度 IT12~IT16，粗糙度 $R_a25 \sim 12.5\ \mu$m)，从而节省金属和减少切削加工工作量；由于结晶组织致密，铸件的力学性能得到提高，如铸铝件的屈服强度平均提高 20%。此外，节省许多工序，造型不用砂，使铸造车间面貌改观，劳动条件改善。

其主要缺点是制造金属型的成本高、周期长；铸造工艺要求严格，否则容易出现浇不足、冷隔、裂纹等缺陷，而铸铁件又难以完全避免白口缺陷。此外，金属型铸件的形状和尺寸有着一定的限制。

金属型铸造主要适用于有色合金铸件的大批量生产，如铝活塞、汽缸盖、油泵壳体、铜瓦、衬套、轻工业品等。

8.3.3　压力铸造

压力铸造简称压铸。它是在高压下(约为 $500 \sim 15000$ N/cm^2)快速地(充型时间约为 $0.001 \sim 0.2$ s)将液态或半液态合金压入金属铸型中，并在压力下结晶，以获得铸件的铸造方法。

1. 压力铸造的工艺过程

压铸是在压铸机上进行的,它所用的铸型称为压型。压型与垂直分型的金属型相似,其半个是固定的,称为定型(静型);另半个可水平移动,称为动型(动模)。压型上装有抽芯机构和顶出铸件机构,压铸机主要是由压射机构和合型机构所组成。压射机构的作用是将金属液压入型腔;合型机构用于开合压型,并在压射金属时顶住动型,以防金属液自分型面喷出。压铸机的规格通常以合型力的大小来表示。

(1)注入金属。先闭合压型,用手工将定量勺内金属液通过压室上的注液孔向压室内注入 [见图 8-37(a)]。

(2)压铸。压射冲头向前推进,金属液被压入压型中 [见图 8-37(b)]。

(3)取出铸件。铸件凝固之后,抽芯机构将型腔两侧型芯同时抽出,动型左移开型,铸件则借冲头的前伸动作离开压室 [见图 8-37(c)]。此后,在动型继续打开过程中,由于顶杆停止移动,故在顶杆作用下铸件被顶出动型 [见图 8-37(d)]。

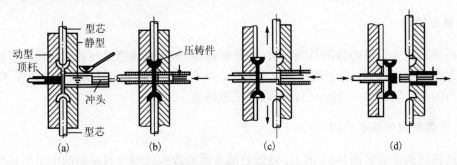

图 8-37 卧式压铸机的工作过程

为了制作出高质量铸件,压型型腔的精度和表面质量必须很高。压型要采用专门的合金工具钢来制造,并需严格的热处理。压铸时,压型应保持 120~280℃的工作温度,并喷刷涂料。

2. 压力铸造的特点和适用范围

压力铸造有如下优点:

(1)铸件的精度及表面质量较其他铸造方法均高(精度 IT11~IT13,表面粗糙度 $R_a6.3$~1.6 μm)。因此,压铸件不经机械加工(或仅个别表面进行少量加工)即可使用。

(2)可压铸出形状复杂的薄壁件或镶嵌件。如可铸出极薄件,或直接铸出小孔、螺纹等,这是由于压型精密,在高压下浇注,极大地提高了合金充型能力所致。

(3)铸件的强度和硬度都较高,如抗拉强度比砂型铸造提高 25%~30%。因铸件冷却速度快,又是在压力下结晶,所以表层结晶细密。

(4)压铸的生产率均比其他铸造方法高,如中国生产的压铸机生产能力为 50~150 次/h,最高可达 500 次/h。又因压铸是在压铸机上进行的,较易实现生产过程的自动化。

压铸虽是实现少屑、无屑加工非常有效的途径,但也存在许多不足。主要表现在:

(1)压铸设备投资大,制造压型费用高、周期长,只有在大量生产条件下经济上才合算。

(2)压铸合金的种类上受限制，压铸高熔点合金(如钢、铸铁等)时压型寿命很低，难以适应。

(3)由于压铸的速度极高，型腔内气体很难排除，厚壁处收缩也很难补缩，致使铸件内部常有气孔和缩松，因此，压铸件不宜进行较大余量的切削加工，以防孔洞的外露。

(4)由于上述气孔是在高压下形成的，在热处理加热时，孔内气体膨胀将导致铸件表面起泡，所以压铸件不能用热处理来提高性能。

必须指出，随着加氧压铸、真空压铸和黑色金属压铸等新工艺的出现，使压铸的某些缺点有了克服的可能性。例如，加氧压铸是先用氧气来充填压室和型腔而将空气排除；压铸时，氧与铝形成分散在铸件内的 Al_2O_3 微粒，这不仅可避免气孔，还使铸件有了进行热处理的可能。

目前，压力铸造已在汽车、拖拉机、仪表、电器、计算机、兵器、纺织机械、农业机械等制造业得到了广泛的应用，如汽缸体、箱体、化油器、喇叭外壳、支架等。

8.3.4　低压铸造

低压铸造是介于重力铸造(如砂型、金属型铸造)和压力铸造之间的一种铸造方法。它是使液态合金在压力下，自下而上地充填型腔，并在压力下结晶，以形成铸件的工艺过程。由于所用的压力较低($2\sim7N/cm^2$)，所以称低压铸造。

1. 低压铸造的基本原理

低压铸造的原理如图 8-38 所示，将熔好的金属液放入压缩空气密封的电阻坩埚炉内保温。铸型(一般为金属型)安置在密封盖上，垂直的升液管使金属液与朝下的浇口相通。铸型为水平分型，金属型在浇注前必须预热，并喷刷涂料。

压铸时，先锁紧上半型，向坩埚室缓缓地通入压缩空气，于是金属液经升液管压入铸型，待铸型被填满才使气压上升到规定的工作压力，并保持适当的时间，使合金在压力下结晶。然后，撤除液面上的压力，使升液管和浇口中尚未凝固的金属液在重力作用下流回坩埚，最后，开启铸型、取出铸件。

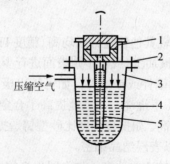

图 8-38　低压铸造的原理

1—铸型；2—密封盖；3—坩埚；4—金属液；5—升液管

低压铸造不需另设冒口，而由浇口兼起补缩作用。为使铸件实现自上而下的顺序凝固，浇口应开在铸件厚壁处，而浇口的截面积也必须足够大。

2. 低压铸造的特点和适用范围

低压铸造有如下特点。

(1)充型压力和速度便于控制,故可适应各种铸型,如金属型、砂型、熔模型壳、树脂型壳等。由于充型平稳,冲刷力小,且液流和气流的方向一致,故气孔、夹渣等缺陷较少。

(2)铸件的组织致密,力学性能较高。对于防止铝合金针孔缺陷和提高铸件的气密性,效果尤为显著。

(3)由于省去了补缩冒口,使金属的利用率提高到90%～98%。

(4)由于提高了充型能力,有利于形成轮廓清晰、表面光洁的铸件,这对于大型薄壁件的铸造尤为有利。

此外,设备较压铸简易,便于实现机械化和自动化生产。

低压铸造是20世纪60年代发展起来的新工艺,尽管其历史不长,但因上述优越性,已受到国内外的普遍重视。目前主要用来生产质量要求高的铝合金、镁合金铸件,如汽缸体、缸盖、曲轴箱、高速内燃机活塞、纺织机零件等,并已用它成功地制作出重达30t的铜螺旋桨及球墨铸铁曲轴等。

8.3.5 离心铸造

将液态合金浇入高速旋转(250～1500r/min)的铸型中,使金属液在离心力作用下充填铸型并结晶,这种铸造方法称为离心铸造。

1. 离心铸造的基本方式

离心铸造主要用于生产圆筒形铸件,为使铸型旋转,离心铸造必须在离心铸造机上进行。根据铸型旋转轴空间位置的不同,离心铸造机可分为立式和卧式两大类。

在立式离心铸造机上铸型是绕垂直轴旋转的〔见图8-39(a)〕,铸件的自由表面(内表面)呈抛物线形,主要用于生产高度小于直径的圆环类铸件。

在卧式离心铸造机上的铸型是绕水平轴旋转的〔见图8-39(b)〕,它主要用于生产长度大于直径的套筒、管类铸件,是最常用的离心铸造方法。

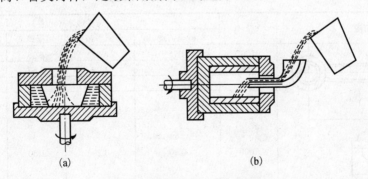

(a)　　　　　　　(b)

图8-39 圆筒形铸件的离心铸造

2. 离心铸造的特点和适用范围

离心铸造具有如下优点:

（1）生产圆筒形铸件时，可省去型芯和浇注系统，因而省工、省料，降低了铸件成本。

（2）在离心力的作用下，金属中的气体和熔渣由于密度小而集中在铸件内表面，铸件则按从外向内的顺序凝固，因而铸件组织致密；极少存有缩孔、气孔、夹渣等缺陷。

（3）合金的充型能力强，便于流动性差的合金及薄件的生产。

（4）便于制造双金属铸件。如在滑动轴承制造中，可在钢套上镶铸薄层铜衬，因而节省铜料、降低了成本。

离心铸造不足之处如下：

（1）铸件的内孔不够准确且内表面粗糙，对于内孔需切削加工的机器零件，必须增大加工余量。

（2）不适于铸造密度偏析大的合金及轻合金，如铅青铜、铝合金、镁合金等，此外，因需要较多的设备投资，故不适宜单件、小批生产。

离心铸造是铸铁管、汽缸套、铜套、双金属轴承的主要生产方法，铸件的最大重量达十多吨。在耐热钢辊道、特殊钢的无缝管坯、造纸机烘缸等铸件生产中，离心铸造已被采用。

8.4　各种铸造方法的比较

各种铸造方法均有优缺点和适用范围，不能认为某种最为完善，因此，必须结合具体情况（如合金的种类、生产批量、铸件的形状和大小、质量要求及现有设备条件等）进行全面分析比较，才能正确地选出铸造方法。

例如，表 8-4 所列为不同铸造方法在不同批量条件下，铸铝小连杆成本的比较。由于该连杆属于较易起模的简单件，而合金的熔点较低，故在大量生产时，压铸的成本最低，若包括机械加工费用等因素，采用压铸时零件制造的总成本也将最低；在单件、小批生产中，由于砂型铸造的模具和设备费用低，故最为经济；在大批量生产中，尽管金属型铸造的成本略高于砂型铸造，但铸件的力学性能和表面质量皆优，可推荐采用。在本例中熔模铸造的优越性无法显示，故不宜采用。若上述连杆改为铸钢件，则金属型铸造和压力铸造均不适宜，必须根据零件生产的总体经济性出发，另行选定。

表 8-4　铸铝小连杆成本的比较

简图	产量/件	铸件成本/（元/件）			
		砂型铸造	金属型铸造	熔模铸造	压力铸造
	100	1.75	6.02	6.25	18.75
	1000	0.62	1.23	2.67	1.05
	10000	0.33	0.37	1.93	0.50
	1000	0.30	0.29	1.80	0.16

砂型铸造尽管有着许多缺点，但其适应性最强，因此，在铸造方法的选择中应优先考虑，而特种铸造仅是在相应的条件下，才能显示其优越性。

8.5 铸件结构设计

进行铸件设计时，不仅要保证其工作性能和力学性能要求，还必须认真考虑铸造工艺和合金铸造性能对铸件结构的要求。即其结构设计是否良好，对铸件的质量、生产率及其成本有很大的影响。

8.5.1 砂型铸造工艺对铸件结构设计的要求

为简化制模、造型、制芯、合箱和清理等铸造生产工序，避免不必要的人力、物力的耗费，防止废品，并为实现机械化生产创造条件。因此，进行设计铸件时考虑下列问题。

1. 铸件的外形应便于取出模型

铸件的外形在能满足使用要求的前提下，在一定范围内变动，因此，在设计铸件外形时，应从简化铸造工艺的要求出发，使其便于起模，尽量避免操作费时的三箱造型、挖砂造型、活块造型及不必要的外型芯。

1）避免外部侧凹

铸件在起模方向若有侧凹，必将增加分型面的数量。这不仅使造型费工，而且增加了错箱的可能性，使铸件的尺寸误差增大。图 8-40（a）所示的端盖，由于存有法兰凸缘，铸件产生了侧凹，使铸件具有两个分型面，所以常需采用三箱造型，或者增加环状外型芯，使造型工艺复杂。图 8-40（b）所示为改进设计后，取消了上部法兰凸缘，使铸件仅有一个分型面，因而便于造型。

2）分型面尽量平直

平直的分型面可避免操作费时的挖砂造型或假箱造型，同时铸件的毛边少，便于清理，因此，应尽力避免弯曲的分型面。图 8-41（a）所示的托架，原始设计时忽略了分型面尽量平直的要求，误将分型面上也加了外圆角，结果只得采用挖砂（或假箱）造型，按图 8-41（b）改进后，便可采用简易的整模造型。

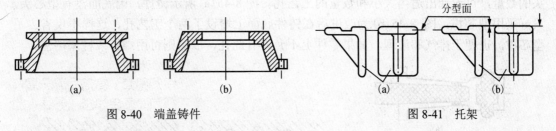

图 8-40 端盖铸件　　　　　　　　　　　图 8-41 托架

3）凸台、筋条的设计

设计铸件上的凸台、筋条时，应考虑便于造型。图 8-42（a）中凸台和图（c）中下面凸台均妨碍起模，必须采用活块或增加型芯来克服。若这些凸台与分型面的距离较近，则应将凸台延长到分型面［见图 8-42（b）、（d）］，以简化造型。

2. 合理设计铸件内腔

良好的内腔设计，既可减少型芯的数量，又有利于型芯的固定、排气和清理，因而可防止偏芯、气孔等铸件缺陷的产生，并可降低铸件成本。

1) 节省型芯的设计

在铸件设计中，尤其是设计批量很小的产品时，应尽量避免或减少型芯。图 8-43(a)为一悬臂支架，它是采用中空结构，必须以悬臂型芯来形成，这种型芯必须用型芯撑加固，使下芯费工。当改为图 8-43(b)所示的开式结构后，省去了型芯，降低了成本。

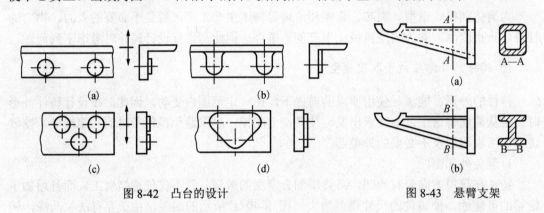

图 8-42　凸台的设计　　　　　　　　　　　　　图 8-43　悬臂支架

2) 便于型芯的固定、排气和铸件清理

型芯在铸件中的支承必须牢固。型芯的固定主要依靠型芯头，若支承不足，可用型芯撑来加固。必须看到，采用型芯撑将加大下芯工作量，而且常因型芯撑表面存有油污或氧化层，使其附近产生气孔；对于灰口铸铁件，还可使型芯撑附近表面产生白口组织。因此，型芯撑仅用于不加工表面和不要求耐压检验的铸件，对一般件也应尽力避免。

图 8-44(a)为一轴承架，其内腔采用两个型芯，其中较大的呈悬臂状，需用型芯撑来加固。若按图 8-44(b)改为整体型芯，则型芯的稳定性大为提高，且下芯简便、易于排气。

对于因型芯头不足而难以固定型芯的铸件，在不影响使用功能的前提下，为增加型芯头的数量，可设计出适当大小和数量的工艺孔。图 8-45(a)所示铸件，因底面没有型芯头，只好采用型芯撑；图 8-45(b)为改进后在铸件底面上增设了两个工艺孔，这样不仅省去了型芯撑，也便于排气和清理。如果零件上不允许有此孔，以后则可用螺钉或柱塞堵住。

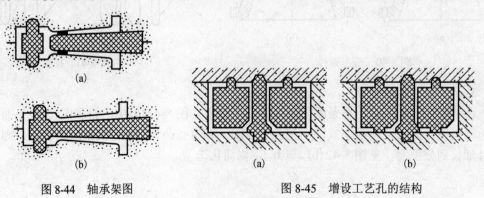

图 8-44　轴承架图　　　　　　　　　图 8-45　增设工艺孔的结构

3. 铸件的结构斜度

铸件上凡垂直于分型面的不加工表面，均应设计结构斜度，如图 8-46 所示。

铸件的哪些部位应具有结构斜度，要依照分型面的位置而定。因此，在铸件设计过程中，设计者初步选定分型面是确定结构斜度的前提。

铸件结构斜度的大小随垂直壁的高度而不同，高度愈小，角度愈大，具体数值可查表。

铸件的结构斜度与拔模斜度不容混淆。前者，直接在零件图上示出，且斜度值较大；后者，是在绘制铸造工艺图或模型图时，对零件图上没有结构斜度的立壁给予很小的角度（0.5°～3°）。

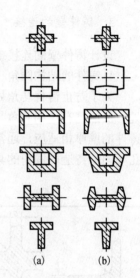

(a) (b)

图 8-46 结构斜度设计

8.5.2 合金铸造性能对铸件结构设计的要求

铸件的一些主要缺陷：如缩孔、缩松、裂纹、变形、浇不足、冷隔等，有时是由于铸件的结构不够合理，未能充分考虑合金的铸造性能要求所致。因此，设计铸件时，必须考虑如下几个方面。

1. 合理设计铸件壁厚

每种铸造合金都有其适宜的壁厚，如果选择适当，既能保证铸件力学性能，又能防止某些铸造缺陷的产生。若所设计铸件的壁厚小于该"最小壁厚"，则容易产生浇不足、冷隔等缺陷。铸件的"最小壁厚"主要取决于合金的种类和铸件的大小，参见表 8-5。

表 8-5 砂型铸造条件下铸件的最小壁厚 （单位：mm）

铸件尺寸	铸钢	灰口铸铁	球墨铸铁	可锻铸铁	铝合金	铜合金
<200×200	5～8	3～5	4～6	3～5	3～3.5	3～5
200×200～500×500	10～12	4～10	8～12	6～8	4～6	6～8
>500×500	15～20	10～15	12～20	—	—	—

2. 铸件的壁厚应尽可能均匀

若铸件各部分的厚度差别过大，则厚壁处形成金属积聚的热节，致使厚壁处易于产生缩孔、缩松等缺陷。同时，由于铸件各部分的冷却速度差别较大，还将形成热应力，这种热应力有时可使铸件薄厚连接处产生裂纹［见图 8-47(a)］，如果铸件的壁厚均匀，则上述缺陷常可避免［见图 8-47(b)］。必须指出，所谓铸件壁厚的均匀性是使铸件各壁的冷却速度相近，并非要求所有的壁厚完全相同。例如，铸件的内壁因散热慢，故应比外壁薄些，而筋的厚度则应更薄。

检查铸件壁厚的均匀性时，必须将铸件的加工余量考虑在内，因为有时不包括加工余量时似较均匀，但包括加工余量后热节却很大。对于某些难以做到壁厚均匀的铸件，若合金的缩孔倾向较大，则应使其结构便于实现顺序凝固，以便安置冒口、进行补缩。

3. 铸件壁的连接

设计铸件壁的连接或转角时，也应尽力避免金属的积聚和内应力的产生。

1) 铸件的结构圆角

为了防止铸件转角处产生缩孔、缩松、应力集中和裂纹等缺陷，设计铸件壁间的转角处一般应具有结构圆角。圆角是铸件结构的基本特征，不容忽视。铸造内圆角的大小应与铸件的壁厚相适应，通常应使转角处内接圆直径小于相邻壁厚的 1.5 倍，过大则增大了缩孔倾向。铸造内圆角的具体数值可参阅表 8-6。

表 8-6　铸造内圆角半径 R 值 （单位：mm）

	$\dfrac{a+b}{2}$	≤8	8～12	12～16	16～20	20～27	27～35	35～45	45～60
	铸铁	4	6	6	8	10	12	16	20
	铸钢	6	6	8	10	12	16	20	25

2) 避免锐角连接

为减小热节和内应力，应避免铸件间的锐角连接。若两壁间的夹角小于 90°，则应考虑如图 8-48 所示的过渡形式。

3) 厚壁与薄壁间的连接要逐步过渡

铸件各部分的壁厚往往难以做到均匀一致，甚至存在很大差别。为了减少应力集中现象，应采用逐步过渡的方法，防止壁厚的突变。表 8-7 所示为壁厚过渡的几种形式和尺寸。

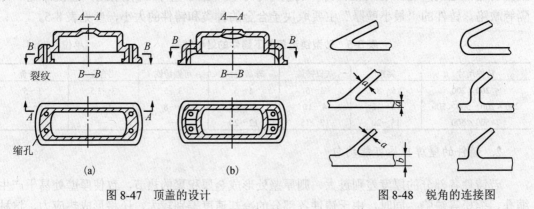

图 8-47　顶盖的设计　　　　　　　　　　图 8-48　锐角的连接图

4. 防裂筋的应用

为防止热裂，可在铸件易裂处增设防裂筋，如图 8-49 所示。为使防裂筋能起应有的防裂效果，筋的方向必须与机械应力方向相一致，而且筋的厚度应为连接壁厚的 1/4～1/3。由于防裂筋很薄，故在冷却过程中迅速凝固而具有较高的强度，从而增大了壁间的连接力。防裂筋常用于铸钢、铸铝等易热裂合金。

表 8-7　几种壁厚过渡的形式及尺寸

图例	尺寸		
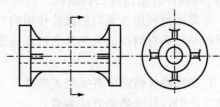	$b \leqslant 2a$	铸铁	$R \geqslant \left(\frac{1}{6} \sim \frac{1}{3}\right)\left(\frac{a+b}{2}\right)$
		铸钢	$R \approx \frac{a+b}{4}$
	$b > 2a$	铸铁	$L > 4(b-a)$
		铸钢	$L \geqslant 5(b-a)$
	$b > 2a$		$R \geqslant \left(\frac{1}{6} \sim \frac{1}{3}\right)\left(\frac{a+b}{2}\right)$ $R_1 \geqslant R + \left(\frac{a+b}{2}\right)$ $C \approx 3\sqrt{b-a}, \quad h \geqslant (4 \sim 5)\,C$

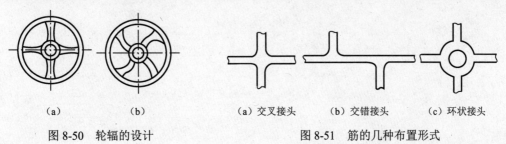

图 8-49　防裂筋的应用

5. 减缓筋、辐收缩的阻碍

如前所述，当铸件的收缩受到阻碍、铸造应力超过合金的强度极限时，铸件将产生裂纹。因此，设计铸件的筋、辐时，应尽可能使其各部分能自由收缩。

图 8-50(a)为常见的轮形铸件，其轮辐为直线形、偶数，这种轮辐易于制造模型，当采用刮板造型时，等分轮辐较为简便，它的缺点是轮缘、轮辐、轮毂间若比例不当，常因收缩不一致、内应力过大，使铸件产生裂纹。为防止上述裂纹，可改用图 8-50(b)所示的弯曲轮辐，它可借轮辐本身的微量变形自行减缓内应力。

图 8-51 所示为筋的几种布置形式，图中(a)为交叉接头，这种接头因交叉处热节较大，内部容易产生缩孔、缩松，内应力也难以松弛，故较易产生裂纹。图(b)中交错接头和图(c)中环状接头的热节均较前者小，且可通过微量变形来缓解内应力，因此抗裂性能均较好。

（a）　　　　　（b）　　　　　　　　　（a）交叉接头　（b）交错接头　（c）环状接头

图 8-50　轮辐的设计　　　　　　　　图 8-51　筋的几种布置形式

习　题

1．何谓合金的充型能力？影响充型能力的因素主要有哪些?在铸件的设计和生产中如何提高合金的充型能力？

2．合金的收缩分为哪三个阶段？简述影响收缩的主要因素。

3．试分析铸件产生缩孔、缩松的原因和防止方法。

4．确定浇注位置和分型面位置的原则是什么？

5．铸造工艺参数主要包括哪些内容？

6．砂型铸造的本质是什么？适用于哪些场合？

7．为什么熔模铸造特别适用于机械难以加工的、形状复杂的铸件？

8．金属型铸造有何优越性？为什么金属型铸造未能广泛取代砂型铸造？

9．为什么用金属型生产铸铁件时常出现白口组织？该如何预防和消除已经产生的白口？什么是"冷硬铸造"？它是如何利用金属型的激冷作用的？

10．低压铸造的工作原理与压铸有何不同？为什么低压铸造发展较为迅速？为何铝合金较常采用低压铸造？

11．什么是离心铸造？它在圆筒件铸造中有哪些优越性？

12．下列铸件在大批量生产时以什么铸造方法为宜？

(1)铝活塞；(2)缝纫机头；(3)汽轮机叶片；(4)车床床身；(5)汽缸套；(6)摩托车汽缸体；(7)轱辘马车轮。

13．铸件质量对铸件结构有哪些要求？

14．某有色金属铸造厂拟生产如图 8-52 所示插接件，材料为铝合金，其产量为每年10 万件，至少延续生产 5 年。请推荐三种铸造方法，并分析其最佳方案。

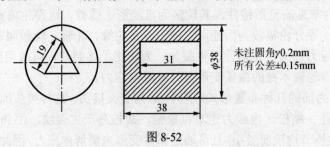

图 8-52

模块九 塑性成形加工技术

知识目标：

1. 掌握自由锻、模锻和板料冲压的基本工序、特点及应用；
2. 掌握板料冲压的特点；
3. 掌握板料冲压的基本工序；
4. 掌握板料冲压的结构工艺性；
5. 熟悉金属塑性变形的有关理论知识；
6. 了解金属锻压的特点、分类及应用。

技能目标：

1. 能编制自由锻的基本工序；
2. 能用金属塑性变形的有关理论知识解决加工的技术问题。

教学重点：

1. 自由锻、模锻和板料冲压的基本工序、特点及应用；
2. 金属塑性变形的有关理论知识。

教学难点：

金属塑性变形的有关理论知识。

利用金属在外力作用下所产生的塑性变形，来获得具有一定形状、尺寸和力学性能的原材料、毛坯或零件的生产方法，称为压力加工，又称锻压。

压力加工中作用在金属坯料上的外力主要有两种性质：冲击力和压力。锤类设备产生冲击力使金属变形。轧机与压力机对金属坯料施加静压力使之变形。

各类钢材和大多数有色金属及其合金都具有一定的塑性，因此它们可以在热态和冷态下进行压力加工。压力加工包括锻造和冲压两大部分。锻造（自由锻、模锻等）主要用于生产重要的机器零件，如机床的齿轮和主轴、内燃机的连杆及起重吊钩等；冲压主要用于板料加工，广泛应用于航空、车辆、电器、仪表及日用品等工业部门。压力加工其他加工方法还有轧制、挤压、拉拔等，适用于板材、管材、线材的生产。压力加工的主要生产方式如图 9-1 所示。

压力加工成形方法有以下特点：

(1)改善金属组织，提高力学性能。通过锻压可以压合铸造组织中的内部缺陷（如微裂纹、气孔、缩松等）获得较细密的晶粒结构，并能合理控制金属纤维方向，使纤维方向与应力方向一致，以提高零件的性能。

（2）锻压件的外形和表面粗糙度已接近或达到成品零件的要求，只需少量或不需切削加工即可得到成品零件。减少金属加工损耗，节约材料。

（3）压力加工适用范围广泛，且模锻、冲压有较高的劳动生产率。

（4）压力加工的不足是锻件(锻造毛坯)尺寸精度不高，难以直接锻制外形和内腔复杂的零件且设备费用较高。

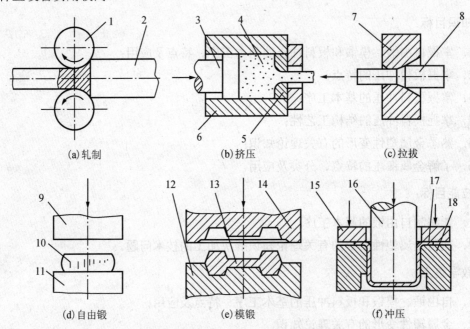

(a)轧制　　(b)挤压　　(c)拉拔

(d)自由锻　　(e)模锻　　(f)冲压

图9-1　压力加工主要生产方式示意图

1—轧辊；2、4、8、10、13、17—坯料；3、16—凸模；5—挤压模；6—挤压筒；7—拉拔模；
9—上砧铁；11—下砧铁；12—下模；14—上模；15—压板；18—凹模

9.1　金属的塑性变形基础

9.1.1　金属塑性变形的实质

金属在外力作用下首先产生弹性变形，当外力增加到内应力超过材料的屈服点时，就产生塑性变形。金属塑性变形的实质，经典理论用晶粒内部产生滑移，晶粒间也产生滑移和晶粒发生转动来解释。单晶体的滑移变形如图9-2所示。晶体在切向力作用下，晶体的一部分与另一部分沿着一定的晶面产生相对滑移(这个面叫作滑移面)，从而引起单晶体的塑性变形。

该理论所描述的滑移运动，相当于滑移面上下两部分晶体彼此以刚性的整体相对滑动。这是一种纯理想晶体的滑移。实现这种滑移所需外力要比实际测得的数据大几千倍，这证明实际晶体结构及其塑性变形并不完全如此。

多晶体的塑性变形可以看成是组成多晶体的许多单个晶粒产生变形的综合效果。同时，晶粒之间也有滑动和转动(称为晶间变形)，如图9-3所示。每个晶粒内部都存在许多滑移面，因此整块金属的变形量可以比较大。低温时多晶体的晶间变形不可过大，否则将引起金属的破坏。

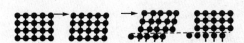 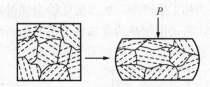

图 9-2　单晶体滑移变形示意图　　　　图 9-3　多晶体塑性变形示意图

9.1.2　塑性变形后金属的组织和性能

1. 冷塑性变形后的组织变化

金属在常温下经过塑性变形后，不仅改变了金属的外形，而且内部晶粒的形状发生了相应的变化，出现晶粒伸长、破碎、晶粒扭曲等特征，并伴随着内应力的产生。

2. 加工硬化

金属的力学性能随其内部组织的改变而发生明显变化。变形程度增大时，金属强度及硬度升高，而塑性和韧性下降（见图 9-4）。其原因是由于滑移面上的碎晶块和附近晶格的强烈扭曲，增大了滑移阻力，使继续滑移难以进行。这种随变形程度增大，硬度上升而塑性下降的现象称为加工硬化。

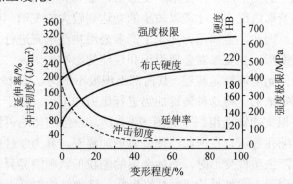

图 9-4　常温下塑性变形对低碳钢力学性能的影响

3. 回复与再结晶

加工硬化是一种不稳定现象，具有自发地回复到稳定状态的倾向。但在室温下不易实现。提高温度，原子获得热能，热运动加剧，使原子得以回复正常排列，消除了晶格扭曲，可使加工硬化得到部分消除。这一过程称为"回复"，如图 9-5(b) 所示。

当温度继续升高到该金属熔点热力学温度的 0.4 倍时，金属原子获得更多的热能，则开始以某些碎晶或杂质为核心结晶成新的晶粒，从而消除了全部加工硬化现象。这个过程称为再结晶，如图 9-5(c) 所示。这时的温度称为再结晶温度，即

$$T_{再} = 0.4 T_{熔}$$

式中，$T_{再}$ 为以热力学温度表示的金属再结晶温度；$T_{熔}$ 为以热力学温度表示的金属熔点温度。

　　利用金属的加工硬化可提高金属的强度，这是工业生产中强化金属材料的一种手段。在压力加工生产中，加工硬化给金属继续进行塑性变形带来困难，应加以消除。在实际生产中，常采用加热的方法使金属发生再结晶，从而再次获得良好塑性。这种工艺操作叫作再结晶退火。

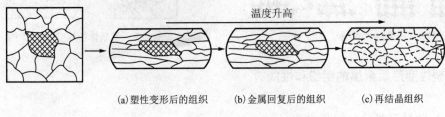

(a)塑性变形后的组织　　　(b)金属回复后的组织　　　(c)再结晶组织

图 9-5　金属的回复和再结晶示意图

9.1.3　金属的冷变形和热变形

　　由于金属在不同温度下变形后的组织和性能不同，因此金属的塑性变形分为冷变形和热变形两种。

　　再结晶温度以下的变形叫作冷变形。变形过程中无再结晶现象，变形后的金属只具有加工硬化现象。所以变形过程中变形程度不宜过大，避免产生破裂。冷变形能使金属获得较高的硬度和低粗糙度。生产中常应用冷变形来提高产品的性能。

　　在再结晶温度以上的变形叫作热变形。变形后，金属具有再结晶组织，而无加工硬化痕迹。金属只有在热变形情况下，才能以较小的功达到较大的变形，同时能获得具有高力学性能的再结晶组织。因此，金属压力加工生产多采用热变形来进行。自由锻、热模锻、热轧等工艺都属于热变形。热变形对金属组织和性能的影响如下。

　　金属压力加工最原始的坯料是铸锭。其内部组织很不均匀，晶粒较粗大，并存在气孔、缩松、非金属夹杂物等缺陷。将这种铸锭加热进行压力加工后，由于金属经过塑性变形及再结晶，从而改变了粗大的铸造组织［见图 9-6(a)］，获得细化的再结晶组织。同时还可以将铸锭中的气孔、缩孔等压合在一起，使金属更加致密，其力学性能会有很大提高。此外铸锭在压力加工中产生塑性变形时，基体金属的晶粒形状和沿晶界分布的杂质形状都发生了变形，他们沿着变形方向被拉长，呈纤维形状。这种结构叫纤维组织［见图 9-6(b)］。纤维组织使金属在性能上具有方向性，对金属变形后的质量也有影响。纤维组织越明显，金属在纵向(平行纤维方向)上塑性和韧性提高，而在横向(垂直纤维方向)上塑性和韧性降低。

　　纤维组织的稳定性很高，不能用热处理方法加以消失。只有经过锻压使金属变形，才能改变其方向和形状。因此，为了获得具有最好力学性能的零件，在设计和制造零件时，都应使零件在工作中产生的最大正应力方向与纤维方向重合，最大切应力方向与纤维方向垂直。并使纤维分布与零件的轮廓相符合，尽量使纤维组织不被切断。例如，当采用棒料直接经切削加工制造螺钉时，螺钉头部与杆部的纤维被切断，不能连贯起来，受力时产生的切应力顺着纤维方向，故螺钉的承载能力较弱［见图 9-7(a)］。当采用同样棒料经局部镦粗方法制造螺钉时［见图 9-7(b)］，则纤维组织不被切断，连贯性好，纤维方向也较为有利，故螺钉质量较好。

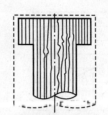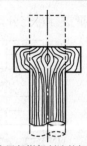

(a)变形前原始组织　　　(b)变形后的组织　　　(a)切削加工制造的螺钉　　(b)局部镦粗制造的螺钉

图 9-6　铸锭热变形前后的组织　　　图 9-7　不同工艺方法对纤维组织形状的影响

9.1.4　金属的锻造性能与锻造比

1. 金属的锻造性能

金属锻造性能是衡量材料经受压力加工时获得优质零件难易程度的一项工艺性能。锻造性能的优劣，常用金属的塑性变形能力和变形抗力两个指标来衡量。金属塑性变形能力高，变形抗力低，则锻造性能好；反之，则锻造性能差。影响金属锻造性能的因素有以下几个方面：

(1)化学成分。不同化学成分的金属其锻造性能不同。一般纯金属比合金的塑性高、变形抗力低，故锻造性能优于合金；钢中的碳的质量分数越低，锻造性能越好；随合金元素的质量分数的增加特别是当钢中含有较多碳化物形成元素(铬、钨、钒、钼等)时锻造性能显著下降。

(2)金属组织。对于同样成分的金属，组织结构不同，其锻造性能也存在较大的区别。纯金属及固溶体的锻造性能优于金属化合物，钢中碳化物弥散分布的程度越高、晶粒越细小均匀，其锻造性能越好。

(3)变形温度。在一定的变形温度范围内，随着变形温度升高，锻造性能提高。若加热温度过高，会使金属出现过热、过烧等缺陷，塑性反而下降，因此必须严格控制锻造温度。碳钢的锻造温度范围如图 9-8 所示。

(4)变形速度。变形速度反映金属材料在单位时间内的变形程度。它对塑性变形能力和变形抗力的影响分两种情况：其一，在一般的变形速度内(低于图 9-9 中变形速度临界值 a)，随变形程度的增加，不能及时消除变形产生的加工硬化，塑性下降，变形抗力增大，锻造性能变差；其二，当变形速度高达一定数值(高于图 9-9 中 a 点)，如高速锻锤、爆炸成形等，可使金属的温度升高，产生所谓的热效应，变形速度越快，热效应越明显，锻造性能也得到改善。但在一般锻压生产中，变形速度并不很快，因而热效应作用也不明显。

(5)应力状态。金属在经受不同方法进行变形时，所产生的应力大小和性质(压应力和拉应力)是不同的。例如，挤压变形时(见图 9-10)为三向受压状态。而拉拔时(见图 9-11)则为两向受压、一向受拉的状态。

实践证明，三个方向中压应力的数目越多，则金属的塑性越好。拉应力的数目越多，则金属的塑性越差。而同号应力状态下引起的变形抗力大于异号应力状态下的变形抗力。当金属内部存在像气孔、小裂纹等缺陷时，在拉应力作用下，缺陷处易产生应力集中，缺陷必将扩展，甚至达到破坏而使金属失去塑性。压应力使金属内部摩擦增大，变形抗力亦随之增大。但压应力使金属内部原子间距减小，又不易使缺陷扩展，故金属的塑性会增高。

综上所述，金属的可锻性既取决于金属的本质，又取决于变形条件。在压力加工过程中，要力求创造最有利的变形条件，充分发挥金属的塑性，降低变形抗力，使功耗最少，变形进行得充分，达到加工的目的。

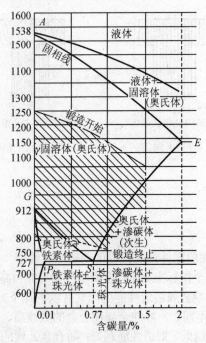

图 9-8　碳钢的锻造温度范围

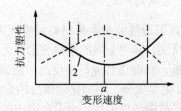

图 9-9　变形速度对塑性及变形抗力的影响

1—变形抗力曲线；2—塑性变形曲线

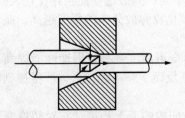

图 9-10　挤压时金属应力状态

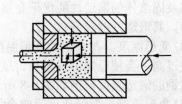

图 9-11　拉拔时金属应力状态

2. 锻造比

锻造比是锻造时金属变形程度的一种表示方法。通常用变形前后的截面比、长度比或高度比 Y 来表示。

拔长时的锻造比

$$Y_b = F_0 / F = L / L_0$$

镦粗时的锻造比

$$Y_D = F / F_0 = H_0 / H$$

式中，F_0、L_0、H_0 分别为锻坯变形前的横截面积、长度和高度；F、L、H 分别为锻坯变形后的横截面积、长度和高度。

以钢锭为坯料，镦粗锻造比一般取 $Y_D = 2 \sim 2.5$；拔长锻造比一般取 $Y_b = 2.5 \sim 3$。以型材为坯料时，因型材在轧制过程中内部组织和力学性能都得到了不同程度的改善，锻造比可取 $Y = 1.1 \sim 1.5$。锻造高合金钢或特殊性能钢时，为使碳化物弥散和细化，可采用较大的锻造比，如高速钢可取 $Y = 5 \sim 10$。

9.2 自 由 锻

自由锻是利用冲击力或压力使金属在上下两个抵铁之间产生变形，从而得到所需形状及尺寸的锻件。金属坯料在抵铁间受力变形时，朝各个方向可以自由流动，不受限制。锻件形状和尺寸由锻工的操作技术来保证。

由于自由锻所用的工具简单，并具有较大的通用性，因而自由锻的应用较为广泛。可锻造的锻件质量由不及 1kg 到二三百吨。如水轮机主轴、多拐曲轴、大型连杆等锻件在工作中都承受很大的载荷，要求具有较高的力学性能，而用自由锻方法来制造的毛坯，力学性能都较高，所以，自由锻在重型机械制造中具有特别重要的作用。

自由锻所用设备根据它对坯料作用力的性质，分为锻锤和液压机两大类。

9.2.1 自由锻的基本工序

自由锻的工序可分为基本工序、辅助工序和修整工序三大类。

(1)基本工序。是使金属坯料产生一定程度的塑性变形，以达到所需形状和尺寸的工艺过程。如镦粗、拔长、弯曲、冲孔、切割、扭转和错移等见表 9-1。实际生产中最常采用的是镦粗，拔长和冲孔三个工序。

(2)辅助工序。是为基本工序操作方便而进行的预先变形工序，如压钳口、压肩、钢锭倒棱等。

(3)修整工序。是用以减少锻件表面缺陷而进行的工序，如校正、滚圆、平整等。

表 9-1 自由锻基本工序简图

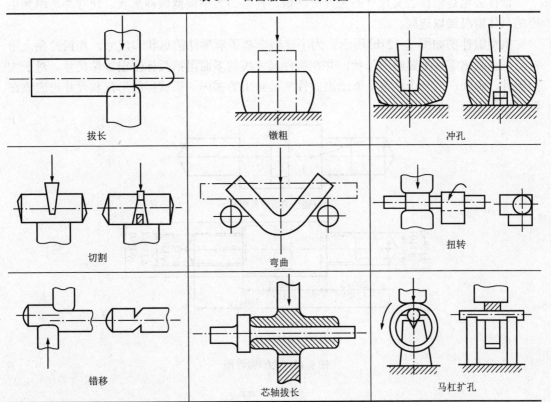

拔长	镦粗	冲孔
切割	弯曲	扭转
错移	芯轴拔长	马杠扩孔

9.2.2　自由锻工艺规程的制定

制定工艺规程、编写工艺卡片是进行自由锻生产必不可少的技术准备工作，是组织生产过程、规定操作规范、控制和检查产品质量的依据。自由锻工艺规程包括以下几个主要内容：根据零件图绘制锻件图、坯料质量及尺寸计算、确定锻造工序、选择锻造设备、确定坯料加工规范和填写工艺卡片等。

1. 绘制锻件图

锻件图是工艺规程中的核心内容。它是以零件图为基础结合自由锻工艺特点绘制而成的。绘制锻件图应考虑以下几个因素。

1）敷料

为了简化锻件形状、便于进行锻造而增加的一部分金属，称为敷料，如图 9-12(a)所示。

2）锻件余量

由于自由锻锻件的尺寸精度低、表面质量较差，需再经切削加工制成成品零件，所以，应在零件的加工表面上增加供切削加工用的金属，该金属称为锻件余量。锻件余量的大小与零件的形状、尺寸等因素有关。零件越大，形状越复杂，则余量越大。具体数值结合生产的实际条件查表确定。

3）锻件公差

锻件公差是锻件名义尺寸的允许变动量。其值的大小根据锻件形状、尺寸并考虑到生产的具体情况加以选取。

典型锻件图如图 9-12(b)所示。为了使锻造者了解零件的形状和尺寸，在锻件图上用双点画线画出零件主要轮廓形状，并在锻件尺寸线的下面用括弧标注出零件尺寸。对于大型锻件，必须在同一个坯料上锻造出做性能检验用的试样。该试样的形状和尺寸也应该在锻件图上表示出来。

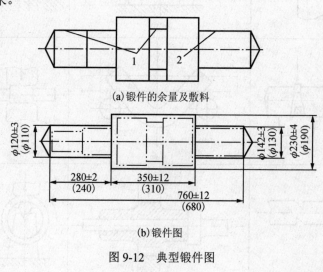

(a) 锻件的余量及敷料

(b) 锻件图

图 9-12　典型锻件图

1—敷料；2—余量

2. 坯料质量及尺寸计算

坯料质量可按下式计算：

$$m_{坯料} = m_{锻件} + m_{烧损} + m_{料头}$$

式中，$m_{坯料}$ 为坯料质量；$m_{锻件}$ 为锻件质量；$m_{烧损}$ 为加热时坯料表面氧化而烧损的质量，第一次加热取被加热金属的 2%～3%，以后各次加热取 1.5%～2.0%；$m_{料头}$ 为在锻造过程中冲掉或被切掉的那部分金属的质量，如冲孔时坯料中部的料芯，修切端部产生的料头等。

当锻造大型锻件采用钢锭作坯料时，还要考虑切掉的钢锭头部和钢锭尾部的质量。

确定坯料尺寸时，应考虑到坯料在锻造过程中必需的变形程度，即锻造比的问题。对于以碳素钢锭作为坯料并采用拔长方法锻制的锻件，锻造比一般不小于 2.5～3；如果采用轧材作坯料，则锻造比可取 1.3～1.5。

根据计算所得的坯料质量和截面大小，即可确定坯料长度尺寸或选择适当尺寸的钢锭。

3. 确定锻造工序

自由锻锻造的工序，是根据工序特点和锻件形状来确定的。

自由锻工序的选择与整个锻造工艺过程中的火次和变形程度有关。坯料加热次数（火次）与每一火次中坯料成形所经工序都应明确规定出来，写在工艺卡上。

工艺规程的内容还包括：确定所用工夹具、加热设备、加热规范、加热火次、冷却规范、锻造设备和锻件的后续处理等。

9.2.3　高合金钢锻造特点

随着现代科学技术的发展，对零件性能要求越来越高，因此使高合金钢的应用越来越广泛，许多重要零件都选用高合金钢锻制，高合金钢中合金元素含量很高，内部组织复杂，缺陷多，塑性差，锻造时难度较大，因此必须严格控制工艺过程，以保证锻件成品率高。

1. 备料特点

高合金钢坯料不允许存在表面裂纹或开裂等缺陷。遇有这些缺陷，必须严格清除掉，以防锻造中裂纹扩展，造成废品。对某些要求较高的锻件，经常采用切削方法去掉坯料的表层金属。为消除坯料的残余内应力和均化内部组织，需要进行锻前退火。

2. 加热特点和锻造温度范围

1）低温装炉，缓慢升温

由于合金元素破坏了钢内原子排列的规则性，使热的传导困难，因而，高合金钢的导热性比碳钢低很多。如果高温装炉、快速加热，则必然产生较大的热应力，导致金属坯料开裂，因此，高合金钢加热时均采用低温装炉、缓慢升温的工艺措施，使之热匀热透。待金属坯料达到高温阶段时，其导热能力和塑性提高后，方可快速加热。

2）锻造温度范围窄

由于高合金钢成分复杂，加热温度偏高时，分布在晶界间的低熔点物质即可熔化，金属基体晶粒将快速过分长大，容易产生过热或过烧缺陷，因此，高合金钢的始锻温度要比碳钢的低。

由于高合金钢的再结晶温度高、再结晶速度低、变形抗力大、塑性差、易锻裂，因此，高合金钢的终锻温度要比碳钢的高。

综合来看，高合金钢的锻造温度范围较窄，一般只有 100～200℃。这就给锻造过程带来许多困难。

3. 锻造特点

1) 控制变形量

高合金钢钢锭内部缺陷很多，在锻造开始时，变形量不宜过大，否则会使缺陷扩展，造成锻件开裂报废。终锻前变形量也不宜过大，因为此时金属塑性低，变形抗力增高，锻造时变形量大将导致锻件报废。在锻造过程的中间阶段变形量又不宜太小，否则既影响生产率，又不能很好地改变锻件的晶粒组织结构，得不到良好的力学性能，因此要严格控制锻造过程。始锻和终锻时变形量要小，即要轻打，锻造过程中则要重打。

2) 增大锻造比

高合金钢钢锭内部缺陷多，尤其是某些特殊钢种，碳化物较多，且聚集在晶粒周围，严重影响锻件的力学性能，此时只有通过反复镦拔，增大锻造比，才能消除钢中缺陷，细化碳化物并使之均匀分布。因此高合金钢锻件的"锻造比"较碳钢锻件的大。

3) 变形要均匀

锻造高合金钢时要勤翻转、勤送进，且送进量要均匀，不要在一个地方连续锤击数次。开始锻造时要将砧铁预热，以防止由于变形不均匀和温度不均匀发生锻裂现象。

4) 避免出现拉应力

对于塑性很低的高合金钢，拔长时最好在 V 形砧铁中进行，或者是上面用平砧下面用 V 形砧铁进行拔长。这样可以改变坯料变形中的应力状态，减少拉应力出现，提高塑性，避免产生裂纹。

4. 锻后冷却

由于高合金钢的导热性差，塑性低，终锻温度较高，如果锻后冷却速度快，会因热应力和组织应力而使锻件出现裂纹，因此，在锻造结束后，及时采取工艺措施保证锻件缓慢冷却。例如，锻后将工件放入灰坑或干砂坑中冷却，或放入炉中随炉冷却。

9.3　模型锻造

模锻是在高强度金属锻模上预先制出与锻件形状一致的模膛，使坯料在模膛内受压变形。在变形过程中由于模膛对金属坯料流动的限制，因而锻造终了时能得到和模膛形状相符的锻件。

模锻与自由锻比较有如下优点。

(1) 生产率较高。自由锻时，金属的变形是在上、下两个抵铁间进行的，难以控制。模锻时，金属的变形是在模膛内进行的，故能较快获得所需形状。

(2) 锻件尺寸精确，加工余量少。

(3) 可以锻造出形状比较复杂的锻件 (见图 9-13)。它们如用自由锻来生产，则必须加大量敷料来简化形状。

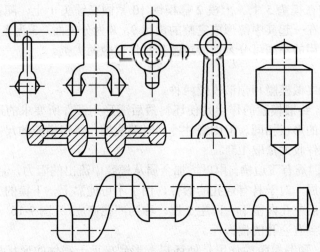

图 9-13 典型模锻件

(4) 模锻生产可以比自由锻生产节省金属材料，减少切削加工工作量。在批量足够的条件下能降低零件成本。

但是，模锻生产由于受模锻设备吨位的限制，模锻件不能太大，模锻件质量一般在150kg 以下。又由于制造锻模成本很高，所以模锻不适合于小批和单件生产。模锻生产适合于小型锻件的大批大量生产。由于现代化大生产的要求，模锻生产越来越广泛地应用在国防工业和机械制造业中，如飞机制造厂、坦克厂、汽车厂、拖拉机厂、轴承厂等。按质量计算，飞机上的锻件中模锻件占85%，坦克上占70%，汽车上占80%，机车上占60%。

模锻按使用的设备不同分为锤上模锻、胎模锻、压力机上模锻等。

9.3.1 锤上模锻

锤上模锻是将模具固定在模锻锤上，使毛坯变形而获得锻件的锻造方法。锤上模锻所用设备有蒸汽—空气锤、无砧座锤、高速锤等。一般工厂中主要使用蒸汽—空气锤 (见图 9-14)。

模锻生产所用蒸汽—空气锤的工作原理与蒸汽—空气自由锤基本相同。但由于模锻生产要求精度较高，故模锻锤的锤头与导轨之间的间隙比自由锻锤的小，且机架 2 直接与砧座 3 连接，这样使锤头运动精确，保证上下模对得准。其次，模锻锤一般均由一名模锻工人操作，他除了掌钳外，还同时踩踏板 1 带动操纵系统 4 控制锤头行程及打击力的大小。

模锻锤的吨位 (落下部分的质量) 为 10～160kN。模锻件的质量为 0.5～150kg。

各种吨位模锻锤所能锻制的模锻件质量见表 9-2。

表 9-2　模锻锤吨位选择的概略数据

模锻锤吨位/kN	5～7.5	10	15	20	30	50	70～100	130
模锻件质量/kg	<0.5	0.5～1.5	1.5～5	5～12	12～25	25～40	40～100	>100

1. 锻模结构

锤上模锻用的锻模(见图 9-15)是由带有燕尾的上模 2 和下模 4 两部分组成的。下模 4 用紧固楔铁 7 固定在模垫 5 上。上模 2 靠楔铁 10 紧固在锤头 1 上,随锤头一起做上下往复运动。上下模合在一起其中部形成完整的模膛 9,8 为分模面,3 为飞边槽。

模膛根据其功用的不同可分为模锻模膛和制坯模膛两大类。

1)模锻模膛

模锻模膛分为终锻模膛和预锻模膛两种。

(1)终锻模膛。终锻模膛的作用是使坯料最后变形到锻件所要求的形状和尺寸,因此它的形状应和锻件的形状相同。但因锻件冷却时要收缩,终锻模膛的尺寸应比锻件尺寸放大一个收缩量。钢件收缩量取 1.5%。

另外,沿模膛四周有飞边槽,用以增加金属从模膛中流出的阻力,促使金属充满模膛,同时容纳多余的金属,对于具有通孔的锻件,由于不可能靠上、下模的突起部分把金属完全挤压掉,故终锻后在孔内留下一薄层金属,称为冲孔连皮(见图 9-16)。把冲孔连皮和飞边冲掉后,才能得到有通孔的模锻件。

(2)预锻模膛。预锻模膛的作用是使坯料变形到接近于锻件的形状和尺寸,这样再进行终锻时,金属容易充满终锻模膛。同时减少了终锻模膛的磨损,以延长锻模的使用寿命。预锻模膛和终锻模膛的区别是前者的圆角和斜度较大,没有飞边槽。对于形状简单或批量不大的模锻件可不设置预锻模膛。

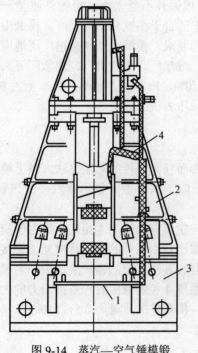

图 9-14 蒸汽—空气锤模锻

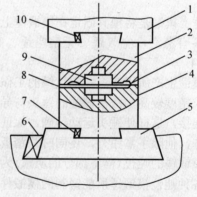

图 9-15 锤上锻模

1—锤头;2—上模;3—飞边槽;4—下模;5—模垫;6,7,10—紧固楔铁;8—分模面;9—模膛

2) 制坯模膛

对于形状复杂的模锻件，为了使坯料形状基本接近模锻件形状，使金属能合理地分布和很好地充满模膛，就必须预先在制坯模膛内制坯。制坯模膛有以下几种。

(1) 拔长模膛。用它来减小坯料某部分的横截面积，以增加该部分的长度(见图 9-17)。当模锻件沿轴向横截面积相差较大时，采用这种模膛进行拔长。拔长模膛分为开式［见图 9-17(a)］和闭式［见图 9-17(b)］两种，一般设在锻模的边缘。操作时坯料除送进外还需翻转。

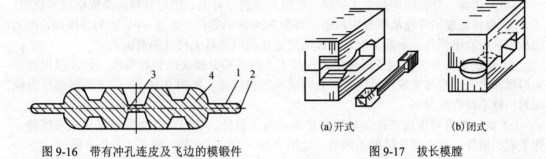

图 9-16　带有冲孔连皮及飞边的模锻件

1—飞边；2—分模面；3—冲孔连皮；4—锻件

(a) 开式　　(b) 闭式

图 9-17　拔长模膛

(2) 滚压模膛。用它来减小坯料某部分的横截面积，以增大另一部分的横截面积。主要是使金属按模锻件形状来分布(见图 9-18)。滚压模膛分为开式［见图 9-18(a)］和闭式［见图 9-18(b)］两种。当模锻件沿轴线的横截面积相差不很大或作修整拔长后的毛坯时采用开式滚压模膛。当模锻件的最大和最小截面相差较大时，采用闭式滚压模膛。操作时需不断翻转坯料。

(3) 弯曲模膛。对于弯曲的杆类模锻件，需用弯曲模膛来弯曲坯料［见图 9-19(a)］。坯料可直接或先经其他制坯工步后放入弯曲模膛进行弯曲变形。弯曲后的坯料需翻转 90°再放入模膛成形。

(4) 切断模膛。它是在上模与下模的角部组成的一对刀口，用来切断金属［见图 9-19(b)］。单件锻造时，用它从坯料上切下锻件或从锻件上切下钳口；多件锻造时，用它来分离成单个件。

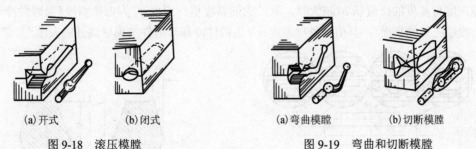

(a) 开式　　(b) 闭式

图 9-18　滚压模膛

(a) 弯曲模膛　　(b) 切断模膛

图 9-19　弯曲和切断模膛

此外尚有成形模膛、镦粗台及击扁面等制坯模膛。

根据模锻件的复杂程度不同，所需变形的模膛数量不等，可将锻模设计成单膛锻模或多膛锻模。单膛锻模是在一副锻模上只具有终锻模膛一个模膛。如齿轮坯模锻件就可将截下的圆柱形坯料，直接放入单膛锻模中成形。多膛锻模是在一副锻模上具有两个以上模膛的锻模。如弯曲连杆模锻件的锻模即为多膛锻模(见图 9-26)。

2. 制定模锻工艺规程

模锻生产的工艺规程包括制定锻件图、计算坯料尺寸、确定模锻工步(模腔)、选择设备及安排修接工序等。

1)制定模锻锻件图

锻件图是设计和制造锻模、计算坯料以及检查锻件的依据。制定模锻锻件图时应考虑如下几个问题。

(1)分模面。分模面即是上下锻模在模锻件上的分界面。确定分模面要依据以下原则:

① 要保证模锻件能从模腔中取出。如图 9-20 所示零件,若选 a—a 面为分模面,则无法从模腔中取出锻件。一般情况,分模面应选在模锻件最大尺寸的截面上。

② 按选定前分模面制成锻模后,应使上下两模沿分模面的模腔轮廓一致,以便在安装锻模和生产中容易发现错模现象,及时调整锻模位置,如图 9-20 的 c—c 面被选作分模面时,就不符合此原则。

③ 最好把分模面选在能使模腔深度最浅的位置处。这样可使金属很容易充满模腔,便于取出锻件,并有利于锻模的制造。如图 9-20 中的 b—b 面,就不适合作分模面。

④ 选定的分模面应使零件上所加的敷料最少。如图 9-20 中的 b—b 面被选作分模面时,零件中间的孔锻造不出来,其敷料最多。既浪费金属并降低了材料的利用率,又增加了切削加工的工作量。所以该面不宜选作分模面。

⑤ 最好使分模面为一个平面,使上下锻模的模腔深度基本一致,差别不宜过大,以便于制造锻模。

按上述原则综合分析,图 9-20 中的 d—d 面是最合理的分模面。

(2)余量、公差和敷料。模锻时金属坯料是在锻模中成形的,因此模锻件的尺寸较精确,其公差和余量比自由锻件小得多。余量一般为 1～4mm,偏差一般取在±0.3～3mm 之间,对于孔径 $d>25$mm 的带孔模锻件孔应锻出,但需留冲孔连皮(见图 9-20)。冲孔连皮的厚度与孔径 d 有关,当孔径为 30～80mm 时,冲孔连皮的厚度为 4～8mm。

(3)模锻斜度。模锻件上平行于锤击方向的表面必须具有斜度(见图 9-21),以便于从模腔中取出锻件。对于锤上模锻,模锻斜度一般为 5°～15°。模锻斜度与模腔深度和宽度有关。当模腔深度与宽度的比值(h/b)越大时,取较大的斜度值。斜度 α_2 为内壁斜度(当锻件冷却时锻件与模壁夹紧的表面),其值比外壁斜度 α_1(当锻件冷却时锻件与模壁离开的表面)大 2°～5°。

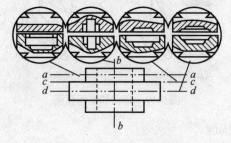
图 9-20　分模面的选择比较图

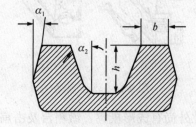
图 9-21　模锻斜度

(4)模锻圆角半径。在模锻件上所有两平面的交角处均需做成圆角(见图 9-22)。这样,可增大锻件强度,使锻造时金属易于充满模腔,避免锻模上的内尖角处产生裂纹,减缓锻模外尖角处的磨损,从而提高锻模的使用寿命。钢的模锻件外圆角半径(r)取 1.5～12mm,

内圆角半径（R）比外圆角半径大 2～3 倍。模膛深度越深，圆角半径取值就越大。

图 9-23 为齿轮坯的模锻件图。图中双点画线为零件轮廓外形，分模面选在模锻件高度方向的中部。零件轮辐部分不加工，故不留加工余量。图上内孔中部的两条直线为冲孔连皮切掉后的痕迹线。

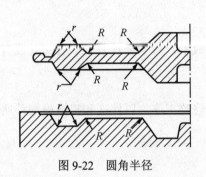

图 9-22　圆角半径

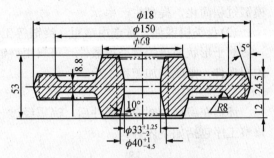

图 9-23　齿轮坯的模锻件图

2) 确定模锻工步

模锻工步主要是根据模锻件的形状和尺寸来确定的。模锻件按形状可分为两大类：一类是长轴类模锻件，如台阶轴、曲轴、连杆、弯曲摇臂等（见图 9-24）；另一类为盘类模锻件，如齿轮、法兰盘等（见图 9-25）。

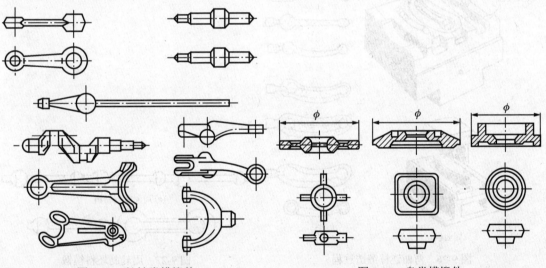

图 9-24　长轴类模锻件　　　　　图 9-25　盘类模锻件

（1）长轴类模锻件。常选用拔长、滚压、弯曲、预锻和终锻等工步。

拔长和滚压时，坯料沿轴线方向流动，金属体积重新分配，使坯料的各横截面面积与模锻件相应的横截面面积近似相等。坯料的横截面面积大于锻件最大横截面面积时，可只选用拔长工步。而当坯料的横截面面积小于模锻件最大横截面面积时，采用拔长和滚压工步。

模锻件的轴线为曲线时，应选用弯曲工步。

对于小型长轴类模锻件，为了减少钳口料和提高生产率，常采用一根棒料同时锻造几个模锻件的锻造方法，因此应增设切断工步，将锻好的件切离。

对于形状复杂的模锻件，还需选用预锻工步，最后在终锻模膛中模锻成形。如锻造弯曲连杆模锻件（见图9-26），坯料经过拔长、滚压、弯曲三个工步，形状接近于模锻件，然后经预锻及终锻两个模膛制成带有飞边的模锻件。至此在锤上进行的模锻工步已经完成。再经切飞边等其他工步后即可获得合格模锻件。

某些模锻件选用周期轧制材料作坯料时（见图9-27），可以省去拔长、滚压等工步，使模锻过程简化，提高生产率。

(2)盘类模锻件。常选用镦粗、终锻等工步。

对于形状简单的盘类模锻件，可只用终锻工步成形。对于形状复杂、有深孔或有高筋的模锻件，则应增加镦粗工步。

3)修整工序

坯料在锻模内制成模锻件后，尚需经过一系列修整工序，以保证和提高模锻件质量。修整工序包括如下内容。

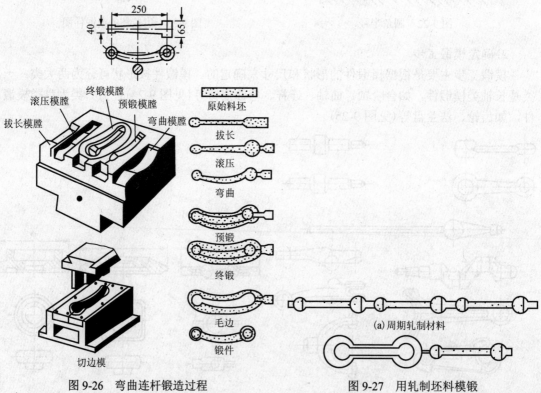

图9-26 弯曲连杆锻造过程

图9-27 用轧制坯料模锻

(1)切边和冲孔。刚锻制成的模锻件，一般都带有飞边及连皮，需在压力机上将它们切除。切边和冲压可在热态下或冷态下进行。对于较大的模锻件和合金钢模锻件，常利用模锻后的余热立即进行切边和冲孔。其特点是所需切断力较小。但模锻件在切边和冲孔时易产生变形。对于尺寸较小和精度要求较高的模锻件，常采用冷切的方法。其特点是切断后模锻件表面较整齐，不易产生变形，但所需的切断力较大。

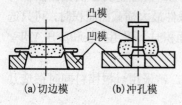

图9-28 切边模及冲孔模

切边模［见图9-28(a)］由活动凸模和固定的凹模所组成。切边凹模的通孔形状和模锻件在分模面上的轮廓一样。凸模工作面的形状与模锻件上部外形相符。

在冲孔模上［见图9-28(b)］，凹模作为模锻件的支座，凹模的形状做成使模锻件放到模中时能对准中心，冲孔连皮从凹模孔落下。

当模锻件为大量生产时，切边及冲连皮可在一个较复杂的复合模或连续模上联合进行。

(2) 校正。在切边及其他工序中都可能引起模锻件变形。因此对许多模锻件，特别是对形状复杂的模锻件在切边(冲连皮)之后还需进行校正。校正可在锻模的终锻模膛或专门的校正模内进行。

(3) 热处理。模锻件进行热处理的日的是消除模锻件的过热组织或加工硬化组织，使模锻件具有所需的力学性能。模锻件的热处理一般是采用正火或退火。

(4) 清理。为了提高模锻件的表面质量，为了改善模锻件的切削加工性能，模锻件需要进行表面处理，去除在生产过程中形成的氧化皮、所沾油污及其他表面缺陷(残余毛刺)等。

3. 模锻零件结构工艺性

设计模锻零件时，应根据模锻特点和工艺要求，使零件结构符合下列原则，以便于模锻生产和降低成本。

(1) 模锻零件必须具有一个合理的分模面。以保证模锻件易于从锻模中取出、敷料最少、锻模容易制造。

(2) 由于模锻件尺寸精度高和表面粗糙度低。因此零件上只有与其他机件配合的表面才需进行机械加工，其他表面均应设计为非加工表面。零件上与锤击方向平行的非加工表面，应设计出模锻斜度。非加工表面所形成的角都应按模锻圆角设计。

(3) 为了使金属容易充满模膛和减少工序，零件外形力求简单、平直和对称。尽力避免零件截面间差别过大，或具有薄壁、高筋、凸起等结构。图 9-29(a)所示零件的最小截面与最大截面之比如小于 0.5 就不宜采用模锻方法制造。此外，该零件的凸缘薄而高，中间凹下很深也难以用模锻方法锻制。图 9-29(b)所示零件扁而薄，模锻时薄的部分金属容易冷却，不易充满模膛。图 9-29(c)所示零件有一个高而薄的凸缘，使锻模的制造和取出锻件都很困难。假如对零件功能无影响，改为图 9-29(d)的形状，锻制成形就很容易了。

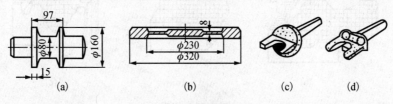

图 9-29 模锻零件形状

(4) 在零件结构允许的条件下，设计时尽量避免有深孔或多孔结构。如图 9-30 所示零件上四个 ϕ20mm 的孔就不能锻出，只能用机械加工成形。

(5) 在可能条件下，应采用锻—焊组合工艺，以减少敷料，简化模锻工艺(见图 9-31)。

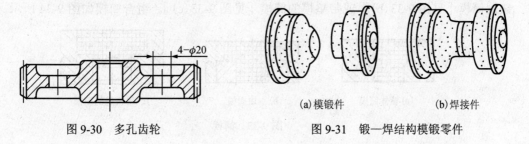

图 9-30 多孔齿轮

图 9-31 锻—焊结构模锻零件

9.3.2　胎模锻

胎模锻是在自由锻设备上使用可移动模具生产模锻件的一种锻造方法。所用模具为胎模，结构简单、形式多样，不固定在上下砧座上。一般先将坯料经过自由锻预锻成近似锻件的形状，然后用胎模终锻成形。

1. 胎模锻与模锻的比较

(1)胎模锻不需采用昂贵设备，并扩大了自由锻设备的生产范围。

(2)胎模锻工艺操作灵活，可以局部成形。这样就能用较小的设备锻制出较大的模锻件。

(3)胎模是一种不固定在锻造设备上的模具，结构较简单，制造容易，且周期短。可降低锻件的成本。

但胎模锻件的尺寸精度不如锤上模锻件高，工人劳动强度较大，胎模容易损坏，生产率不够高。胎模锻适合于中小批量生产，多用在没有模锻设备的中小型工厂中。

2. 胎模种类

胎模种类较多，主要有扣模、筒模及合模三种。

1)扣模

扣模如图 9-32 所示。扣模用来对坯料进行全部或局部扣形，生产长杆非回转体锻件，也可以为合模锻造进行制坯。用扣模锻造时坯料不转动。

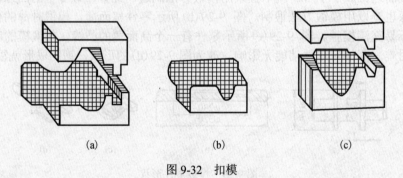

|　　　(a)　　　　　　　　　　　(b)　　　　　　　　　　　(c)|

图 9-32　扣模

2)筒模

锻模呈圆筒形，主要用于锻造齿轮、法兰盘等回转体盘类锻件。对于形状简单的锻件，只用一个筒模就可进行生产(见图 9-33)。根据具体条件，筒模可制成整体筒模［见图 9-33(a)］、镶块筒模［见图 9-33(b)］或带垫模的筒模［见图 9-33(c)］。组合筒模如图 9-34 所示。

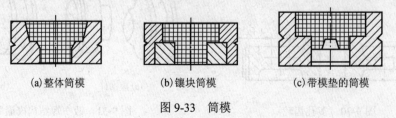

(a)整体筒模　　　　　　　　　(b)镶块筒模　　　　　　　　(c)带模垫的筒模

图 9-33　筒模

3) 合模

合模通常由上模和下模两部分组成(见图9-35)。为了使上下模吻合及不使锻件产生错移，经常用导柱和导销定位。合模多用于生产形状较复杂的非回转体锻件，如连杆、叉形件等锻件。

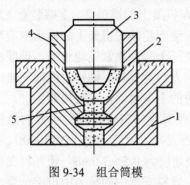

图9-34　组合筒模　　　　　　　　　　　　图9-35　合模

1—筒模；2—右半模；3—冲头；4—左半模；5—锻件

胎模锻工艺过程包括制定工艺规程、制造胎模、备料、加热、锻制胎模锻件及后续工序等。在工艺规程制定中，分模面的选取可灵活些，分模面的数量不限于一个，而且在不同工序中可以选取不同的分模面，以便于制造胎模和使锻件成形。

表9-3为阀体的胎模锻工艺卡。坯料先镦粗，然后放入胎模中焖形及冲孔。

表9-3　阀体的胎模锻工艺卡

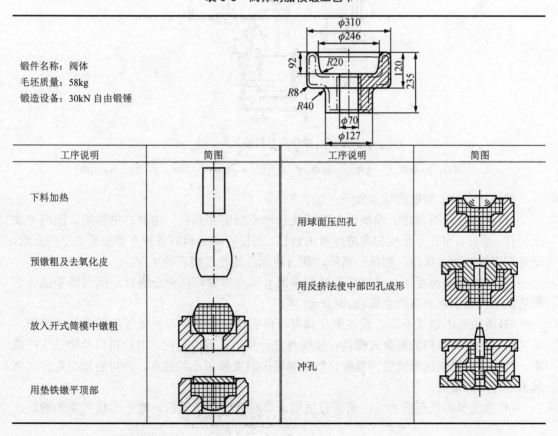

锻件名称：阀体
毛坯质量：58kg
锻造设备：30kN 自由锻锤

工序说明	简图	工序说明	简图
下料加热		用球面压凹孔	
预镦粗及去氧化皮		用反挤法使中部凹孔成形	
放入开式筒模中镦粗		冲孔	
用垫铁镦平顶部			

9.3.3 摩擦压力机上模锻

摩擦压力机的工作原理如图 9-36 所示。锻模分别安装在滑块 7 和机座 9 上。滑块与螺杆 1 相连，沿导轨 8 只能上下滑动。螺杆穿过固定在机架上的螺母 2，上端装有飞轮 3。两个圆轮 4 同装在一根轴上，由电动机 5 经过皮带 6 使圆轮轴在机架上的轴承中旋转。改变操纵杆位置可使圆轮轴沿轴向窜动，这样就会把某一个圆轮靠紧飞轮边缘，借摩擦力带动飞轮转动。飞轮分别与两个圆轮接触就可获得不同方向的旋转，螺杆也就随飞轮作不同方向的转动。在螺母的约束下，螺杆的转动变为滑块的上下滑动，实现模锻生产。

在摩擦压力机上进行模锻主要是靠飞轮、螺杆及滑块向下运动时所积蓄的能量来实现。吨位为 3500kN(350t)的摩擦压力机使用较多，最大吨位可达 10000kN(1000t)。

摩擦压力机本身具有如下特点：工作过程中滑块速度为 0.5～1.0m/s，使坯料变形具有一定的冲击作用，且滑块行程可控，这与锻锤相似；坯料变形中的抗力由机架承受，形成封闭力系，这又是压力机的特点；所以摩擦压力机具有锻锤和压力机的双重工作特性。其次，摩擦压力机带有顶料装置，使取件容易，但摩擦压力机滑块打击速度不高，每分钟行程次数少，传动效率低(仅为 10%～15%)，能力有限，故多用于锻造中小型锻件。

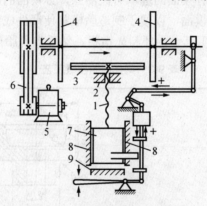

图 9-36 摩擦压力机的工作原理

1—螺杆；2—螺母；3—飞轮；4—圆轮；5—电动机；6—皮带；7—滑块；8—导轨；9—机座

摩擦压力机上模锻的特点如下。

(1)滑块行程不固定。摩擦压力机滑块行程不固定并具有一定的冲击作用，因而可实现轻打、重打，可在一个模膛内进行多次锻打。不仅能满足模锻各种主要成形工序的要求，还可以进行弯曲、压印、热压、精压、切飞边、冲连皮及校正等工序。

(2)滑块运动速度低。金属变形过程中的再结晶现象可以充分进行，因而特别适合于锻造低塑性合金钢和有色金属(如铜合金)等。

(3)滑块打击速度不高。设备本身具有顶料装置，生产中不但可以使用整体式锻模，还可以采用特殊结构的组合式模具。使模具设计和制造得以简化，节约材料和降低生产成本。同时可以锻制出形状更为复杂、敷料和模锻斜度都很小的锻件，并可将轴类锻件直立起来进行局部镦锻。

(4)承受偏心载荷能力差。通常只适用于单膛锻模进行模锻。对于形状复杂的锻件，需要在自由锻设备或其他设备上制坯。

摩擦压力机上模锻适合于中小型锻件的小批和中批生产，如铆钉、螺钉、螺帽、配汽阀、齿轮、三通阀体等，如图 9-37 所示。

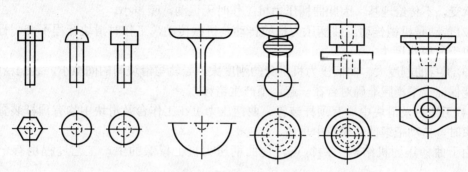

图 9-37　摩擦压力机上模锻件

综上所述，摩擦压力机具有结构简单、造价低、投资少、使用维修方便、基建要求不高、工艺简单、用途广泛等优点，所以中国中小型工厂都拥有这类设备，用它来代替模锻锤、平锻机、曲柄压力机进行模锻生产。

9.3.4　曲柄压力机上模锻

曲柄压力机的传动系统如图 9-38 所示。用三角皮带 2 将电动机 1 的运动传到飞轮 3 上，通过轴 4 及传动齿轮 5、6 带动曲柄连杆机构的曲柄 8、连杆 9 和滑块 10。曲柄连杆机构的运动是靠气动多片式摩擦离合器 7 与飞轮 3 结合来实现，停止靠制动器 15。锻模的上模固定在滑块上，而下模则固定在下部的楔形工作台 11 上。下顶料由凸轮 16、拉杆 14 和顶杆 12 来实现。

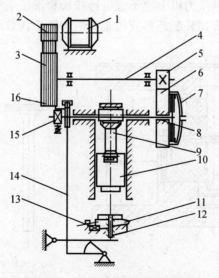

图 9-38　曲柄压力机的传动系统

1—电动机；2—三角皮带；3—飞轮；4—轴；5，6—传动齿轮；7—离合器；8—曲柄；9—连杆；
10—滑块；11—楔形工作台；12—顶杆；13—垫铁；14—拉杆；15—制动器；16—凸轮

曲柄压力机的吨位一般是 2000～120000kN。

曲柄压力机特点如下。

(1)变形力是静压力。曲柄压力机作用于金属上的变形力是静压力且变形抗力由机架本身承受，不传给地基。因此曲柄压力机工作时无振动，噪声小。

(2)传动是机械传动。曲柄压力机的传动是机械传动，工作时滑块行程不变。行程大小取决于曲柄的尺寸。

(3)机身的刚度大。曲柄压力机机身的刚度大，导轨与滑块间的间隙小，装配精度高。因此能保证上下模膛准确对合在一起，不产生错移。

(4)工作台及滑块中均有顶杆装置。曲柄压力机在工作台及滑块中均有顶杆装置，锻造结束时，自动把锻件从模膛中顶出。

由于曲柄压力机结构上的特点，使曲柄压力机上模锻的生产工艺过程也有一系列特点。

(1)锻件精确。由于滑块行程一定，并具有良好的导向装置和顶件机构，因此锻件的公差、余量和模锻斜度都比锤上模锻的小。

(2)锻模为组合模。曲柄压力机作用力的性质是静压力，因此锻模的主要模膛 4、5 都设计成镶块式的(见图 9-39)。镶块用螺栓 8 和压板 9 固定在模板 6、7 上。导柱 3 用来保证上下模之间的最大精确度。顶杆 1 和 2 的端面形成模膛的一部分。这种组合模制造简单、更换容易、节省贵重模具材料。

(3)杆件的头部可局部镦粗。由于热模锻曲柄压力机有顶件装置，所以能够对杆件的头部进行局部镦粗。如图 9-40(a)所示汽阀，在 6300kN 热模锻曲柄压力机上模锻，其锻坯可由平锻机或电镦机供给如图 9-40(b)、(c)所示。

(4)表面易带氧化皮，不宜进行拔长和滚压工步。因为滑块行程一定，不论在什么模膛中都是一次成形，所以坯料表面上的氧化皮不易被清除掉，影响锻件质量。氧化问题应在加热时解决。同时，曲柄压力机上也不宜进行拔长和滚压工步。如果是横截面变化较大的长轴类锻件，可以采用周期轧制坯料或用辊锻机制坯来代替这两个工步。

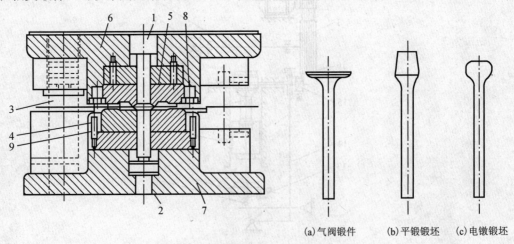

图 9-39　曲柄压力机用的锻模　　　　　　图 9-40　汽阀及锻坯

(a)气阀锻件　　(b)平锻锻坯　　(c)电镦锻坯

1，2—顶杆；3—导柱；4，5—模膛；
6，7—模板；8—螺栓；9—压板

（5）变形应逐渐进行，一次不能过大。曲柄压力机上模锻由于是一次成形，金属变形量过大，不易使金属填满终锻模膛。因此变形应该逐渐进行。终锻前常采用预成形及预锻工步。图 9-41 即为经预成形、预锻和终锻的齿轮模锻工步。

综上所述，曲柄压力机上模锻与锤上模锻比较具有下列优点：锻件精度高、生产率高、劳动条件好和节省金属等。曲柄压力机上模锻适合于大批大量生产。但由于设备复杂、造价高，目前仅在一些大工厂中采用。

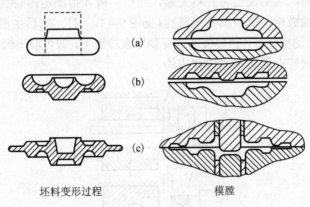

坯料变形过程 模膛

图 9-41 曲柄压力机上模锻齿轮工步

9.3.5 平锻机上模锻

平锻机的主要结构与曲柄压力机相同。只因滑块是作水平运动，故称平锻机（见图 9-42）。电动机 1 通过皮带 2 将运动传给皮带轮 3，皮带轮带有离合器一同装在传动轴 4 上，传动轴的另一端装有齿轮 5、6，可将运动传至曲轴 7 上。曲轴通过连杆与主滑块 12 相连。凸轮装在曲轴上，与导轮 8、9 接触。副滑块 10 固定着导轮，并通过连杆系统 14、15、16 与活动模 13 相连。

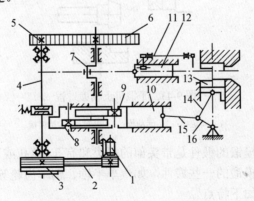

图 9-42 平锻机的传动系统

1—电动机；2—皮带；3—皮带轮；4—传动轴；5，6—齿轮；7—曲轴；8，9—导轮；10—副滑块；
11—挡料板；12—主滑块；13—活动模；14~16—连杆

运动传至曲轴后，随着曲轴的转动，一方面推动主滑块 12 带着凸模前后往复运动，同时曲轴又驱使凸轮旋转。凸轮的旋转通过导轮使副滑块移动,并驱使活动模运动,实现锻模的闭合或开启。挡料板 11 通过辊子与主滑块的轨道接触。当主滑块向前运动(工作行程)时,轨道斜面迫使辊子上升。带动挡料板绕其轴线转动,挡料板末端便移至一边,给凸模让出路来。

　　平锻机的吨位一般为 500～31500kN。可加工 $\phi 25$～$\phi 230$mm 的棒料。平锻机上模锻过程如图 9-43 所示。一端已加热的杆料放在固定模 1 内,杆料前端的位置由挡料板 4 来决定。在凸模接触杆料之前,活动模已将杆料夹紧,而挡料板 4 自动退出(见图 9-43,Ⅱ)。凸模继续运动将杆料一端镦粗,使金属充满模膛(见图 9-43,Ⅲ)。然后主滑块反方向运动,凸模从凹模中退出。活动模松开,挡料板又恢复到原来位置上,即可取出锻件(见图 9-43,Ⅳ)。上述过程是在曲轴旋转一周的时间内完成的。

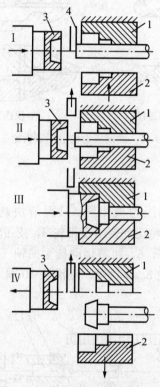

图 9-43　平锻机上模锻过程

1—固定模;2—活动模;3—凸模;4—挡料板

　　最适合在平锻机上模锻的锻件是带头部的杆类和有孔(通孔或不通孔)的锻件。亦可锻造出曲柄压力机上不能模锻的一些锻件,如汽车半轴、倒车齿轮等。

　　平锻机上模锻具有如下特点。

　　(1)扩大了模锻适用范围,可以锻出锤上和曲柄压力机上无法锻出的锻件,还可以进行切飞边、切断、弯曲和热精压等工步。

　　(2)生产率高,每小时可生产 400～900 件。

　　(3)锻件尺寸精确,表面粗糙度低。

(4)节省金属，材料利用率可达 85%～95%。

(5)对非回转体及中心不对称的锻件较难锻造，且平锻机造价较高。

9.4 板 料 冲 压

板料冲压是利用冲模使板料产生分离或变形的加工方法，这种加工方法通常是在冷态下进行的，所以又叫作冷冲压。只有当板料厚度超过 8～10mm 时，才采用热冲压。

几乎在一切有关制造金属成品的工业部门中，都广泛地应用着板料冲压。特别是在汽车、拖拉机、航空、电器、仪表及国防等工业中，板料冲压占有极其重要的地位。

板料冲压具有下列特点。

(1)可以冲压出形状复杂的零件，废料较少。

(2)产品具有足够高的精度和较低的表面粗糙度，互换性能好。

(3)能获得重量轻、材料消耗少、强度和刚度较高的零件。

(4)冲压操作简单，工艺过程便于机械化和自动化，生产率很高，故零件成本低。

但冲模制造复杂，只有在大批量生产条件下，这种加工方法的优越性才显得更为突出。

板料冲压所用的原材料，特别是制造中空杯状和钩环状等成品时，必须具有足够的塑性。板料冲压常用的金属材料有低碳钢、铜合金、铝合金、镁合金及塑性高的合金钢等。

从形状上分，金属材料有板料、条料及带料。

冲压生产中常用的设备是剪床和冲床。剪床用来把板料剪切成一定宽度的条料，以供下一步的冲压工序用。冲床用来实现冲压工序。制成所需形状和尺寸的成品零件供使用，冲床最大吨位已达 40000kN。

冲压生产可以进行很多种工序，其基本工序有分离工序和变形工序两大类。

9.4.1 分离工序

分离工序是使坯料的一部分与另一部分相互分离的工序，如落料、冲孔、切断、修整等。

1. 落料及冲孔(统称冲裁)

它是使坯料按封闭轮廓分离的工序。落料和冲孔这两个工序中坯料变形过程和模具结构都是一样的，只是用途不同。落料是被分离的部分为成品，而周边是废料；冲孔是被分离的部分为废料，而周边是成品。

1)冲裁变形过程

冲裁件质量、冲裁模结构与冲裁时板料变形过程有密切关系。其过程可分为三个阶段(见图 9-44)。

(1)弹性变形阶段。冲头接触板料后，继续向下运动初始阶段，使板料产生弹性压缩、拉伸与弯曲等变形。板料中的应力迅速增大。此时，凸模下的材料略有弯曲，凹模上的材料则向上翘。间隙 Z 的数值越大，弯曲和上翘越明显。

(2)塑性变形阶段。冲头继续压入，材料中的应力值达到屈服极限，则产生塑性变形。

变形达一定程度时，位于凸凹模刃口的材料硬化加剧，出现微裂纹。塑性变形阶段结束。

（3）断裂分离阶段。断裂分离阶段冲头继续压入，已形成的上、下微裂纹逐渐扩大并向内扩展。上、下裂纹相遇重合后，材料被剪断分离。

冲裁件被剪断分离后，其断裂面分成两部分。塑性变形过程中，由冲头挤压切入所形成的表面很光滑，表面质量最佳，称为光亮带。材料在剪断分离时所形成的断裂表面较粗糙，称为剪裂带。

2）凸凹模间隙

间隙过大，材料中的拉应力增大，塑性变形阶段结束较早。凸模刃口附近的剪裂纹较正常间隙时向里错开一段距离，因此光亮带小一些，剪裂带和毛刺均较大。间隙过小时，材料中拉应力比重减小，压应力增强，裂纹产生受到抑制，凸模刃口附近的剪裂纹较正常间隙时向外错开一段距离，上、下裂纹不能很好重合，致使毛刺增大。间隙控制在合理的范围内，上、下裂纹才能基本重合于一线，毛刺最小。

凸凹模间隙不仅严重影响冲裁件的断面质量，而且影响模具寿命、卸料力、推件力、冲裁力和冲裁件的尺寸精度。

因此，正确选择合理间隙对冲裁生产是至关重要的。合理的间隙值可按表9-4选取。

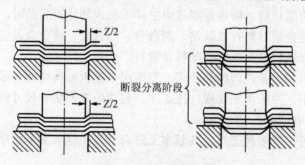

图 9-44　冲裁变形过程

表 9-4　冲裁模合理的间隙值（双边）

材料种类	间隙				
	材料厚度 S 0.1～0.4mm	材料厚度 S 0.4～1.2mm	材料厚度 S 1.2～2.5mm	材料厚度 S 2.5～4mm	材料厚度 S 4～6mm
软钢、黄铜	0.01～0.02mm	7%～10%	9%～12%	12%～14%	15%～18%
硬钢	0.01～0.05mm	10%～17%	18%～25%	25%～27%	27%～29%
磷青铜	0.01～0.04mm	8%～12%	11%～14%	14%～17%	18%～20%
铝及铝合金(软)	0.01～0.03mm	8%～12%	11%～12%	11%～12%	11%～12%
铝及铝合金(硬)	0.01～0.03mm	10%～14%	13%～14%	13%～14%	13%～14%

2. 修整

修整是利用修整模沿冲裁件外缘或内孔刮削一薄层金属，以切掉普通冲裁时在冲裁件断面上存留的剪裂带和毛刺，从而提高冲裁件的尺寸精度和降低表面粗糙度。

修整冲裁件的外形称外缘修整。修整冲裁件的内孔称内缘修整（见图9-45）。修整的机理与冲裁完全不同，与切削加工相似。

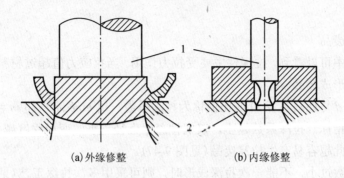

(a)外缘修整　　　　　　　　　　(b)内缘修整

图9-45　修整工序简图

1—凸模；2—凹模

3. 切断

切断是指用剪刃或冲模将板料沿不封闭轮廓进行分离的工序。

剪刃安装在剪床上，把大板料剪成一定宽度的条料，供下一步冲压工序用。而冲模是安装在冲床上，用以制取形状简单、精度要求不高的平板零件。

9.4.2　变形工序

变形工序是使坯料的一部分相对于另一部分产生位移而不破裂的工序，如拉深、弯曲、翻边、成形等。

1. 拉深

1)拉深过程

利用模具使冲裁后得到的平板毛坯变形成开口空心零件的工序（见图9-46）。

其变形过程为：把直径是 D 的平板坯料放在凹模上，在凸模作用下，板料被拉入凸模和凹模的间隙中，形成空心零件。拉深件的底部一般不变形，只起传递拉力的作用，厚度基本不变。零件直壁由坯料外径 D 减去内径 d 的环形部分所形成，主要受拉力作用，厚度有所减小。而直壁与底之间的过渡圆角部分被拉薄最严重。拉深件的法兰部分，切向受压应力作用，厚度有所增大。

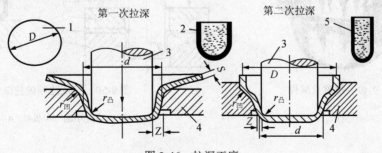

图9-46　拉深工序

1—坯料；2—第一次拉深产品，即第二次拉深的坯料；3—凸模；4—凹模；5—成品

2) 拉深中的废品

从拉深过程中可以看到，拉深件主要受拉力作用。当拉应力值超过材料的强度极限时，拉深件将被拉裂形成废品。

拉深件直径 d 与坯料直径 D 的比值称为拉深系数，用 m 表示，即 $m=d/D$。它是衡量拉深变形程度的指标。拉深系数越小，表明拉深件直径越小，变形程度越大，坯料被拉入凹模越困难。因此越容易产生拉穿废品(见图 9-47)。

如果拉深系数过小，不能一次拉深成形时，则可采用多次拉深工艺(见图 9-48)。多次拉深过程中，必然产生加工硬化现象。为保证坯料具有足够的塑性，生产中坯料经过一两次拉深后，应安排工序间的退火处理。其次，在多次拉深中，拉深系数应一次比一次略大些，确保拉深件质量和使生产顺利进行。

图 9-47 拉穿废品

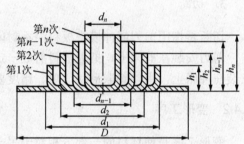

图 9-48 多次拉深时圆筒直径的变化

拉深过程中另一种常见缺陷是起皱(见图 9-49)。这是由于法兰部分在切向压应力作用下容易发生的现象。拉深件严重起皱后，法兰部分的金属不能通过凸凹模间隙，致使坯料被拉断而成废品。轻微起皱，法兰部分勉强通过间隙，但也会在产品侧壁留下起皱痕迹，影响产品质量。因此，拉深过程中不允许出现起皱现象。可采用设置压边圈的方法解决(见图 9-50)。起皱与毛坯的相对厚度(t/D)和拉深系数有关。相对厚度越小或拉深系数越小则越容易起皱。

图 9-49 起皱拉深件

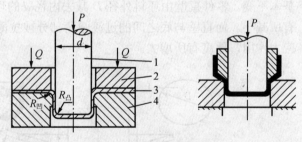

图 9-50 有压边圈的拉深

1—凸模；2—压力圈；3—板料；4—凹模

2. 弯曲

弯曲是坯料的一部分相对于另一部分弯曲成一定角度的工序(见图 9-51)。弯曲时材料内侧受压缩，而外侧受拉伸。当外侧拉应力超过坯料的抗拉强度极限时，即会造成金属破裂。坯料越厚、内弯曲半径 r 越小，则压缩及拉伸应力越大，越容易弯裂。为防止破裂，弯曲的最小半径应为 $r_{min} = (0.25\sim1)S$，S 为金属板料的厚度。材料塑性好，则弯曲半径可小些。

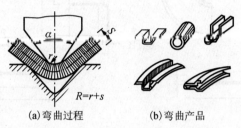

(a)弯曲过程　　　　　(b)弯曲产品

图 9-51　弯曲过程中金属变形简图

弯曲时还应尽可能使弯曲线与坯料纤维方向垂直。若弯曲线与纤维方向一致，则容易产生破裂。此时可用增大最小弯曲半径来避免。

在弯曲结束后，由于弹性变形的恢复，坯料略微弹回一点，使被弯曲的角度增大。此现象称为回弹现象，一般回弹角为 $0°\sim10°$。因此在设计弯曲模时必须使模具的角度比成品件角度小一个回弹角，以便在弯曲后得到准确的弯曲角度。

3. 成形

成形是利用局部变形使坯料或使半成品改变形状的工序［见图 9-52(a)］。主要用于制造刚性的筋条，或增大半成品的部分内径等。图 9-52(a)是用橡皮压筋；图 9-52(b)是用橡皮芯子来增大半成品中间部分的直径，即胀形。

利用板料制造各种产品零件时，各工序的选择、工序顺序的安排以及各工序应用次数的确定，都以产品零件的形状和尺寸、每道工序中材料所允许的变形程度为依据。图 9-53是汽车消音器零件的冲压工序举例。

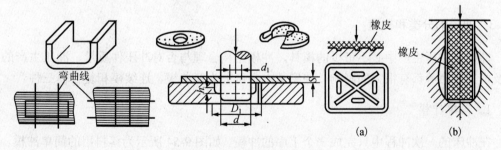

图 9-52　轧件变形过程顺序

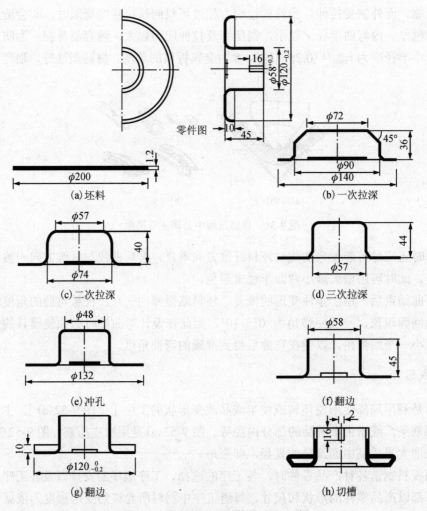

图 9-53　汽车消音器零件的冲压工序

9.4.3　冲模的分类和构造

冲模是冲压生产中必不可少的模具，冲模结构合理与否对冲压件质量、冲压生产的效率及模具寿命等都有很大的影响。冲模基本上可分为简单模、连续模和复合模三种。

1.　简单冲模

在冲床的一次冲程中只完成一个工序的冲模。如图 9-54 所示为落料用的简单冲模。凹模 2 用压板 7 固定在下模板 4 上，下模板用螺栓固定在冲床的工作台上，凸模 1 用压板 6 固定在上模板 3 上，上模板则通过模柄 5 与冲床的滑块连接。因此，凸模可随滑块作上下运动。为了使凸模向下运动能对准凹模孔，并在凸凹模之间保持均匀间隙，通常用导柱 12 和套筒 11 的结构。条料在凹模上沿两个导板 9 之间送进，碰到定位销 10 为止，凸模向下冲压时，冲下的零件(或废料)进入凹模孔，而条料则夹住凸模并随凸模一起回程向上运动。条料碰到卸料板 8 时(固定在凹模上)被推下，这样，条料继续在导板间送进。重复上述动作，冲下第二个零件。

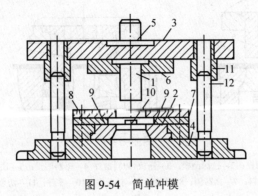

图 9-54　简单冲模

1—凸模；2—凹模，3—上模板；4—下模板；5—模柄；6，7—压板；
8—卸料板；9—导板；10—定位销；11—套筒；12—导柱

2. 连续冲模

冲床的一次冲程中，在模具不同部位上同时完成数道冲压工序的模具，称为连续模（见图 9-55）。工作时定位销 2 对准预先冲出的定位孔，上模向下运动，凸模 1 进行落料，凸模 4 进行冲孔，当上模回程时，卸料板 6 从凸模上推下残料。这时再将坯料 7 向前送进，执行第二次冲裁。如此循环进行，每次送进距离由挡料销控制。

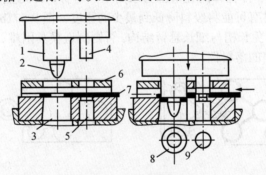

图 9-55　连续冲模

1—凸模；2—定位销；3—落料凹模；4—冲孔凸模；5—冲孔凹模，6—卸料板；7—坯料；8—成品；9—坯料

3. 复合冲模

冲床的一次冲程中，在模具同一部位上同时完成数道冲压工序的模具，称为复合模（见图 9-56）。复合模的最大特点是模具中有一个凸凹模 1。凸凹模的外圆是落料凸模刃口，内孔则成为拉深凹模。当滑块带着凸凹模向下运动时，条料首先在凸凹模 1 和落料凹模 4 中落料。落料件被下模当中的拉深凸模 2 顶住，滑块继续向下运动时，凹模随之向下运动进行拉深。顶出器 5 和卸料器 3 在滑块的回程中将拉深件 9 推出模具。复合模适用于产量大、精度高的冲压件。

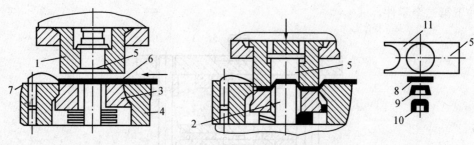

图 9-56　落料及拉深复合模

1—凸凹模；2—拉深凸模；3—压板(卸料器)；4—落料凹模；5—顶出器；
6—条料；7—挡料销；8—坯料；9—拉深件；10—零件；11—切余材料

9.4.4　板料冲压件结构工艺性

冲压件的设计不仅应保证它具有良好的使用性能，而且也应具有良好的工艺性能。以减少材料的消耗、延长模具寿命、提高生产率、降低成本及保证冲压件质量等。

影响冲压件工艺性的主要因素有：冲压件的形状、尺寸、精度及材料等。

1．冲压件的形状与尺寸

1)对落料件和冲孔件的要求

(1)落料件的外形和冲孔件的孔形应力求简单、对称，尽可能采用圆形、矩形等规则形状，并应使在排样时有可能将废料降低到最少的程度。图 9-57(b)较(a)合理，材料利用率可达 79%。同时应避免长槽与细长悬臂结构。否则制造模具困难、模具寿命低。如图 9-58所示零件为工艺性很差的落料件。

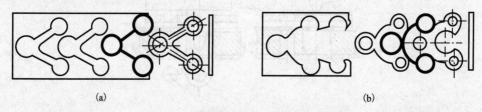

(a)	(b)

图 9-57　零件形状与节约材料的关系

(2)孔及其有关尺寸如图 9-59 所示。冲圆孔时，孔径不得小于材料厚度 S。方孔的每边长不得小于 $0.9S$。孔与孔之间、孔与工件边缘之间的距离不得小于 S。外缘凸出或凹进的尺寸不得小于 $1.5S$。

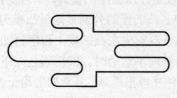

图 9-58　不合理的落料件外形

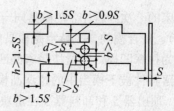

图 9-59　冲孔尺寸与厚度的关系

(3)冲孔件或落料件上直线与直线、曲线与直线的交接处，均应用圆弧连接，以避免尖角处因应力集中而被冲模冲裂。最小圆角半径数值见表 9-5。

表 9-5　落料件、冲孔件的最小圆角半径

工序	圆弧角	最小圆角半径			
		黄铜、紫铜、钼	低碳钢	合金钢	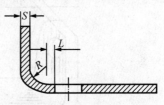
落料	$\alpha \geqslant 90°$	0.24S	0.30S	0.45S	
	$\alpha < 90°$	0.35S	0.50S	0.70S	
冲孔	$\alpha \geqslant 90°$	0.20S	0.35S	0.50S	
	$\alpha < 90°$	0.45S	0.60S	0.90S	

注：S 为壁厚。

2) 对弯曲件的要求

(1) 弯曲件形状应尽量对称，弯曲半径不能小于材料允许的最小弯曲半径，并应考虑材料纤维方向，以免成形过程中弯裂。

(2) 弯曲边过短不易弯成形，故应使弯曲边的平直部分 $H>2S$（见图 9-60）。如果要求 H 很短，则需先留出适当的余量以增大 H，弯好后再切去多余材料。

(3) 弯曲带孔件时，为避免孔的变形，孔的位置如图 9-61 所示。图中 L 应大于 $(1.5\sim2)S$。

3) 对拉深件的要求

拉深件外形应简单、对称，且不宜太高。以便使拉深次数尽量少，并容易成形。

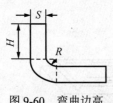

图 9-60　弯曲边高　　　　　　　　　　图 9-61　带孔的弯曲件

2. 改进结构可以简化工艺及节省材料

(1) 采用冲焊结构。对于形状复杂的冲压件，可先分别冲制若干个简单件，然后再焊成整体件（见图 9-62）。

(2) 采用冲口工艺以减少组合件数量。如图 9-63 所示，原设计用三个件铆接或焊接组合，现采用冲口工艺（冲口、弯曲）制成整体零件，可以节省材料，简化工艺过程。

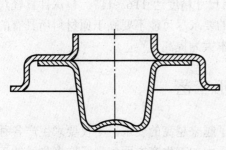

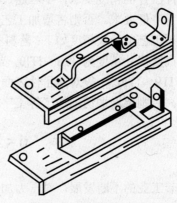

图 9-62　冲压焊接结构零件　　　　　　　图 9-63　冲口工艺的应用

（3）在使用性能不变的情况下，应尽量简化拉深件结构，以便减少工序，节省材料，降低成本。如消音器后盖零件结构，原设计如图 9-64（a）所示，经过改进后如图 9-64（b）所示，结果冲压加工由八道工序降为二道工序，材料消耗减少 50%。

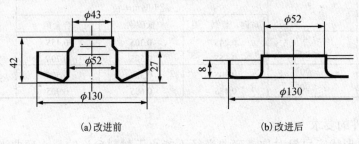

（a）改进前　　　　　　　　　　（b）改进后

图 9-64　消音器后盖零件结构

3. 冲压件的厚度

在强度、刚度允许的条件下，应尽可能采用较薄的材料来制作零件，以减少金属的消耗。对局部刚度不够的地方，可采用加强筋措施，以实现薄材料代替厚材料（见图 9-65）。

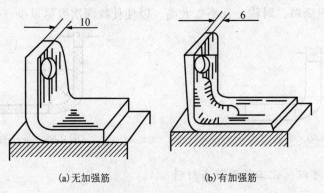

（a）无加强筋　　　　　　　　　　（b）有加强筋

图 9-65　使用加强筋举例

4. 冲压件的精度和表面质量

对冲压件的精度要求，不应超过冲压工艺所能达到的一般精度，并应在满足需要的情况下尽量降低要求。否则将增加工艺过程的工序，降低生产率，提高成本。

冲压工艺的一般精度如下：落料不超过 IT10，冲孔不超过 IT9，弯曲不超过 IT9～IT10。拉深件高度尺寸精度为 IT8～IT10，经整形工序后尺寸精度达 IT6～IT7。拉深件直径尺寸精度为 IT9～IT10。一般对冲压件表面质量所提出的要求尽可能不要高于原材料所具有的表面质量。否则要增加切削加工等工序，使产品成本大为提高。

9.5　特种成形工艺

随着工业的不断发展，对压力加工生产提出了越来越高的要求，不仅要求生产各种毛坯，而且要求直接生产更多的零件。近年来，在压力加工生产方面出现了许多先进的工艺方法，并得到迅速发展。例如精密模锻、零件轧制、零件挤压、超塑性成形、摆动碾压等。

压力加工先进工艺特点如下。

(1)尽量使锻压件的形状接近零件的形状，以便达到少屑、无切削加工的目的，从而可以节省原材料和切削加工工作量，同时得到合理的纤维组织，提高零件的使用性能。

(2)具有更高的生产率。

(3)减小变形力可以在较小的锻压设备上制造出大锻件。

(4)广泛采用电加热和少氧化、无氧化加热，提高锻件表面质量，改善劳动条件。

9.5.1　精密模锻

精密模锻是在模锻设备上锻造出形状复杂、锻件精度高的模锻工艺。如精密模锻伞齿轮，其齿形部分可直接锻造出而不必再经切削加工。模锻件尺寸精度可达 IT12～IT15，表面粗糙度为 R_a3.2～1.6μm。

精密模锻工艺特点如下。

(1)精确计算原始坯料的尺寸，严格按坯料质量下料。否则会增大锻件尺寸公差，降低精度。

(2)仔细清理坯料表面，除净坯料表面的氧化皮、脱碳层及其他缺陷等。

(3)为提高锻件的尺寸精度和降低表面粗糙度，应采用无氧化或少氧化加热法，尽量减少坯料表面形成的氧化皮。

(4)精密模锻的锻件精度在很大程度上取决于锻模的加工精度，因此精锻模膛的精度必须很高，一般要比锻件精度高两级。精锻模一定有导柱导套结构，保证合模准确。为排除模膛中的气体，减小金属流动阻力，使金属更好地充满模膛，在凹模上应开有排气小孔。

(5)模锻时要很好地进行润滑和冷却锻模。

(6)精密模锻一般都在刚度大、精度高的模锻设备上进行，如曲柄压力机、摩擦压力机或高速锤等。

9.5.2　零件的轧制

轧制方法除了生产型材、板材和管材外，近年来用它生产各种零件，在机械制造业中得到了越来越广泛的应用。零件的轧制具有生产率高、质量好、成本低，并可大量减少金属材料消耗等优点。

根据轧辊轴线与坯料轴线方向的不同，轧制分为纵轧、横轧、斜轧和楔横轧等几种。

1.　纵轧

它是轧辊轴线与坯料轴线互相垂直的轧制方法。包括各种型材轧制、辊锻轧制、碾环轧制等。

1)辊锻轧制

辊锻轧制是把轧制工艺应用到锻造生产中的一种新工艺。辊锻是使坯料通过装有圆弧形模块的一对相对旋转的轧辊时，受压而变形的生产方法(见图 9-66)。它既可作为模锻前的制坯工序，也可直接辊锻锻件。目前，成形辊锻适用于生产以下三种类型的锻件。

（1）扁断面的长杆件。如扳手、活动扳手、链环等。

（2）带有不变形头部而沿长度方向横截面面积递减的锻件。如叶片等。叶片辊锻工艺和铣削旧工艺相比，材料利用率可提高 4 倍，生产率提高 2.5 倍，而且叶片质量大为提高。

（3）连杆成形辊锻。国内已有不少工厂采用辊锻方法锻制连杆，生产率高，简化了工艺过程。但锻件还需用其他锻压设备进行精整。

2）碾环轧制

碾环轧制是用来扩大环形坯料的外径和内径，从而获得各种环状零件的轧制方法（见图 9-67）。图中驱动辊 1 由电动机带动旋转，利用摩擦力使坯料 5 在驱动辊和芯辊 2 之间受压变形。驱动辊还可由油缸推动上下移动，改变着 1、2 两辊间的距离，使坯料厚度逐渐变小直径增大。导向辊 3 用以保持坯料正确运送。信号辊 4 用来控制环件直径。当环坯直径达到需要值与信号辊 4 接触时，信号辊旋转传出信号，使驱动辊 1 停止工作。

这种方法生产的环类件，其横截面可以是各种形状的，如火车轮箍、轴承座圈、齿轮及法兰等。

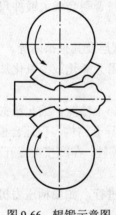

图 9-66　辊锻示意图

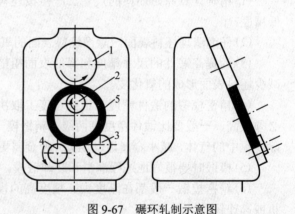

图 9-67　碾环轧制示意图

1—驱动辊；2—芯辊；3—导向辊；4—信号辊；5—坯料

2. 横轧

它是轧辊轴线与坯料轴线互相平行的轧制方法，如齿轮轧制等。齿轮轧制是一种无屑或少屑加工齿轮的新工艺。直齿轮和斜齿轮均可用热轧制造（见图 9-68）。在轧制前将毛坯外缘加热，然后将带齿形的轧轮 1 作径向进给，迫使轧轮与毛坯 2 对碾。在对碾过程中，毛坯上一部分金属受压形成齿谷，相邻部分的金属被轧轮齿部"反挤"而上升，形成齿顶。

3. 斜轧

斜轧亦称螺旋斜轧。它是轧辊轴线与坯料轴线相交一定角度的轧制方法。如钢球轧制［见图 9-69（b）］、周期轧制［见图 9-69（a）］、冷轧丝杠等。螺旋斜轧采用两个带有螺旋形槽的轧辊，互相交叉成一定角度，并作同方向旋转，使坯料在轧辊间既绕自身轴线转动，又向前进，与此同时受压变形获得所需产品。

螺旋斜轧钢球［见图 9-69（b）］是使棒料在轧辊间螺旋形槽里受到轧制，并被分离成单个球。轧辊每转一周即可轧制出一个钢球。轧制过程是连续的。

螺旋斜轧可以直接热轧出带螺旋线的高速钢滚刀、自行车后闸壳以及冷轧丝杠等。

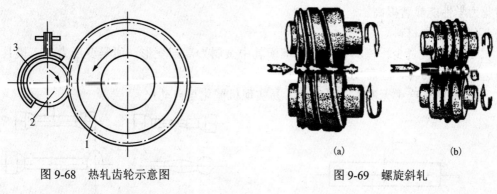

图 9-68　热轧齿轮示意图

1—轧轮；2—毛坯；3—感应加热器

图 9-69　螺旋斜轧

4. 楔横轧

利用两个外表面镶有楔形凸块并作同向旋转的平行轧辊对沿轧辊轴向送进的坯料进行轧制的方法称为楔横轧（见图 9-70）。

楔横轧的变形过程，主要是靠两个楔形凸块压缩坯料，使坯料径向尺寸减小，长度增加。楔形凸块展开后如图 9-71 所示。

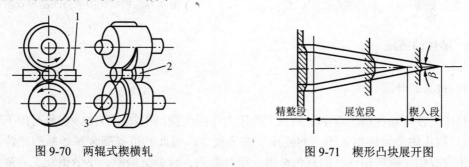

图 9-70　两辊式楔横轧

1—导板；2—轧件；3—带楔形凸块的轧辊

图 9-71　楔形凸块展开图

楔形凸块由三部分组成，即楔入部分、展宽部分和精整部分。轧制中楔入部分首先与坯料接触，将坯料压出环形槽，称为楔入过程。然后楔形凸块上展宽部分的侧面把环形槽逐渐扩展使变形部分的宽度增加（展宽过程）。达到所需宽度后，由楔形凸块上的第三部分对轧件进行精整。轧件变形过程如图 9-72 所示。

根据轧辊数目不同和楔形凸块的几何形状不同，楔横轧可分为两辊楔横轧、三辊楔横轧、板式楔横轧及弧形楔横轧四种。楔横轧主要用于加工阶梯轴、锥形轴等各种对称的零件或毛坯（见图 9-73）。

楔横轧有如下优点。

（1）生产效率高。轧辊每转一转或轧板在一个行程内即可生产出一个或数个产品。现有楔横轧轧辊的转速一般为 10～25r/min，因此轧机每小时可生产上千件。

（2）产品精度高。热轧件径向尺寸公差可控制在 0.2mm 以内，长度尺寸公差可达 0.1～

1 mm。采用高刚度轧机或冷轧，尺寸精度还可以提高，甚至可以达到无屑加工的要求。

(3)产品质量好。楔横轧产品的内部纤维是连续的，晶粒细化，产品的金相组织好，因此力学性能显著提高。

(4)节省原材料。

(5)设备投资少，模具寿命高。楔横轧中金属为局部变形，所需变形力小，模具寿命可达 10～20 万件，因而投资少。

(6)轧制生产中无冲击，噪声小，易实现机械化与自动化。

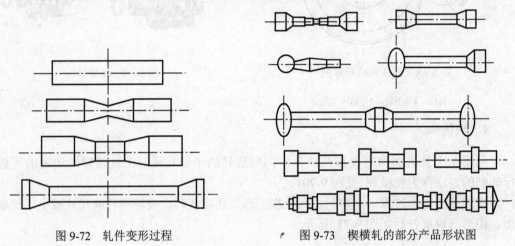

图 9-72　轧件变形过程　　　　　　　图 9-73　楔横轧的部分产品形状图

9.5.3　零件的挤压

1. 挤压的特点

挤压是使坯料在挤压筒中受到强大的压力作用而变形的加工方法。它具有如下特点。

(1)挤压时金属坯料处于三向受压状态下变形，因此它可提高金属坯料的塑性。挤压材料不仅有铝、铜等塑性好的有色金属，而且碳钢、合金结构钢、不锈钢及工业纯铁等也可以用挤压工艺成形。在一定的变形量下某些高碳钢、轴承钢甚至高速钢等也可进行挤压。

(2)可以挤压出各种形状复杂、深孔、薄壁、异型断面的零件。

(3)零件精度高，表面粗糙度低。一般尺寸精度为 IT6～IT7，表面粗糙度为 $R_a 3.2～0.4\,\mu m$，从而可达到少屑、无屑加工的目的。

(4)提高了零件的力学性能。挤压变形后零件内部的纤维组织是连续的，基本沿零件外形分布而不被切断，从而提高了零件的力学性能。

(5)节约原材料。材料利用率可达 70%，生产率也很高，可比其他锻造方法提高几倍。

2. 挤压的分类

挤压可按金属坯料所具有的温度不同，分为热挤压、冷挤压和温挤压三种。

1)热挤压

挤压时坯料变形温度高于材料的再结晶温度，与锻造温度相同。热挤压的变形抗力小，允许每次变形程度较大，但产品的表面粗糙。热挤压广泛地应用于冶金部门中生产铝、铜、镁及其合金的型材和管材等。目前，也越来越多地用于机器零件和毛坯的生产。

2) 冷挤压

是指坯料变形温度低于材料再结晶温度(经常是在室温下)的挤压工艺。冷挤压时变形抗力比热挤压高得多，但产品的表面光洁。而且产品内部组织为加工硬化组织，从而提高了产品的强度。目前已广泛用于制造机器零件和毛坯。图 9-74 所示为纯铁底座零件，长期以来采用切削加工方法制造，需经车削外形、钻孔、铰孔等工序。改用冷挤压成形后，一次挤压成形，尺寸精度符合设计要求，表面粗糙度为 $R_a 1.4 \sim 0.8 \mu m$。

冷挤压时为降低挤压力，防止模具磨损和破坏，提高零件表面质量，必须采取润滑措施。但由于冷挤压时单位压力很高，润滑剂很容易被挤掉失去润滑作用。所以对钢质零件必须采用磷酸盐表面处理(磷化处理)，使坯料表面呈多孔性结构，储存润滑剂，以保证在高压下仍能隔离坯料与模具的接触，起到润滑作用。常用的润滑剂有矿物油、豆油和皂液等。

3) 温挤压

是介于热挤压和冷挤压之间的挤压方法。温挤压是将金属加热到再结晶温度以下的某个合适温度(100～800℃)进行挤压。与热挤压相比，坯料氧化脱碳少，表面粗糙度低，产品尺寸精度高。与冷挤压相比，降低了变形抗力，增加每个工序的变形程度，提高模具寿命，扩大冷挤压材料品种。温挤压材料一般不需进行预先软化退火、表面处理和工序间退火。温挤压零件的精度和力学性能略低于冷挤压件。表面粗糙度可达 $R_a 6.5 \sim 3.2 \mu m$。温挤压不仅适用于挤压中碳钢，而且也适合于挤压合金钢零件。如电动机不锈钢外壳，材料为1Cr18Ni9Ti，毛坯尺寸为 $\phi 25.8$ mm×14 mm，若采用冷挤压则需经多次挤压才能成形，生产率低。采用温挤压成形，将毛坯加热到 260℃，只需经两次挤压即可成形(见图 9-75)。其过程为：第一次用复合挤压将 $\phi 21$mm 处的尾部挤出，第二次用正挤压即可获得平底工件。

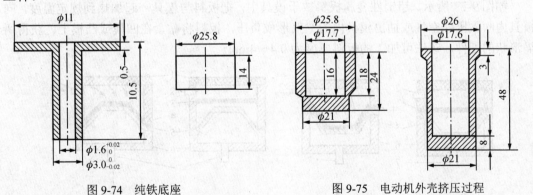

图 9-74　纯铁底座　　　　　　　图 9-75　电动机外壳挤压过程

挤压是在专用挤压机上进行的(有液压式、曲轴式、肘杆式等)。也可在经适当改进后的通用曲柄压力机或摩擦压力机上进行。

9.5.4　超塑性成形

超塑性是指金属或合金在特定条件下，即低的形变速率($\xi = 10^{-4} \sim 10^{-2} s^{-1}$)、一定的变形温度(约为熔点一半)和均匀的细晶粒度(晶粒平均直径为 0.2～5 μm),其相对延伸率 δ 超过 100%以上的特性。如钢超过 500%,纯钛超过 300%,锌铝合金超过 1000%。

超塑性状态下的金属在拉伸变形过程中不产生缩颈现象,变形应力可降低至常态下金属变形应力的几分之一至几十分之一。因此该种金属极易成形,可采用多种工艺方法制造出复杂零件。

目前常用的超塑性成形材料主要是锌铝合金、铝合金、钛合金及高温合金。

1. 超塑性成形工艺的应用

1)板料冲压

图 9-76 所示零件直径较小,但很高。选用超塑性材料可以一次拉深成形,质量很好,零件性能无方向性。图 9-76(a)为拉深过程示意图。

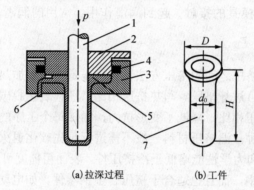

(a)拉深过程　　　　(b)工件

图 9-76　超塑性板料拉深

1—冲头(凸模);2—压板;3—凹模;4—电热元件;5—板坯;6—高压油孔;7—工件

2)板料气压成形

如图 9-77 所示,超塑性金属板料放于模具中,把板料与模具一起加热到规定温度,向模具内吹入压缩空气或抽出模具内的空气形成负压,板料将贴紧在凹模或凸模上,获得所需形状的工件。该法可加工的板料厚度为 0.4～4mm。

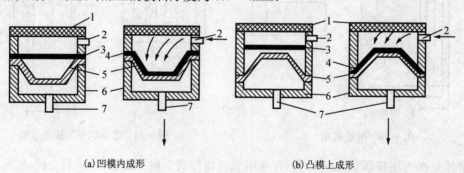

(a)凹模内成形　　　　　　　　　　(b)凸模上成形

图 9-77　板料气压成形

1—电热元件;2—进气孔;3—板料;4—工件I;5—凹(凸)模;6—模框;7—抽气孔

3）挤压和模锻

高温合金及钛合金在常态下塑性很差，变形抗力大，不均匀变形引起各向异性的敏感性强，通常的成型方法较难以成形，材料损耗极大。如采用普通热模锻毛坯，再进行机械加工，金属损耗达80%左右，致使产品成本很高。如果在超塑性状态下进行模锻，就完全克服了上述缺点，节约材料，降低成本。

2．超塑性模锻工艺特点

（1）增加了可锻金属材料的种类。如过去只能采用铸造成形的镍基合金，也可以进行超塑性模锻成形。

（2）金属填充模膛的性能好，可锻出尺寸精度高、机械加工余量很小甚至不用加工的零件。

（3）能获得均匀细小的晶粒组织，零件力学性能均匀一致。

（4）金属的变形抗力小，可充分发挥中、小设备的作用。

总之，利用金属及合金的超塑性，为制造少屑、无屑零件开辟了一条新的途径。

9.5.5 摆动碾压

摆动碾压是利用一个绕中心轴摆动的圆锥形模具对坯料局部加压的工艺方法（见图9-78）。具有圆锥面的上模1，其中心线 OZ 与机器主轴中心线 OM 相交成 α 角，此角称摆角。当主轴旋转时，OZ 绕 OM 旋转，使上模产生摆动。与此同时，滑块3在油缸作用下上升，对坯料2施压。这样上模母线在坯料表面连续不断地滚动，最后达到使坯料整体变形的目的。图中下部阴影部分为上模与坯料的接触面积。

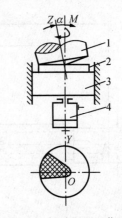

图 9-78 摆动碾压工作原理

1—摆头（上模）；2—坯料；3—滑块；4—进给油缸

若上模母线是一直线，则碾压的工件表面为平面；若母线为一曲线，则能碾压出上表面为一形状较复杂的曲面锻件。

摆动碾压的优点如下。

（1）省力。摆动碾压可以用较小的设备碾压出大锻件。因摆动碾压是以连续的局部变形代替一般锻压工艺的整体变形，因此变形力大为降低。加工相同的锻件，其碾压力仅为一般锻压工艺变形力的 1/20～1/5。如中国制造的 4000kN 摆碾机，可相当于 80000kN 普通压力机的锻造能力。

（2）摆动碾压可加工出厚度为 1mm 的薄片类零件。

（3）产品质量高，节省原材料，可实现少屑、无屑加工。如果模具制造精度高，碾压件尺寸误差可达 0.025mm，表面粗糙度为 $R_a1.6～0.4\,\mu m$。力字性能也明显提高。

（4）碾压中噪声及振动小，易实现机械化与自动化。

摆动碾压目前在中国发展很迅速。主要适用于加工回转体饼盘类或带法兰的半轴类锻件，如汽车后半轴、扬声器导磁体、止推轴承圈、碟形弹簧、齿轮和铣刀毛坯等。

习　题

1. 何为塑性变形？塑性变形的机理是什么？

2. 碳钢在锻造温度内变形时，是否会有加工硬化现象？

3. 纤维组织是怎样形成的？它的存在有何利弊？

4. 如何提高金属的塑性？最常用的措施是什么？

5. "趁热打铁"的含意何在？

6. 为什么重要的巨型锻件必须采用自由锻的方法制造？

7. 重要的轴类锻件为什么在锻造过程中安排有镦粗工序？

8. 原始坯料长 150mm，若拉长到 450mm 时，锻造比是多少？

9. 两个尺寸完全相同的带孔毛坯，分别套在两个直径不同的芯轴上扩孔时，会产生什么效果？

10. 叙述图 9-79 所示零件在绘制锻件图时应考虑的因素。

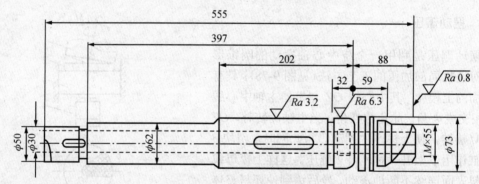

图 9-79　C618K 车床主轴零件图

11. 在图 9-80 所示的两种砧铁上拔长时，效果有何不同？

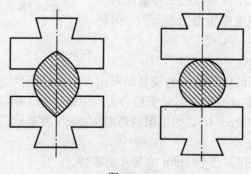

图 9-80

12. 如何确定分模面的位置？为什么不能冲出通孔？

13. 改正图 9-81 所示模锻零件结构的不合理处。

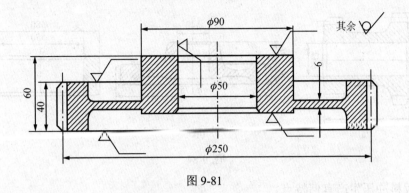

图 9-81

14. 图 9-82 所示零件采用锤上模锻制造，选择最适合的分模面位置。

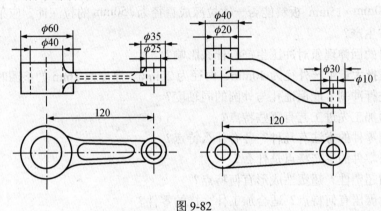

图 9-82

15. 为什么胎模锻可以锻造出形状较为复杂的模锻件？

16. 摩擦压力机上模锻有何特点？为什么？

17. 汽车后半轴零件（见图 9-83），都能由哪些方法制造？

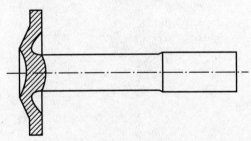

图 9-83

18. 图 9-84 所示零件若批量分别为单件、小批、大批生产时，可选择那些锻造方法加工？哪种加工方法最好？并定性地划出锻件图。

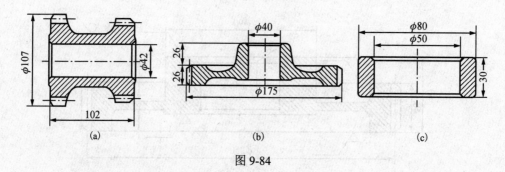

图 9-84

19. 板料冲压生产有何特点？

20. $\phi50mm$ 冲孔模具来生产 $\phi50mm$ 落料件能否保证冲压件的精度？为什么？

21. $\phi250mm \times 15mm$ 板料能否一次拉深成直径为 $\phi50mm$ 的拉深件？应采取哪些措施才能保证正常生产？

22. 材料的回弹现象对冲压生产有什么影响？

23. 在成批大量生产外径为 40mm、内径为 20mm、厚度为 2mm 的垫圈时，应选用何种模具结构进行冲制才能保证孔与外圆的同轴度？

24. 压力加工先进工艺有哪些特点？

25. 轧制零件的方法有几种？各有什么特点？

26. 挤压零件的生产特点是什么？

27. 何谓超塑性？超塑性成形有何特点？

28. 摆动碾压有何特点？适合加工什么样的零件？

模块十 焊 接

知识目标：

1. 了解焊接的本质和焊接方法的分类；
2. 熟悉焊接安全与防护的基本知识；
3. 掌握焊条电弧焊、埋弧焊、CO_2气体保护焊和手工钨极氩弧焊的特点和适用范围及焊接工艺；
4. 了解钎焊、电阻焊、等离子弧焊、电子束焊和激光焊的特点和适用范围；
5. 了解焊接缺陷及焊接质量检验的基本步骤。

技能目标：

1. 能够按照焊接安全操作规程进行焊接作业；
2. 了解焊条电弧焊的操作过程，能够进行埋弧焊接和二氧化碳气体保护焊接；
3. 了解钎焊、电阻焊、等离子弧焊和激光焊等的特点和适用范围；
4. 能够进行焊接缺陷的检测和修复工作。

教学重点：

1. 焊条电弧焊、埋弧焊、CO_2气体保护焊和手工钨极氩弧焊等的焊接工艺；
2. 焊接缺陷以及焊接质量检验步骤。

教学难点：

1. 焊条电弧焊、埋弧焊、CO_2气体保护焊和手工钨极氩弧焊等的焊接工艺参数选择；
2. 焊接缺陷以及无损检测方法。

10.1　焊接概述

10.1.1　金属连接的方式

在金属结构和机器的制造中，经常需要用一定的连接方式将两个或两个以上的零件按一定形式和位置连接起来。金属连接方式可分为两大类：一类是可拆卸连接，即不必毁坏零件(连接件、被连接件)就可以拆卸，如螺栓连接、键和销连接等。另一类是永久性连接，也称不可拆卸连接，其拆卸只有在毁坏零件后才能实现，如铆接、焊接和粘接等。

需要注意的是，有些教材将拆卸时仅连接件毁坏而被连接件不毁坏的连接情况也归纳为可拆卸的连接，如铆接。而将连接件和被连接件全部毁坏后才能实现拆卸的连接方式称为永久性连接。通常可拆卸连接不用于制造金属结构，而用于零件的装配和定位；永久性连接通常用于金属结构或零件的制造中。

10.1.2　焊接的定义

焊接就是通过加热或加压,或两者并用,并且用或不用填充材料,使焊件达到结合的一种加工工艺方法。

由此可见,焊接最本质的特点就是通过焊接使焊件达到结合,从而将原来分开的物体形成永久性连接的整体。要使两部分金属材料达到永久连接的目的,就必须使分离的金属相互非常接近,使之产生足够大的结合力,才能形成牢固的接头。这对液体来说是很容易的,而对固体来说则比较困难,需要外部给予很大的能量,如电能、化学能、机械能、光能、超声波能等,这就是金属焊接时必须采用加热、加压或两者并用的原因。

10.1.3　焊接分类

按照焊接过程中金属所处的状态不同,可以把焊接方法分为熔焊、压焊和钎焊三类。

(1)熔焊是在焊接过程中,将焊件接头加热至熔化状态,不加压力完成焊接的方法。目前熔焊应用最广,常见的气焊、电弧焊、电渣焊、气体保护电弧焊等属于熔焊。

(2)压焊是在焊接过程中,必须对焊件施加压力(加热或不加热),以完成焊接的方法。如电阻焊、摩擦焊、气压焊、冷压焊、爆炸焊等属于压焊。

(3)钎焊是采用比母材熔点低的钎料作填充材料,焊接时将焊件和钎料加热到高于钎料熔点,低于母材熔点的温度,利用液态钎料润湿母材,填充接头间隙并与母材相互扩散实现连接焊件的方法。常见的钎焊方法有烙铁钎焊、火焰钎焊等。

10.1.4　焊接的特点

焊接与铆接、铸造相比,可以节省大量金属材料,减轻结构的重量,成本较低;简化加工与装配工序,工序较简单,生产周期较短,劳动生产率高;焊接接头不仅强度高,而且其他性能(如耐热性能、耐腐蚀性能、密封性能)都能与焊件材料相匹配,焊接质量高;劳动强度低,劳动条件好等优点。

焊接的主要缺点是产生焊接应力与变形,焊接中存在一定数量的缺陷,产生有毒有害的物质等。

目前世界各国年平均生产的焊接结构用钢已占钢产量的45%左右,所以焊接是目前应用极为广泛的一种永久性连接方法。

10.1.5　焊接技术发展史

近代焊接技术,是从1885年出现碳弧焊开始,直到20世纪40年代才形成较完整的焊接工艺体系。特别是40年代初期出现了优质电焊条后,焊接技术得到了一次飞跃。现在世界上已有50余种焊接工艺方法应用于生产中。焊接方法的发展简史见表10-1。

表 10-1　焊接方法的发展简史

焊接方法	发明年代	发明国家	焊接方法	发明年代	发明国家
碳弧焊	1885	俄国	冷压焊	1948	英国
电阻焊	1886	美国	高频电阻焊	1951	美国
金属极电弧焊	1892	俄国	电渣焊	1951	苏联

续表

焊接方法	发明年代	发明国家	焊接方法	发明年代	发明国家
热剂焊	1895	德国	CO_2 气体保护电弧焊	1953	美国
氧乙炔焊	1901	法国	超声波焊	1956	美国
金属喷镀	1909	瑞士	电子束焊	1956	法国
原子氢焊	1927	美国	摩擦焊	1957	苏联
高频感应焊	1928	美国	等离子弧焊	1057	美国
情性气体保护电弧焊	1930	美国	爆炸焊	1963	美国
埋弧焊	1935	美国	激光焊	1965	美国

10.1.6 焊接技术的新发展

随着工业和科学技术的发展，焊接技术也在不断进步，焊接已从单一的加工工艺发展成为综合性的先进工艺技术。焊接技术的新发展主要体现在以下几个方面。

(1)提高焊接生产率，进行高效化焊接。

焊条电弧焊中的铁粉焊条、重力焊条和躺焊条工艺；埋弧焊中的多丝焊、热丝焊、窄间隙焊接；气体保护电弧焊中的气电立焊、热丝 MAG 焊、TIME 焊等是常用的高效化焊接方法。

(2)提高焊接过程自动化、智能化水平。

国外焊接过程机械化、自动化已达很高程度，而我国手工焊接所占比例却很大。焊接机器人的应用是提高焊接过程自动化水平的有效途径，应用焊接专家系统、神经网络系统等都能提高焊接过程智能化水平。

(3)研究开发新的焊接热源

焊接工艺几乎运用了世界上一切可以利用的热源，如火焰、电弧、电阻、激光、电子束等。但新的更好的更有效的焊接热源研发一直在进行，例如采用两种热源的叠加，以获得更强的能量密度，如等离子束加激光、电弧中加激光等。

10.2 焊接安全与防护

10.2.1 焊接安全生产的重要性

焊工在焊接时要与电、可燃及易爆的气体、易燃液体、压力容器等接触，焊接时会产生一些因素如有害气体、金属蒸气、烟尘、电弧辐射、高频磁场、噪声和射线等，有时还要在高处、水下、容器设备内部等特殊环境作业。所以，焊接生产中存在一些危险因素，如触电、灼伤、火灾、爆炸、中毒、窒息等，因此必须重视焊接安全生产。

国家有关标准明确规定，金属焊接(气割)作业是特种作业，焊工是特种作业人员。特种作业人员，须进行培训并经考试合格后，方可上岗作业。

10.2.2 预防触电

触电是焊接操作的主要危险因素，我国目前生产的焊条电弧焊机的空载电压限制在90V 以下，工作电压为 25～40V；自动电弧焊机的空载电压为 70～90V；电渣焊机的空载电压一般是 40～65V；氩弧焊、CO_2 气体保护电弧焊机的空载电压是 65V 左右；等离子弧切割机的空载电压高达 300～450V；所有焊机工作的网路电压为 380V/220V，50Hz 的交流电，都超过安全电压（一般干燥情况为 36V、高空作业或特别潮湿场所为 12V），因此触电危险是比较大的，必须采取措施预防触电。

1. 电流对人体的危害

电流对人体的危害有电击、电伤和电磁场生理伤害三种类型。

（1）电击。是指电流通过人体内部，破坏心脏、肺部或神经系统的功能，通常称为触电。触电事故基本上是电击，绝大部分触电事故是由电击造成的。

（2）电伤。是指加热工件的火星飞溅到皮肤上引起的烧伤。

（3）电磁场生理伤害。是指在高频电磁场作用下，使人产生头晕、乏力、记忆力衰退、失眠多梦等神经系统的症状。

2. 焊接操作造成触电原因

触电可分为直接触电和间接触电，直接触电是直接触及焊接设备正常运行时的带电体或靠近高压电网和电气设备而发生触电。间接触电是触及意外带电体（正常时不带电，因绝缘损坏或电气设备发生故障而带电的导体）而发生触电。

1）直接触电

（1）在更换焊条、电极和焊接过程中，焊工的手或身体某部接触到焊条、焊钳或焊枪的带电部分，而脚或身体其他部位与地或工件间无绝缘保护。焊工在金属容器、管道、锅炉或金属结构内部施工，或当人体大量出汗，或在阴雨天、潮湿地方焊接时，特别容易发生这种触电事故。

（2）在接线、调节焊接电流和移动焊接设备时，手或身体某部接触到接线柱等带电体而触电。

（3）在高处焊接作业时触及低压线路或靠近高压网路引起的触电事故。

2）间接触电

（1）焊接设备的绝缘烧损、振动或机械损坏伤，使绝缘损坏部位碰到机壳，而人碰到机壳引起触电。

（2）焊机的火线和零线接错，使外壳带电而触电。

（3）焊接操作时人体碰上了绝缘损坏的电缆、胶木电闸带电部分而触电。

10.2.3 预防火灾和爆炸

焊接时，电弧及气体火焰的温度很高并有大量的金属火花飞溅物，而且在焊接过程中还会与可燃及易爆的气体、易燃液体、可燃的粉尘或压力容器等接触，都有可能引起火灾甚至爆炸。因此焊工在工作时，必须防止火灾及爆炸事故的发生。

1. 可燃气体的爆炸

工业上大量使用的可燃气体，如乙炔、天然气等，与氧气或空气均匀混合达到一定限度，遇到火源便会发生爆炸。这个限度称为爆炸极限，常用可燃气在混合物中所占的体积分数来表示。例如，乙炔与空气混合爆炸极限为 2.2%～81%，乙炔与氧气混合爆炸极限为 2.8%～93%，丙烷或丁烷与空气混合爆炸极限分别为 2.1%～9.5% 和 1.55%～8.4%。

2. 可燃液体的爆炸

在焊接场地或附近放有可燃液体时，可燃液体或可燃液体蒸汽达到一定浓度，遇到焊接火花就会发生爆炸，如汽油蒸汽与空气混合的爆炸极限为0.7%～6%。

3. 可燃粉尘的爆炸

可燃粉尘如镁、铝粉尘、纤维素粉尘等，悬浮于空气中，达到一定浓度范围，遇到焊接火花也会发生爆炸。

4. 密闭容器的爆炸

对密闭容器或受压容器焊接时，如不采取适当措施(如卸压)也会产生爆炸。

10.2.4 焊接过程中的有害因素

焊接过程中产生的有害因素是有害气体、焊接烟尘、电弧辐射、高频磁场、噪声和射线等。各种焊接方法焊接过程中产生的有害因素见表10-2。

表 10-2   焊接过程中的有害因素

焊接方法	有害因素						
	弧光辐射	高频电磁场	焊接烟尘	有害气体	金属飞溅	射线	噪声
酸性焊条电弧焊	轻微		中等	轻微	轻微		
碱性焊条电弧焊	轻微		强烈	轻微	中等		
高效铁粉焊条电弧焊	轻微		最强烈	轻微	轻微		
碳弧气刨	轻微		强烈	轻微			轻微
电渣焊			轻微				
埋弧焊			中等	轻微			
实心细丝 CO_2 焊	轻微		轻微	轻微	轻微		
实心粗丝 CO_2 焊	中等		中等	轻微	中等		
钨极氩弧焊(铝、铁、铜、镍)	中等	中等	轻微	中等	轻微	轻微	
钨极氩弧焊(不锈钢)	中等	中等	轻微	轻微	轻微	轻微	
熔化极氩弧焊(不锈钢)	中等		轻微	中等	轻微		

1. 焊接烟尘

焊接金属烟尘的成分很复杂，焊接黑色金属材料时，烟尘的主要成分是铁、硅、锰。焊接其他金属材料时，烟尘中尚有铝、氧化锌、钼等。其中主要有毒物是锰，使用碱性低氢型焊条时，烟尘中含有极毒的可溶性氟。焊工长期呼吸这些烟尘，会引起头痛、恶心，甚至引起焊工尘肺及锰中毒等。

2. 有害气体

在各种熔焊过程中，焊接区都会产生或多或少的有害气体。特别是电弧焊中在焊接电弧的高温和强烈的紫外线作用下，产生有害气体的程度尤甚。所产生的有害气体主要有臭氧、氮氧化物、一氧化碳和氟化氢等。这些有害气体被吸入体内，会引起中毒，影响焊工健康。

排出烟尘和有害气体的有效措施是加强通风和加强个人防护，如戴防尘口罩、防毒面罩等。

3. 弧光辐射

弧光辐射包括可见光、红外线和紫外线。过强的可见光耀眼眩目；红外线会引起眼部强烈的灼伤和灼痛，发生闪光幻觉；紫外线对眼睛和皮肤有较大的刺激性，引起电光性眼炎。在各种明弧焊、保护不好的埋弧焊等都会形成弧光辐射。弧光辐射的强度与焊接方法、工艺参数及保护方法等有关，CO_2 焊弧光辐射的强度是焊条电弧焊的 $2\sim3$ 倍，氩弧焊是焊条电弧焊的 $5\sim10$ 倍，而等离子弧焊割比氩弧焊更强烈。为了防护弧光辐射，必须根据焊接电流来选择面罩中的电焊防护玻璃，玻璃镜片遮光号的选用见表 10-3。

表 10-3　　玻璃镜片遮光号的选用

焊接、切割方法	镜片遮光号			
	焊接电流/A			
	≤30	30～75	75～200	200～400
电弧焊	5～6	7～8	8～10	11～12
碳弧气刨			10～11	12～14
焊接辅助工	3～4			

4. 高频电磁场

当交流电的频率达到每秒振荡 $10\sim30000$ 万次时，它的周围形成高频率的电场和磁场，称为高频电磁场。等离子弧焊割、钨极氩弧焊采用高频振荡器引弧时，会形成高频电磁场。焊工长期接触高频电磁场，会引起神经功能紊乱和神经衰弱。防止高频电磁场的常用方法是将焊枪电缆和地线用金属编织线屏蔽。

5. 射线

射线主要是指等离子弧焊割、钨极氩弧焊的钍产生放射线和电子束焊对的 X 射线。焊接过程中放射线影响不严重，钍钨极一般被铈钨极取代，电子束焊的 X 射线防护主要靠屏蔽以减少泄漏。

6. 噪声

在焊接过程中，噪声危害突出的焊接方法是等离子弧割、等离子喷涂以及碳弧气刨，其噪声声强达 $120\sim130dB$ 以上，强烈的噪声可以引起听觉障碍、耳聋等症状。防噪声的常用方法是带耳塞和耳罩。

10.2.5　焊接劳动保护

焊接劳动保护是指为保障焊工在焊接生产过程中的安全和健康所采取的措施。焊接劳动保护应贯穿于整个焊接过程中。加强焊接劳动保护的措施主要应从两方面来控制：一是从采用和研究安全卫生性能好的焊接技术及提高焊接机械化、自动化程度方面着手；二是加强焊工的个人防护。推荐选用的安全卫生性能好的焊接技术措施见表 10-4。

表 10-4 安全卫生性能好的焊接技术措施

目的	措施
全面改善安全卫生条件	1. 提高焊接机械化、自动化水平 2. 对重复性生产的产品，设计程控焊接生产线 3. 采用各种焊接机械手和机器人
取代手工焊，以消除焊工触电的危险和电焊烟尘危害	1. 优先选用安全卫生性能好的埋弧焊等自动焊方法 2. 对适宜的焊接结构采用高效焊接方法 3. 选用电渣焊
避免焊工进入狭窄空间焊接，以减少焊工触电和电焊烟尘对焊工的危害	1. 对薄板和中厚板的封闭和半封闭结构，应优先采取利用各类衬垫的埋弧焊单面焊双面成型工艺 2. 创造条件，采用平焊工艺 3. 管道接头，采用单面焊双面成型工艺
避免焊条电弧焊触电	每台焊机应安装防电击装置
降低氩弧焊的臭氧发生量	在氩气中加入 0.3%的一氧化碳，可使臭氧发生量降低 90%
降低等离子切割的烟尘和有害气体	1. 采用水槽式等离子切割工作台 2. 采用水弧等离子切割工艺
降低电焊烟尘	1. 采用发尘量较低的焊条 2. 采用发尘量较低的焊丝

10.3 手工焊条电弧焊

手工焊条电弧焊(习惯称为手弧焊)是以手工操纵焊条，利用焊条与工件之间产生的电弧将焊条和工件局部加热到熔化状态，焊条端部熔化后的熔滴和熔化的母材融合一起形成熔池，随着电弧向前移动，熔池液态金属逐步冷却结晶，最终形成焊缝，是目前在工业生产中应用最广的一种焊接方法。

10.3.1 焊条电弧焊原理

电弧焊的过程如图 10-1 所示。将工件和焊钳分别接到电焊机的两个电极上，并用焊钳夹持焊条。焊接时，先将焊条与工件瞬时接触，随即再把它提起，在焊条和工件之间便产生了电弧。电弧热将工件接头处和焊条熔化，形成一个熔池。随着焊条沿焊缝的方向向前移动，新的熔池不断形成，先熔化了的金属迅速冷却、凝固，形成一条牢固的焊缝，就使两块分离的金属连成一个整体。电弧中心处的最高温度可达 6000℃。

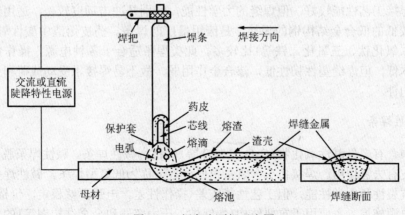

图 10-1 焊条电弧焊示意图

10.3.2　焊条电弧焊特点

1. 焊条电弧焊的优点

(1)操作灵活。焊条电弧焊之所以成为应用最广泛的焊接方法，主要是因为它的灵活性。由于焊条电弧焊设备简单、移动方便、电缆长、焊把轻，因而广泛应用于平焊、立焊、横焊、仰焊等各种空间位置和对接、搭接、角接、T形接头等各种接头形式的焊接。

(2)设备简单，维护方便。

(3)可焊金属材料广。

(4)工艺适用性强。

2. 焊条电弧焊的缺点

(1)焊接生产率低。

(2)焊接质量受人为因素的影响大。

(3)焊接成本较高。

(4)劳动条件差。

10.3.3　常用电焊条的特点

焊条结构示意图如图 10-2 所示，焊条可以分为酸性焊条和碱性焊条两类。

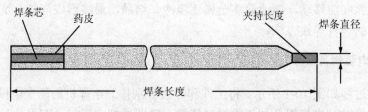

图 10-2　焊条结构示意图

1. 酸性焊条

药皮中含有多量酸性氧化物(TiO_2、SiO_2 等)的焊条称为酸性焊条。酸性焊条能交、直流两用，焊接工艺性能较好，但焊缝的力学性能，特别是冲击韧度较差，适用于一般低碳钢和强度较低的低合金结构钢的焊接，是应用最广的焊条。药皮熔渣中酸性氧化物(如二氧化硅、二氧化钛、三氧化二铁等)比较多。此类焊条适合于各种电源，操作性好，电弧稳定，成本低，但焊缝塑性韧性低，渗合金作用弱，故不易焊接承受动载荷和要求高强度的重要结构件。

2. 碱性焊条

药皮中含有多量碱性氧化物(CaO、Na_2O 等)的称为碱性焊条。碱性焊条脱硫、脱磷能力强，药皮有去氢作用。焊接接头含氢量很低，故又称为低氢型焊条。碱性焊条的焊缝具有良好的抗裂性和力学性能，但工艺性能较差(操作性差，电弧不够稳定，价格较高)，一般用直流电源施焊，主要用于重要结构(如锅炉、压力容器和合金结构钢等)的焊接。

10.3.4　坡口形式与焊接位置

1. 接头和坡口形式

1）焊条电弧焊接头形式

焊条电弧焊常用的接头形式有对接接头、角接接头、T 形接头和搭接接头等，如图 10-3 所示。

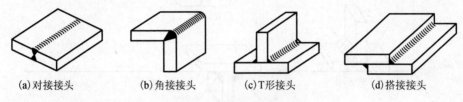

(a)对接接头　　(b)角接接头　　(c)T形接头　　(d)搭接接头

图 10-3　焊接接头基本形式

（1）对接接头：受力均匀，在静载和动载作用下都具有很高的强度，且外形平整美观，是应用最多的接头形式。但对焊前准备和装配要求较高。

（2）搭接接头：焊前准备简便，但受力时产生附加弯曲应力，降低了接头强度。

（3）角接接头：通常只起连接作用，只能用来传递工作载荷。

（4）T 形接头：广泛采用在空间类焊件上，具有较高的强度，如船体结构中约 70% 的焊缝采用了 T 形接头。

2）焊接坡口形式

（1）坡口的作用：使厚度较大的焊件能够焊透，常将金属材料边缘加工成一定形状的坡口，并且坡口能起到调节母材金属和填充金属比例即调整焊缝成分的作用。

（2）手工电弧焊对接接头坡口形式与尺寸如图 10-4 所示。

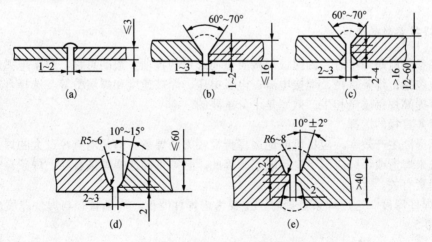

图 10-4　对接接头坡口基本形式

2. 焊接位置

熔焊时，被焊焊件接缝所处的空间位置，称为焊接位置。

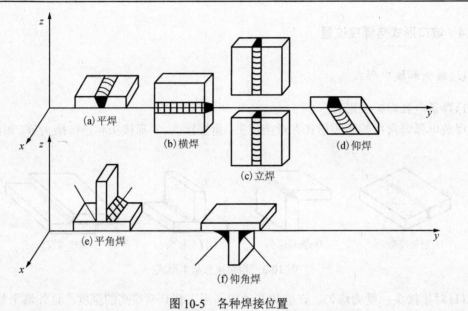

图 10-5　各种焊接位置

(1)平焊位置。焊缝倾角 0°，焊缝转角 90°的焊接位置，如图 10-5(a)所示。

(2)横焊位置。焊缝倾角 0°，180°；焊缝转角 0°，180°的对接位置，如图 10-5(b)所示。

(3)立焊位置。焊缝倾角 90°(立向上)，270°(立向下)的焊接位置，如图 10-5(c)所示。

(4)仰焊位置。对接焊缝倾角 0°，180°；转角 270°的焊接位置，如图 10-5(d)所示。

此外，对于角焊位置还规定了另外两种焊接位置。

(5)平角焊位置。角焊缝倾角 0°，180°；转角 45°，135°的角焊位置，如图 10-5(e)所示。

(6)仰角焊位置。倾角 0°，180°；转角 225°，315°的角焊位置，如图 10-5(f)所示。

10.3.5　焊接工艺

1. 焊接参数的选择

焊接参数就是焊接时，为保证焊接质量而选定的各项参数的总称。焊条电弧焊的主要焊接参数包括：焊条直径、焊接电流、电弧电压、焊接速度和焊层数等。选择合适的焊接参数，对提高焊接质量和生产效率是十分重要的。

1)焊条直径的选择

为了提高生产效率，应尽可能地选择直径较大的焊条。但是用直径过大的焊条焊接，容易造成未焊透或焊缝成形不良等缺陷。因此，必须正确选择焊条直径。焊条直径的选择与下列因素有关。

(1)焊件厚度。选用焊条直径时，主要考虑焊件厚度。焊条直径与焊件厚度之间的关系见表 10-5。

表 10-5　焊条直径与焊件厚度的关系　　　　　　　　　(单位：mm)

焊件厚度	≤1.5	2	3	4~5	6~12	≥13
焊条直径	1.5	2	3.2	3.2~4	4~5	5~6

(2)焊接位置。在焊件厚度相同的情况下，平焊位置焊接用的焊条直径比其他位置要大一些，立焊所用焊条直径最大不超过 5mm，仰焊及横焊时，焊条直径不应超过 4mm，以获得较小熔池，减少熔化金属下淌。

(3)焊接层次。多层焊的第一层焊道应采用直径 3～4 的焊条，以后各层可根据焊件厚度，选用较大直径的焊条。

2)焊接电流的选择

焊接电流是焊条电弧焊最重要的焊接参数。焊接电流越大，熔深越大，焊条熔化越快，焊接效率也越高。但是，焊接电流太大时，飞溅和烟雾大，焊条药皮易发红和脱落，而且容易产生咬边、焊瘤、烧穿等缺陷，若焊接电流太小，则引弧困难，电弧不稳定，熔池温度低，焊缝窄而高，熔合不好，而且易产生夹渣、未焊透等缺陷。

选择焊接电流时，要考虑的因素很多，如焊条直径、药皮类型、焊件厚度、接头形式、焊接位置、焊道和焊层等。但主要由焊条直径、焊接位置和焊道、焊层决定。

(1)焊条直径。参考值见表 10-6。

表 10-6 各种直径焊条使用的焊接电流参考值

焊条直径/mm	1.6	2.0	2.5	3.2	4.0	5.0	5.8
焊接电流/A	25～40	40～65	50～80	100～130	160～210	200～270	260～300

(2)焊接位置。相同的情况下，在平焊位置焊接时，可选择偏大些的焊接电流，在横焊、立焊、仰焊位置焊接时，焊接电流应比平焊位置小 10%～20%。

(3)焊道。通常焊接打底焊道时，使用的焊接电流较小，焊接填充焊道时，通常都使用较大的焊接电流和焊条直径，而焊接盖面焊道时，为防止咬边和获得较美观的焊缝成形，使用的焊接电流稍小些。

3)电弧电压

焊条电弧焊的电弧电压是由电弧长度来决定的，电弧长，电弧电压高，电弧短，电弧电压低，在焊接过程中，电弧不宜过长，否则会出现电弧燃烧不稳定、飞溅大、保护效果差、特别是采用 E5015 焊条焊接时，还容易在焊缝中产生气孔，所以应尽量采用短弧焊。

4)焊接速度

焊接速度就是单位时间内完成的焊缝长度，焊接速度由焊工根据具体情况灵活掌握。

5)焊层的选择

在厚板焊接时，必须采用多层焊或多层多道焊。多层焊的前一层焊道对后一层焊道起预热作用，而后一层焊道对前一层焊道起热处理作用。有利于提高焊缝金属的塑性和韧性，因此，每层焊道的厚度不应大于 4～5mm。

2. 焊接操作技术

1)引弧

弧焊时，引燃焊接电弧的过程叫引弧，焊条电弧的引弧方法有两种。

(1)直击法：先将焊条末端对准引弧处，然后使焊条末端与焊件表面轻轻一碰，并保持一定距离，电弧随之引燃。

(2)划擦法：这种方法与划火柴有些相似，先将焊条末端对准引弧处，然后将手腕扭动一下，使焊条在引弧处轻微划擦一下，划动长度为 20mm 左右，电弧引燃后应立即使弧长保持在所用焊条直径相适应的范围内(约 3～4mm)。

2)运条

焊接过程中,焊条相对焊件接头所作的各种动作总称叫运条。正确运条是保证焊缝质量的基本因素之一,因此,每个焊工都必须掌握好运条这项基本动作。

(1)运条的基本动作。当电弧引燃后,焊条要有三个基本方向的运动才能使焊缝成形良好。这三个基本动作是:朝着熔池方向逐渐送进,横向摆动,沿着焊接方向的移动。

(2)运条方法。在焊接生产中,运条的方法很多,选用时应根据接头的形式、焊接位置、装配间隙、焊条直径、焊接电流及焊工的技术水平等方面而定。表 10-7 介绍几种常用的基本运条方法。

表 10-7　焊条电弧焊常用运条方法

运条方法	轨迹	特点	适用范围
直线形		仅沿焊接方向作直线移动,在焊缝横向上不作任何摆动,熔深大,焊道窄	适用于不开坡口对接平焊多层焊打底及多层多道焊
往复直线形		焊条末端沿焊接方向作来回直线摆动,焊道窄、散热快	适用于薄板焊接和接头间隙较大的多层焊第一层焊缝
锯齿形		焊条末端在焊接过程中呈锯齿形摆动,使焊缝增宽	适用于较厚钢板的焊接,如平焊、立焊、仰焊位置的对接及角接
月牙形		焊条末端在焊接过程中作月牙形摆动,使焊缝宽度及余高增加	同上,尤其适用于盖面焊
三角形		焊接过程中,焊条末端呈三角形摆动	正三角形适用于开坡口立焊和填角焊,而斜三角形适用于平焊、仰焊位置的角焊缝和开坡口横焊
环形		焊接过程中,焊条末端作圆环形运动。图示的下侧拉量略高	正环形适用于厚板平焊,而斜环形适用于平焊、仰焊位置的角焊缝和开坡口横焊
8 字形		焊条末端作 8 字形运动,使焊缝增宽,焊缝纹波美观	适用于厚板对接的盖面焊缝

3)焊缝的起头

引燃电弧后先将电弧稍微拉长些,对焊件进行必要的预热,然后适当压低电弧进行正常焊接。

4)焊缝的接头

焊条电弧焊时,由于受焊条长度的限制,不可能一根焊条完成一条焊缝,因而出现了焊缝前后两段的连接问题。如何使后焊焊缝和先焊的焊缝均匀连接,避免产生接头过高、脱节和宽窄不一致的缺陷,这就要求焊工在前后连接时选择恰当的连接方法。因为焊缝连接处的好坏不仅影响焊缝的外观,而且对整个焊缝质量影响也较大。焊缝的连接方法一般有以下四种(见图 10-6)。

(1)中间接头。这种焊缝连接是使用最多的一种,如图 10-6(a)所示。连接方法是在弧坑稍前约 10mm 处引弧,电弧长度比正常焊接时备长些,然后将电弧后移到弧坑 2/3 处,稍作摆动,再压低电弧,待填满弧坑后即向前转入正常焊接。

在连接时,更换焊条的动作越快越好,因为在熔池尚未冷却时进行焊缝连接(俗称热接法)，不仅能保证接头质量，而且可使焊缝成形美观。

(2)相背接头，如图 10-6(b)所示。

(3)相向接头，如图 10-6(c)所示。

(4)分段退焊接头，如图 10-6(d)所示。

5)焊缝的收尾

焊缝的收尾是指一条焊缝焊完后如何收弧。焊接结束时，如果将申弧突然熄灭，则焊缝表面留有凹陷较深的弧坑会降低焊接收弧的强度，并容易引起弧坑裂纹。过快拉断电弧，液体金属中的气体来不及逸出，还易产生气孔等缺陷。为克服弧坑缺陷，可采用下述方法收弧。

(1)反复断弧法：焊至终点，焊条在弧坑处作数次熄弧的反复动作，直到填满弧坑为止。此法适用于薄板焊接。

(2)划圈收尾法：当焊至终点时，焊条作圆圈运动，直到填满弧坑再熄弧。此法适用于厚板焊接，用于薄板则有烧穿焊件的危险。

(3)回焊收尾法：当焊至结尾处，不马上熄弧，而是回焊一小段(约 5mm)距离，待填满弧坑后，慢慢拉断电弧。碱性焊条常用此法。

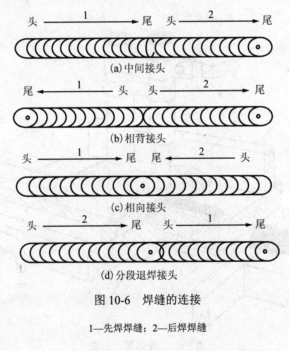

图 10-6 焊缝的连接

1—先焊焊缝；2—后焊焊缝

10.4 埋 弧 焊

10.4.1 埋弧焊简介

1. 埋弧焊的工作原理

电弧在焊剂层下燃烧以进行焊接的方法(Submerged Arc Welding)称作埋弧焊。埋弧焊的工作原理如图 10-7 所示。

2．埋弧焊的特点

1）优点

(1)生产效率高。

(2)焊接质量好。

(3)节省金属和电能。

(4)在有风的环境中焊接时，埋弧焊的保护效果胜过其他焊接方法。

(5)劳动条件好。

2）缺点

(1)主要适用于水平位置焊缝焊接。

(2)难以用来焊接铝、钛等氧化性强的金属及其合金。

(3)只适于长焊缝的焊接。

(4)不适合焊接厚度小于 1mm 的薄板。

(5)容易焊偏。

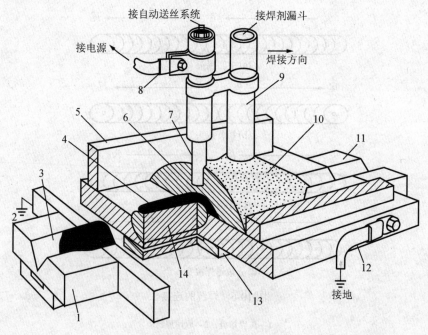

图 10-7　埋弧焊示意图

1—引弧板；2—接地线；3—焊件坡口；4—凝固的熔池；5—焊剂挡块；6—焊丝；7—导电嘴；8—电缆接头；9—焊剂漏斗；
10—焊剂；11—引出板；12—母材；13—焊缝垫板；14—凝固的焊缝金属

3．埋弧焊的适用范围

埋弧焊的适用材料为碳素结构钢、低合金结构钢、不锈钢、耐热钢、镍基合金、铜合金等。

埋弧焊的适用结构为具有长而规则焊缝的大型结构，如船舶、压力容器、桥梁、起重机械等。

埋弧焊的适用位置为平位置。

10.4.2　埋弧焊的焊接材料

埋弧焊的焊接材料包括焊丝和焊剂。

1. 焊丝

1）焊丝的作用和要求

焊丝主要作为填充金属，同时向焊缝添加合金元素，并参与冶金反应。为保证焊缝质量，对焊丝的要求很高，即对焊丝金属中各合金元素的含量有一定的限制。

2）焊丝牌号

参见 GB/T14957—1994《熔化焊用钢丝》、YB /T5092—1996《焊接用不锈钢丝》及 GB/T10045—1998《碳钢药芯焊丝》、GB/T17493—1998《低合金钢药芯焊丝》。

熔焊用钢丝、焊接用不锈钢丝：1.6、2.0、2.5、3.0、3.2、4.0、5.0、6.0。

碳钢、低合金钢药芯焊丝：1.2、1.4、1.6、2.0、2.4、2.8、3.2、4.0。

H08MnA，其中的 A 表示优质品。

3）焊丝的选用

焊丝的选用原则是焊丝、焊剂要匹配选用，在满足技术要求的前提下考虑经济性。

结构钢按等强原则选用焊丝，专业用钢(不锈钢、耐热钢等)按化学成分相同或相近的原则选用焊丝，有时焊丝的合金元素含量要比母材的稍高。

2. 焊剂

埋弧焊使用的焊剂是可熔化的物质，其作用相当于焊条的药皮。

1）焊剂主要作用

(1)熔渣的机械保护作用。

(2)过渡合金元素，提高力学性能。

(3)改善焊缝成形。

2）焊剂分类

(1)按制造方法可分为：熔炼焊剂、烧结焊剂、陶质焊剂。

(2)按化学成分(碱度)可分为：碱性焊剂、酸性焊剂、中性焊剂。

(3)按化学性质分为：氧化性焊剂、弱氧化性焊剂、惰性焊剂。

3）焊剂型号

例如，熔炼焊剂 HJ431χ：HJ 表示熔炼焊剂，4 表示高锰型，3 表示高硅底氟型，1 表示编号为 01，χ 表示颗粒度为细颗粒。

烧结焊剂 SJ501：SJ 表示烧结焊剂，5 表示熔渣渣系为铝钛型，01 表示牌号编号为 01。

10.4.3　焊接电弧自动调节原理

焊接过程中的外界干扰会导致焊接工艺参数不稳。外界干扰主要来自弧长波动和电网电压的波动。由于焊件不平、装配不良或遇到定位焊点等，都会引起弧长的变化。如图 10-8 所示，如果弧长缩短，电弧的稳定工作点就由 O 沿电源外特性移到 O_1。电网电压变化时，电源的外特性也相应发生变化，如果电网电压降低，电弧的稳定工作点就由 O 沿电弧静特性移到 O_2。可以看出，弧长波动和电网电压的波动都会使焊接电流和焊接电压发生变化(稳定工作点对应的电压、电流)，所以要保持焊接参数稳定，必须要有一种自动调节系统，来消除或减弱外界干扰的影响，尤其是弧长的干扰，因为弧长的微小变化会带来电弧电压明显变化，所以自动调节弧长就成为自动焊机的特有任务。最常用的有电弧自身调节系统和电弧电压反馈自动调节系统。

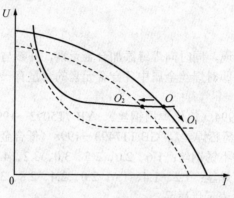

图 10-8　电弧静态工作点的波动

1. 电弧自身调节作用的原理

这种系统在焊接时，焊丝以给定的速度等速送进，所以也称为等速送丝系统。如果弧长保持稳定，那么送丝速度 v_f(feed)和焊丝的熔化速度 v_m(melt)必须相等，也就是

$$v_f = v_m$$

这是任何熔化极电弧系统的稳定条件。

当焊接过程中由于某种原因使弧长波动时，必然会引起焊接电流和电压发生变化，进而引起焊丝熔化速度发生变化。如果弧长由于某种原因缩短的话，电弧稳定工作点就由 O 沿电源外特性移到 O_1，对应的焊接电流加大，电压下降，由于焊丝熔化速度主要受电流影响，所以焊丝熔化速度加快，而送丝速度是不变的，这就出现了 $v_f > v_m$，弧长加大，从而电弧稳定工作点自动恢复到原来的 O 点。

从上面的分析可以看出，在电弧自身调节系统中，完全是由弧长变化所引起的焊接电流等工艺参数的变化使弧长恢复到原来长度。当焊接电流较大、焊丝较细而且电源外特性较平缓时，电弧的自身调节作用大。所以，等速送丝焊机一般都采用缓降特性甚至平特性的电源。

2. 电弧电压均匀调节原理

由于在粗焊丝的情况下，仅靠电弧自身调节作用已经不能保证焊接过程的稳定性，所以发展了电弧电压均匀调节方法，它主要用在变速送丝并匹配陡降外特性的粗丝熔化焊。这种方法和电弧自身调节作用的不同之处在于，当弧长波动引起焊接规范参数波动时，它是利用电弧电压作为反馈量，并通过一个专门的自动调节装置，强迫送丝速度发生变化。因为一般焊接规范下电弧电压和弧长是呈正比的，如果弧长增加，电弧电压就增大，通过反馈作用使送丝速度相应增加，就会强迫弧长恢复到原来的长度从而保持焊接工艺参数稳定。

可以看出，均匀调节是一种强迫调节，而电弧的自身调节是一种自发调节。利用均匀调节时电弧的自身调节也起作用，但是由于均匀调节一般采用陡降外特性的电源，弧长变化引起的电流变化不大，所以电弧自身调节作用很弱。

10.4.4 埋弧焊焊接工艺

1. 对接接头单面焊

对接接头埋弧焊时，工件可以开坡口或不开坡口。开坡口不仅为了保证熔深，而且有时还为了达到其他的工艺目的。如焊接合金钢时，可以控制熔合比，而在焊接低碳钢时，可以控制焊缝余高等。在不开坡口的情况下，埋弧焊可以一次焊透 20mm 以下的工作，但要求预留 5～6mm 的间隙，否则厚度超过 14～16mm 的板料必须开坡口才能用单面焊一次焊透。

对接接头单面焊可以采用以下几种方法：在焊剂垫上焊，在焊剂铜衬板上焊，在永久性垫板或锁底接头上焊，以及在临时衬垫上焊和悬空焊等。

2. 对接接头双面焊

一般工件厚度从 10～40mm 的对接接头，通常采用双面焊。接头形式根据钢种、接头性能要求的不同，可采用 I 形、Y 形、X 形坡口。这种方法对焊接工艺参数的波动和工件装配质量都不敏感，其焊接技术关键是保证第一面焊的熔深和熔池的不流溢和不烧穿。焊接第一面的实施方法有悬空法、加焊剂垫法以及利用薄钢带、石棉绳、石棉板等做成临时工艺垫板法进行焊接。

3. 角焊缝焊接

焊接 T 形接头或搭接接头的角焊缝时，采用船形焊和平角焊两种方法。

1）船形焊

将工件角焊缝的两边置于与垂直线各成 45 的位置，可为焊缝成形提供最有利的条件。这种焊接接头的装配间隙不超过 1～1.5mm，否则，必须采取措施，以防止液态金属流失。

2）平角焊

当工件不便于采用船形焊时，可采用平角焊来焊接角焊缝。这种焊接方法对接头装配间隙较不敏感，即使间隙达到 2～3mm，也不必采取防止液态金属流失的措施。焊丝与焊缝的相对位置，对平角焊的质量有重大影响。焊丝偏角 δ 一般在 20°～30° 之间。每一单道平角焊缝的断面积不得超过 40～50mm^2，当焊脚长度超过 8mm×8mm 时，会产生金属溢流和咬边。

4. 高效埋弧焊

1）多丝埋弧焊

多丝埋弧焊是一种高生产率的焊接方法。按照所用焊丝数目有双丝埋弧焊、三丝埋弧焊等，在一些特殊应用中焊丝数目多达 14 根。目前工业上应用最多的是双丝埋弧焊和三丝埋弧焊。双丝焊和三丝焊的电源联接方式。焊丝排列一般都采用纵列式，即 2 根或 3 根焊丝沿焊接方向顺序排列。焊接过程中，每根焊丝所用的电流和电压各不相同，因而它们在焊缝成形过程中所起的作用也不相同。一般由前导的电弧获得足够的熔深，后续电弧调节熔宽或起改善成形的作用。为此，焊丝间的距离要适当。

2）带状电极埋弧焊

此种方法具有最高的熔敷速度、最低的熔深和稀释度，尤其是双带极埋弧焊，因此是表面堆焊的理想方法。带极埋弧焊的关键是要有合适成分的带材、焊剂和送带机构。一般常用的带宽为 60mm。焊剂宜采用烧结焊剂，并尽可能减少氧化铁含量。

带极埋弧堆焊通常采用直流反接极性。宽带极埋弧堆焊采用轴向外加磁场或横向交变磁场，可以有效地提高宽带堆焊层的熔宽和熔深均匀性。

3) 附加依靠焊丝电阻热预热的热丝、冷丝、铁粉的埋弧焊方法

这些方法有较高熔敷率、较低的熔深和稀释率。仅适用于难以制成带极或丝极的某些合金埋弧堆焊及焊接，也常在窄间隙埋弧焊时被采用。

4) 单面焊双面一次成形埋弧焊

在一定的板厚、坡口及间隙条件下，采用适当的强制成形衬垫可以实现单面焊双面一次成形对接埋弧焊。这种施焊方法可以免除焊件翻身，提高生产率。但由于受电弧能量密度的限制，只能在小于 25mm 板厚条件下实现单面焊双面成形。

埋弧焊的单面焊双面成形的关键是设计合理的强制成形衬垫装置，并使其紧贴焊缝反面。

5) 窄间隙埋弧焊

厚度在 50mm 以上，焊件若采用普通的 V 形或 U 形坡口埋弧焊，则焊接层数、道数多，焊缝金属填充量及所需焊接时间均随厚度成几何级数增长，焊接变形也会非常大且难以控制。窄间隙埋弧焊就是为了克服上述弊端而发展起来的，其主要特点为：

① 窄间隙坡口底层间隙为 12～35mm，坡口角度为 10～70，每层焊缝道数为 1～3，常采用工艺垫板打底焊。

② 气孔为避免电弧在窄坡口内极易诱发的磁偏吹，通常采用交流方波电源是一种理想的电源。

③ 为了提高窄坡口埋弧焊的熔敷和焊接速度，采用串列双弧焊是有效途径。D.为使焊丝送达厚板窄坡口底层，需设计能插入坡口内的专用窄焊嘴，焊丝外伸长度常取为 50～75mm，以获得较高熔敷速率。

④ 要采用专用焊剂，其颗粒度一般较细，脱渣性应特别好，为满足高强韧性焊缝金属性能，大多采用高碱度烧结型焊剂。

⑤ 为保证焊丝和电弧在深而窄坡口内的正确位置，采用自动跟踪控制常常是必需的。

10.4.5 埋弧焊缺陷及防止措施

埋弧焊时可能产生的主要缺陷，除了由于所用焊接工艺参数不当造成的熔透不足、烧穿、成形不良以外，还有气孔、裂纹、夹渣等，见表 10-8。

表 10-8 埋弧焊缺陷及防止措施

缺陷		产生原因	防止措施
焊缝金属内部缺陷	裂纹	1. 焊丝和焊剂匹配不当(母材中含碳量高时，熔敷金属中的 Mn 少) 2. 熔池金属急剧冷却，热影响区的硬化 3. 多层焊的第一层裂纹由于焊道无法抗拒收缩应力而造成 4. 沸腾钢产生硫带裂纹(热裂纹) 5. 不正确焊接施工，接头拘束大 6. 焊道形状不当，焊道高度比焊道宽度大(梨形焊道的收缩产生的裂纹) 7. 冷却方法不当	1. 焊丝和焊剂正确匹配，母材含碳量高时要预热 2. 焊接电流增加，减少焊接速度，母材预热 3. 第一层焊道的数目要多 4. 用 G50XUs — 43 组合 5. 注意施工顺序和方法 6. 焊道宽度和深度几乎相当，降低焊接电流，提高电压 7. 进行后热

续表

	缺陷	产生原因	防止措施
焊缝金属内部缺陷	气孔(在熔池内部的气孔)	1. 接头表面有污物 2. 焊剂的吸潮 3. 不干净焊剂(刷子毛的混入)	1. 接头的研磨、切削、火焰烤、清扫 2. 150～300℃烘干 1h 3. 收集焊剂时用钢丝刷
	夹渣	1. 下坡焊时，焊剂流入 2. 多层焊时，在靠近坡口侧面添加焊丝 3. 引弧时产生夹渣(附加引弧板时易产生夹渣) 4. 电流过小，对于多层堆焊，渣没有完全除去 5. 焊丝直径和焊剂选择不当	1. 在焊接相反方向，母材水平放置 2. 坡口侧面和焊丝之间距离，至少要保证大于焊丝直径 3. 引弧板厚度及坡口形状，要与母材保持一样 4. 提高电流，保证焊渣充分熔化 5. 提高电流、焊接速度
	未熔透(熔化不良)	1. 电流过小(过大) 2. 电压过大(过小) 3. 焊接速度过大(过小) 4. 坡口面高度不当 5. 焊丝直径和焊剂选择不当	1. 焊接条件(电流、电压、焊接速度)选适当 2. 选定合适的坡口高度 3. 选定合适焊丝直径和焊剂的种类
焊缝金属外部缺陷	咬边	1. 焊接速度太快 2. 衬垫不合适 3. 电流、电压不合适 4. 电极位置不当(平角焊场合)	1. 减小焊接速度 2. 使衬垫和母材贴紧 3. 调整电流、电压为适当值 4. 调整电极位置
	焊瘤	1. 电流过大 2. 焊接速度过慢 3. 电压太低	1. 降低电流 2. 加快焊接速度 3. 提高电压
	余高过大	1. 电流过大 2. 电压过低 3. 焊接速度太慢 4. 采用衬垫时，所留间隙不足 5. 被焊物件没有放置水平位置	1. 降低电流 2. 提高电压 3. 提高焊接速度 4. 加大间隙 5. 被焊物件置于水平位置
	余高过小	1. 电流过小 2. 电压过高 3. 焊接速度过快 4. 被焊物件未置于水平位置	1. 提高焊接电流 2. 降低电压 3. 降低焊接速度 4. 把被焊物件置于水平位置
	余高过窄	1. 焊剂的散布宽度过窄 2. 电压过低 3. 焊接速度过快	1. 焊剂散布宽度加大 2. 提高电压 3. 降低焊接速度
	焊道表面不光滑	1. 焊剂的散布高度过大 2. 焊剂粒度选择不当	1. 调整散布高度 2. 选择适当电流
	表面压坑	1. 在坡口面有锈、油、水垢等 2. 焊剂吸潮 3. 焊剂散布高度过大	1. 清理坡口面 2. 50～300℃烘干 1h 3. 调整焊剂堆敷高度
	人字形压痕	1. 坡口面有锈、油、水垢等 2. 焊剂的吸潮(烧结型)	1. 清理坡口面 2. 150～300℃烘干 1h

10.5　气体保护焊

10.5.1　气体保护焊简介

气体保护焊是依靠特殊的焊枪将保护气体连续不断地送到电弧周围，在电弧以及焊接区形成局部气体保护层，从而防止大气污染焊缝。

1. 气体保护焊的优点

与手弧焊相比具有以下优点：

(1) 由于不采用药皮焊条，容易实现半自动化、自动化提高生产率，容易实现全位置焊接。

(2) HAZ 小，焊接变形小。因为保护气体对电弧有压缩作用，电弧热量集中。

与埋弧焊相比具有以下优点：

(1) 是一种明弧焊，焊接过程中电弧和熔池的加热熔化情况清晰可见，便于操作和控制；

(2) 焊缝表面没有渣，厚件多层焊时可节省大量的层间清渣工作，生产率高、产生夹渣等焊缝缺陷的可能性少；

(3) 可进行全位置焊接；

(4) 适用范围广。

2. 气体保护焊的分类

根据在焊接过程中电极是不是熔化，气体保护焊可分为两种类型：不熔化极气体保护电弧焊和熔化极气体保护电弧焊。前者包括钨极惰性气体保护焊(一般称为 TIG 焊，T 是英语 tungsten(钨)的首字母，ig 代表 inert gas—惰性气体)、等离子弧焊和原子氢焊，后者包括熔化极氩弧焊(以氩气或氩气氦气的混合气作保护气体时称为 MIG 焊—metal inert gas welding，M 是 metal 的首字母；用氩—O_2、氩—CO_2 或者氩—CO_2—O_2 等混合气体作保护气体时称为 MAG 焊—metal active gas welding，由于混合气体为富氩气体，所以电弧性质仍然是氩弧特征)、CO_2 气体保护焊以及混合气体保护焊等。

10.5.2 CO_2 气体保护焊

1. 原理

CO_2 气体保护焊是一种以 CO_2 气体作为保护气体，保护焊接区和金属熔池不受外界空气的侵入，依靠焊丝和焊件间产生的电弧来熔化焊件金属的一种熔化极气体保护电弧焊，其原理如图 10-9 所示。

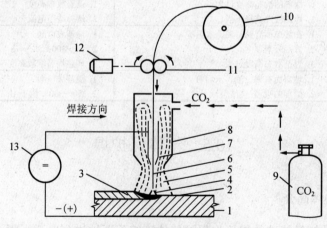

图 10-9 CO_2 气体保护焊焊接示意图

1—母材；2—熔池；3—焊缝；4—电弧；5—CO_2 保护区；6—焊丝；7—导电嘴；8—喷嘴；9—CO_2 气瓶；
10—焊丝盘；11—送丝滚轮；12—送丝电动机；13—直流电源

2. 特点

1) CO_2 气体保护焊的优点

(1) 生产效率高。

① CO_2 气体保护焊采用的电流密度大。CO_2 气体保护焊采用密度通常为 $100\sim 300A/mm^2$，焊丝熔化速度快，母材熔深大。

② 气体保护焊焊接过程中产生的熔渣少，多层焊时，层间不必清渣。由于焊丝伸出 $10\sim 20mm$，焊接可达性好，所以坡口可适当开小，减少了焊丝的用量。

③ CO_2 气体保护焊采用整盘焊丝，焊接过程中不必换焊丝，提高了生产效率。如电焊条的生产效率就低。

(2) 对油锈不敏感。因为 CO_2 在焊接过程中，CO_2 气体分解，氧化性强，对工件上的油、锈不敏感，只要工件上没有明显的黄锈，不必清理。当焊接气孔多时，有时到气站增加 CO_2 含量。

(3) 焊接变形小。CO_2 气体保护焊电流密度高，电弧集中、CO_2 气体对工件有冷却作用，受热面小，焊后变形小。特别适用于薄板的焊接。

(4) 采用明弧。CO_2 气体保护焊电弧可见性好，容易对准焊缝、观察并控制熔池。

(5) 操作方便。CO_2 气体保护焊采用自动送丝，不必如焊条一样用手工送丝，焊接平稳。

(6) 成本低。

2) CO_2 气体保护焊的缺点

(1) 飞溅大。CO_2 气体保护焊焊后清理麻烦，在规范合理的情况下，产生的飞溅不是太多。因此焊前调节合理的焊接规范是非常重要的。

(2) 送丝均匀、平稳。

(3) 焊缝均匀、纹路清晰。

(4) 弧光强，焊接时要多加防护。

(5) 抗风力弱。由于气体抗风能力不强，焊接时需采取必要的防风措施。

(6) 不灵活。由于焊枪和送丝软管较重，在小范围内操作不灵活，特别是水冷焊枪。

3. CO_2 气体保护焊焊接工艺

合理地选择焊接规范参数是保证焊接质量，提高效率的重要条件。

CO_2 气体保护焊的工艺参数主要包括：焊丝直径、焊接电流、电弧电压、焊接速度、焊丝伸出长度、气体流量、电源极性、焊枪倾角、喷嘴高度等。

1) 焊丝直径

焊丝直径越粗，允许适用的焊接电流越大。通常根据焊件的厚度、焊接位置及效率等条件来选择。

目前，国内普遍采用的焊丝直径是 0.8mm、1.0mm、1.2mm、1.6mm 和 2.0mm。

2) 焊接电流

根据焊件的板厚、材质、焊丝直径、焊接位置及要求的熔滴过渡形式来选择焊接电流的大小。

3）电弧电压

送丝速度不变时，调节电源外特性，此时焊接电流几乎不变。弧长将发生变化，电弧电压也会发生变化。

为保证焊缝成形良好，电弧电压必须与焊接电流匹配。

4）焊接速度

如果焊接速度太快，将产生咬边或者焊缝下陷等缺陷；焊接速度太慢，熔池金属堆积在电弧下方，使熔池减小，将产生焊道部均匀、未熔合、未焊透等缺陷。

5）焊丝伸出长度

保证焊丝伸出长度不变是保证焊接过程稳定的基本条件之一。采用的电流密度越大，伸出长度越大，焊丝的预热作用越强，反之亦然。

6）电流极性

CO_2 气体保护焊通常都采用直流反接，焊接接阴极，焊丝接阳极，此时焊接过程稳定、飞溅小、熔深大。

7）气体流量

气体流量应根据对焊接区的保护效果来选择。接头形式、焊接电流、电弧电压、焊接速度及焊接条件对流量都有影响。

8）焊枪的倾角

当焊枪的倾角小于 10°时，不论是前倾还是后倾，对焊接过程及焊缝成形都没有明显的影响；但倾角过大时，将增加熔宽并减小熔深，还会增加飞溅。

9）喷嘴到工件的距离

喷嘴到工件的距离一般在 10～20mm。太近，不容易观察熔池；太远，容易跳丝、焊丝容易弯曲，导致焊缝弯曲。

10.5.3　钨极氩弧焊

1. 钨极氩弧焊原理

钨极氩弧焊（也简称为 TIG 焊）就是以氩气作为保护气体，钨极作为不熔化极，借助钨电极与焊件之间产生的电弧，加热熔化母材（同时添加焊丝也被熔化）实现焊接的方法。氩气用于保护焊缝金属和钨电极熔池，在电弧加热区域不被空气氧化，其设备构成及原理如图 10-10 所示。

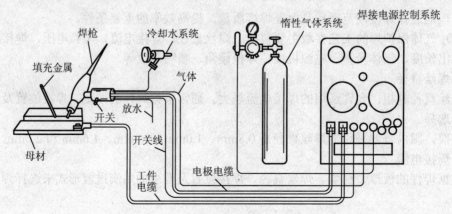

图 10-10　手工钨极氩弧焊设备构成及原理

2. 氩弧焊优点

(1)能焊接除熔点非常低的铝锡外的绝大多数的金属和合金。

(2)交流氩弧焊能焊接化学性质比较活泼和易形成氧化膜的铝及铝镁合金。

(3)焊接时无焊渣、无飞溅。

(4)能进行全方位焊接，用脉冲氩弧焊可减小热输入，适宜焊 0.1mm 不锈钢

(5)电弧温度高、热输入小、速度快、热影响面小、焊接变形小。

(6)填充金属和添加量不受焊接电流的影响。

3. 氩弧焊适用焊接范围

适用于碳钢、合金钢、不锈钢、难熔金属铝及铝镁合金、铜及铜合金、钛及钛合金，以及超薄板 0.1mm，同时能进行全方位焊接，特别对复杂焊件难以接近部位等。

4. 钨极氩弧焊焊接工艺

1)焊前清理及预热

(1)焊前清理。施焊前必须严格清理焊接区及填充焊丝，去除氧化膜、油脂及水分。工件表面未形成氧化膜时，可用丙酮进行脱脂处理，当已生成氧化膜时应进行酸化处理或用机械法打磨掉，焊前再用丙酮去污。

(2)预热。黑色金属焊接一般不需预热，但板厚或管壁厚(δ>26mm 时)，可适当预热。预热可加快焊接速度，防止过热、减少合金元素烧损，并利于良好熔合。

(3)焊丝选择。焊丝选择要根据被焊材料来决定，一般以母材的成分性质相同为准。焊接重要结构时，由于高温要烧损合金元素，所以选择焊丝一定要高于母材料，把焊丝熔入熔池来补充合金元素烧损。

钨极氩弧焊，一种方法可以不添丝自熔，熔化被焊母材；另一种要添加焊丝，电极熔化金属，同时焊丝熔入熔池，冷却后形成焊缝。

不锈钢焊接时，焊丝与板厚和电流大小关系见表10-9。随着板厚增加，电流增大，焊丝直径增粗。

表 10-9 不锈钢焊接时焊丝与板厚和电流大小关系

板厚/mm	电流/A	焊丝直径/mm
0.5	30～50	ϕ1.0
0.8	30～50	ϕ1.0
1.0	35～60	ϕ1.6
1.5	45～80	ϕ1.6
2.0	75～120	ϕ2.0
3.0	110～140	ϕ2.0

2)电源种类和极性选择

氩弧焊既可以使用直流电又可以使用交流电。而在使用直流电时，直流正极性应用最广。电流种类及极性不同时，电弧的特点也截然不同。

(1)直流反极性。产生两种极重要的物理现象，即"阴极破碎作用和钨极过热问题"。

① 阴极破碎作用。电流在直流反极性时，由于焊件是阴极，电弧空间的正离子飞向

焊接熔池及其附近的区域，质量大的正离子带着很大的动力撞击其表面，释放出很多能量，正离子撞击阴极释放出的能量要比电子撞击阳极表面释放出的能量多。在正离子的撞击作用下，金属表面氧化膜被破坏，甚至发生分解、蒸发而消失，液态金属附近的母材表面清洁而光亮。冷却以后，焊缝表面无氧化膜，成形美观。这就是阴极破碎作用，被广泛应用于化学性质非常活泼的金属，如铝、镁及其合金的焊接。

② 钨极过热。由于钨极是阳极，电子以很高的速度轰击钨极，放出大量的热量，造成钨极温度升高，降低钨极使用寿命，因而除了焊接铝镁合金外，一般很少使用。

(2)直流正极性。

① 焊件为正极，经受电子轰击时放出的全部能量转变成热能，焊接熔池深而窄，有利于金属的连接，焊接内应力和变形都小，焊接生产率高。

② 钨极不易过热，使用寿命长，许用电流值大。

③ 钨极发射电子能力强，电弧稳定。

④ 没有阴极破碎作用，因而不能焊接铝、镁及其合金，但广泛用于碳钢、低合金钢、不锈钢、镍基合金、钛合金、铜合金等的焊接。

3)坡口形式和尺寸

常用坡口形式有 V 形、U 形、双面 V 形和 V—U 组合形等。

4)操作技术

(1)定位焊。

装配定位焊接采用与正式焊接相同的焊丝和工艺。一般定位焊缝长 10～15mm，余高 2～3mm。直径 ϕ60mm 以下管子，可定位点固 1 处；直径 ϕ76～159mm 管子，定位点固 2～3 处；ϕ159mm 以上管子，定位点固 4 处。定位焊应保证焊透，并不得存在缺陷。定位焊两端应加工成斜坡形，以利接头。

(2)引弧。

可采用短路接触法引弧，即钨极在引弧板上轻轻接触一下并随即抬起 2mm 左右即可引燃电弧。使用普通氩弧焊机，只要将钨极对准待焊部位(保持 3～5mm)，启动焊枪手柄上的按钮，这时高频振荡器即刻发生高频电流引起放电火花引燃电弧。

(3)填丝施焊。

电弧引燃后加热待焊部位，待熔池形成后随即适量多加焊丝加厚焊缝，然后转入正常焊接。焊枪与工件间保持后倾角 75°～80°，填充焊丝与工件倾角 15°～20°，一般焊丝倾角越小越好，倾角大容易扰乱氩气保护。填丝动作要轻、稳，以防扰乱氩气保护，不能像气焊那样在熔池中搅拌，应一滴一滴地缓慢送入熔池，或者将焊丝端头浸入熔池中不断填入并向前移动。视装配间隙大小，焊丝与焊枪可同步缓慢地稍作横向摆动。以增加焊缝宽度。防止焊丝与钨极接触、碰撞，否则将加剧钨极烧损并引起夹钨。

焊丝端头不能脱离保护区，打底焊应一次连续完成，避免停弧以减少接头。焊接时发现有缺陷，如夹渣、气孔等应将缺陷清除，不允许用重复熔化的方法来消除缺陷。

第二层以后各层的焊接，如采用手工电弧焊应注意防止打底焊缝过烧。焊条直径不应大于 3.2mm，并控制线能量。采用氩弧焊应将层间接头错开，并严格掌握、控制层间温度。

(4)收弧。

焊缝结尾收弧时，应填满熔池，再按动电流衰减按钮，使电流逐渐减小后熄灭电弧。如果焊机无电流衰减装置，收弧时可减慢焊接速度，增加焊丝填充量填满熔池，随后电弧移至坡口边缘快速熄灭。电弧熄灭后，焊枪喷嘴仍要对准熔池，以延续氩气保护，防止氧化。

焊接薄板时，为防止变形可采用铜衬垫并将工件压贴于衬垫上，以利散热。还可将铜衬垫加工出凹槽，凹槽对准焊缝以便背面充气保护。

10.6 其他焊接方法

10.6.1 钎焊

钎焊是三大焊接方法之一，是采用比焊接金属熔点低的金属钎料，将焊件与钎料加热到高于钎料、低于焊件熔化温度，利用液态钎料润湿焊件金属，填充接头间隙并与母材金属相互扩散实现连接焊件的一种方法。

根据钎料熔点和接头的强度不同，可分为硬钎焊和软钎焊。

(1)软钎焊：使用软钎料进行钎焊，钎料熔点低于450℃，接头强度低，常用于受力不大、工作温度不高的焊接。

(2)硬钎焊：使用硬钎料进行钎焊，钎料熔点高于450℃，接头强度高，常用于接头强度高，工作温度较高的焊接。

钎焊主要有以下特点：

(1)焊后接头附近母材组织和性能变化不大，焊件尺寸容易保证。

(2)可焊接同种金属，也可焊接异种金属，对工件厚度无严格限制。

(3)设备简单，生产投资费用少。

(4)接头强度较低，焊前对被焊处的清洁和装配工件要求较高，钎料价格较贵。

10.6.2 电阻焊

电阻焊是压焊的主要焊接方法。是利用电流直接流过工件及工件间接触面所产生的电阻热，使工件局部加热到高塑性或熔化状态，同时加压而完成的焊接过程。

根据接头形状不同，可分为点焊、缝焊、对焊。

(1)点焊：将工件装配成搭接形式，压紧在两电极之间，焊接时利用电阻热熔化母材金属，形成焊点。

(2)缝焊：电极是一对滚轮，工件装配成搭接或对接形式并置于滚轮之间。滚轮在加压工作的同时转动，连续或断续送电，利用电阻热，产生一连串连续焊点，形成缝焊焊缝。

(3)对焊：将工件装配成对接形式，先利用电阻热将其加热至塑性状态，然后迅速施加顶锻力，使其相互结合，形成焊接接头。

电阻焊主要具有以下特点：

(1)生产率高，且无噪声及有害气体。

(2)热影响区窄小、变形和应力小，焊接后不必安排校正和热处理工序。

(3)点焊、缝焊的搭接头不仅增加了构件的重量，且在两板间熔核周围形成夹角，致使接头的抗拉强度较低。

(4)焊接成本低。

(5)操作简单，易于实现自动化生产。

(6)设备功率大，维修较困难。

10.6.3　等离子弧焊

等离子弧焊(PAW)是借助水冷喷嘴等措施，可以使电弧的弧柱区横截面积减小，电弧的温度、能量密度、等离子的流速都显著提高的弧焊方法。这种用外部拘束使弧柱受到压缩的电弧称为等离子弧。

等离子弧焊主要具有以下特点：

(1)等离子弧能量密度大，弧柱温度高，穿透能力强，10～12mm 厚度钢材可不开坡口，能一次焊透双面成形，焊接速度快，生产率高，应力变形小。

(2)焊缝截面成酒杯状，无指状熔深问题。

(3)电弧挺直性好，受弧长波动的影响，熔池的波动小。

(4)电弧稳定 0.1A，仍具有较平的静特性，配用恒流源，可很好地进行薄板的焊接(0.1mm)。

(5)钨极内缩，防止焊缝夹钨。

(6)采用小孔焊接技术，实现单面焊双面成形。

(7)设备比较复杂，气体耗量大，只宜于室内焊接。焊枪的可达性比 TIG 差。

(8)电弧直径小，需要焊枪轴线与焊缝中线更准确地对中。

10.6.4　电子束焊

电子束焊是以集中的高速电子束轰击工件表面时所产生的热能进行焊接的方法。电子束焊接时，由电子枪产生电子束并加速。常用的电子束焊有：高真空电子束焊、低真空电子束焊和非真空电子束焊。前两种方法都是在真空室内进行。焊接准备时间(主要是抽真空时间)较长，工件尺寸受真空室大小限制。

电子束焊与电弧焊相比，主要的特点是焊缝熔深大、熔宽小、焊缝金属纯度高。它既可以用在很薄材料的精密焊接，又可以用在很厚的(最厚达 300mm)构件焊接。所有用其他焊接方法能进行熔化焊的金属及合金都可以用电子束焊接。主要用于要求高质量产品的焊接。还能解决异种金属、易氧化金属及难熔金属的焊接。但不适于大批量产品。

10.6.5　激光焊

激光焊是利用大功率相干单色光子流聚焦而成的激光束为热源进行的焊接。这种焊接方法通常有连续功率激光焊和脉冲功率激光焊。

激光焊优点是不需要在真空中进行，缺点则是穿透力不如电子束焊强。激光焊时能进行精确的能量控制，因而可以实现精密微型器件的焊接。它能应用于很多金属，特别是能解决一些难焊金属及异种金属的焊接。

10.7　焊接缺陷与焊缝质量检验

为了确保在焊接过程中焊接接头的质量符合设计或工艺要求，应在焊接前和焊接过程中对被焊金属材料的可焊性、焊接工艺、焊接规范、焊接设备和焊工的操作进行焊接检验，并对焊成的焊件进行全面的检查。

10.7.1 焊接缺陷

1. 焊接缺陷分类

一般常见的焊接缺陷可分为以下四类。

(1)焊缝尺寸不符合要求：如焊缝超高、超宽、过窄、高低差过大、焊缝过渡到母材不圆滑等。

(2)焊接表面缺陷：如咬边、焊瘤、内凹、满溢、未焊透、表面气孔、表面裂纹等。

(3)焊缝内部缺陷：如气孔、夹渣、裂纹、未熔合、夹钨、双面焊的未焊透等。

(4)焊接接头性能不符合要求：因过热、过烧等原因导致焊接接头的机械性能、抗腐蚀性能降低等。

2. 焊接缺陷危害

焊接缺陷对焊接构件的危害，主要有以下几方面。

(1)引起应力集中。焊接接头中应力的分布是十分复杂的。凡是结构截面有突然变化的部位，应力的分布就特别不均匀，在某些点的应力值可能比平均应力值大许多倍，这种现象称为应力集中。造成应力集中的原因很多，而焊缝中存在工艺缺陷是其中一个很重要的因素。焊缝内存在的裂纹、未焊透及其他带尖缺口的缺陷，使焊缝截面不连续，产生突变部位，在外力作用下将产生很大的应力集中。当应力超过缺陷前端部位金属材料的断裂强度时，材料就会开裂破坏。

(2)缩短使用寿命。对于承受低周疲劳载荷的构件，如果焊缝中的缺陷尺寸超过一定界限，循环一定周次后，缺陷会不断扩展，长大，直至引起构件发生断裂。

(3)造成脆裂，危及安全。脆性断裂是一种低应力断裂，是结构件在没有塑性变形情况下，产生的快速突发性断裂，其危害性很大。焊接质量对产品的脆断有很大的影响。

3. 焊接变形

工件焊后一般都会产生变形，如果变形量超过允许值，就会影响使用。焊接变形的几个例子如图 10-11 所示。

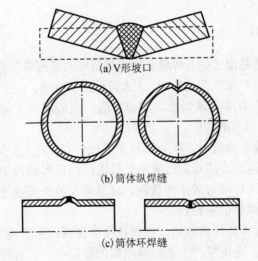

(a) V形坡口

(b) 筒体纵焊缝

(c) 筒体环焊缝

图 10-11 焊接变形示意图

产生焊接变形的主要原因是焊件不均匀地局部加热和冷却。因为焊接时，焊件仅在局部区域被加热到高温，离焊缝愈近，温度愈高，膨胀也愈大。但是，加热区域的金属因受到周围温度较低的金属阻止，却不能自由膨胀；而冷却时又由于周围金属的牵制不能自由地收缩。结果这部分加热的金属存在拉应力，而其他部分的金属则存在与之平衡的压应力。当这些应力超过金属的屈服极限时，将产生焊接变形；当超过金属的强度极限时，则会出现裂缝。

4. 焊缝的外部缺陷

(1) 焊缝增强过高。如图 10-12 所示，当焊接坡口的角度开得太小或焊接电流过小时，均会出现这种现象。焊件焊缝的危险平面已从 $M—M$ 平面过渡到熔合区的 $N—N$ 平面，由于应力集中易发生破坏，因此，为提高压力容器的疲劳寿命，要求将焊缝的增强高铲平。

(2) 焊缝过凹。如图 10-13 所示，因焊缝工作截面的减小而使接头处的强度降低。

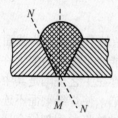

图 10-12　焊缝增高过强

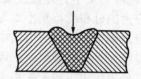

图 10-13　焊缝过凹

(3) 焊缝咬边。在工件上沿焊缝边缘所形成的凹陷叫咬边。它不仅减少了接头工作截面，而且在咬边处造成严重的应力集中。

(4) 焊瘤。熔化金属流到溶池边缘未溶化的工件上，堆积形成焊瘤，它与工件没有熔合。焊瘤对静载强度无影响，但会引起应力集中，使动载强度降低。

(5) 烧穿。烧穿是指部分熔化金属从焊缝反面漏出，甚至烧穿成洞，它使接头强度下降。

以上五种缺陷存在于焊缝的外表，肉眼就能发现，并可及时补焊。如果操作熟练，一般是可以避免的。

5. 焊缝的内部缺陷

(1) 未焊透。未焊透是指工件与焊缝金属或焊缝层间局部未熔合的一种缺陷。未焊透减弱了焊缝工作截面，造成严重的应力集中，大大降低接头强度，它往往成为焊缝开裂的根源。

(2) 夹渣。焊缝中夹有非金属熔渣，即称夹渣。夹渣减少了焊缝工作截面，造成应力集中，会降低焊缝强度和冲击韧性。

(3) 气孔。焊缝金属在高温时，吸收了过多的气体(如 H_2)或由于溶池内部冶金反应产生的气体(如 CO)，在溶池冷却凝固时来不及排出，而在焊缝内部或表面形成孔穴，即为气孔。气孔的存在减少了焊缝有效工作截面，降低接头的机械强度。若有穿透性或连续性气孔存在，会严重影响焊件的密封性。

(4) 裂纹。焊接过程中或焊接以后，在焊接接头区域内所出现的金属局部破裂叫裂纹。裂纹可能产生在焊缝上，也可能产生在焊缝两侧的热影响区。有时产生在金属表面，有时产生在金属内部。通常按照裂纹产生的机理不同，可分为热裂纹和冷裂纹两类。

① 热裂纹。热裂纹是在焊缝金属中由液态到固态的结晶过程中产生的，大多产生在焊缝金属中。其产生原因主要是焊缝中存在低熔点物质(如 FeS，熔点 1193℃)，它削弱了晶粒间的联系，当受到较大的焊接应力作用时，就容易在晶粒之间引起破裂。焊件及焊条内含 S、Cu 等杂质多时，就容易产生热裂纹。

热裂纹有沿晶界分布的特征，当裂纹贯穿表面与外界相遇时，则具有明显的氢化倾向。

② 冷裂纹。冷裂纹是在焊后冷却过程中产生的，大多产生在基体金属或基体金属与焊缝交界的熔合线上。其产生的主要原因是由于热影响区或焊缝内形成了淬火组织，在高应力作用下，引起晶粒内部的破裂，焊接含碳量较高或合金元素较多的易淬火钢材时，最易产生冷裂纹。焊缝中熔入过多的氢，也会引起冷裂纹。

裂纹是最危险的一种缺陷，它除了减少承载截面之外，还会产生严重的应力集中，在使用中裂纹会逐渐扩大，最后可能导致构件的破坏。所以焊接结构中一般不允许存在这种缺陷，一经发现须铲去重焊。

10.7.2 焊接检验概述

焊接检验指在焊前和焊接过程中对影响焊接质量的因素进行系统的检查。焊接检验包括焊前检验和焊接过程中的质量控制，其主要内容有以下 5 点。

1. 原材料的检验

原材料指被焊金属和各种焊接材料，在焊接前必须查明牌号及性能，要求符合技术要求，牌号正确，性能合格。如果被焊金属材质不明时，应进行适当的成分分析和性能实验。选用焊接材料(电焊条)，是焊接前准备工作的重要环节，直接影响焊接质量，因而必须鉴定焊接材料(电焊条)的质量、工艺性能，做到合理选用、正确保管和使用。

2. 焊接设备的检查

在焊接前，应对焊接电源和其他焊接设备进行全面仔细的检查。检查的内容包括其工作性能是否符合要求，运行是否安全可靠等。

3. 装配质量的检查

一般焊件焊接工艺过程主要包括备料、装配、点固焊、预热、焊接、焊后热处理和检验等工作。确保装配质量，焊接区应清理干净，特别是坡口的加工及其表面状况会严重地影响焊缝质量。坡口尺寸在加工后应符合设计要求，而且在整条焊缝长度上应均匀一致；坡口边缘在加工后应平整光洁，采用氧气切割时，坡口两侧的棱角不应熔化；对于坡口上及其附近的污物，如油漆、铁锈、油脂、水分、气割的熔渣等应在焊前清除干净。点固焊时应注意检查焊缝的对口间隙、错口和中心线偏斜程度。坡口上母材的裂纹、分层都是产生焊接缺陷的因素。只有在确保装配质量、符合设计规定的要求后才能进行焊接。

4. 焊接工艺和焊接规范的检查

焊工在焊接的过程中，焊接工艺参数和焊接顺序都必须严格按照工艺文件规定的焊接规范执行。焊工的操作技能和责任心对焊接质量有直接的影响，应按规定经过培训、考试合格并持有上岗证书的焊工才能焊接正式产品。在焊接过程中应随时检查焊接规范是否变化，如焊条电弧焊时，要随时注意焊接电流的大小；气体保护焊时，应特别注意气体保护的效果。

对于重要工件的焊接，特别是新材料的焊接，焊前应进行工艺性能试验，并制定出相应的焊接工艺措施。焊工需先进行练习，在掌握了规定的工艺措施和要求并在操作熟练后，才能正式参加焊接。

5. 焊接过程中的质量控制

为了鉴定在一定工艺条件下焊成的焊接接头是否符合设计要求，应在焊前和焊接过程中焊制样品，有时也可以从实际焊件中抽出代表性试样，通过作外观检查和探伤试验，然后再加工成试样，进行各项性能试验。在焊接过程中，若发现有焊接缺陷，应查明缺陷的性质、大小、位置，找出原因及时处理。对于全焊接结构还要做全面强度试验。对于容器要进行致密性实验和水压实验等。

在整个焊接过程中都应有相应的技术记录，要求每条重要焊缝在焊后都要打上焊工钢印，作为技术的原始资料，便于今后检查。

生产实践说明平焊(尤其是船形焊)焊缝的质量容易保证、缺陷少，而仰焊、立焊等，既不易操作，又难以保证质量。必要时，应尽可能利用胎具、夹具，把要焊的地方调整到平焊位置，以保证焊接质量。同时，利用胎具、夹具对焊件进行定位夹紧，还可有效地减少焊接变形，保证焊接过程中焊件和焊接的稳定性，这对于保证装配质量、焊缝质量以及焊接的机械化和自动化都十分有利。

10.7.3　焊接检验

对焊接接头进行必要的检验是保证焊接质量的重要措施。因此，工件焊完后应根据产品技术要求对焊缝进行相应的检验，凡不符合技术要求所允许的缺陷，需及时进行返修。焊接质量的检验包括外观检查、无损探伤和机械性能试验三个方面。这三者是互相补充的，而以无损探伤为主。

1. 外观检查

外观检查一般以肉眼观察为主，有时用 5～20 倍的放大镜进行观察。通过外观检查，可发现焊缝表面缺陷，如咬边、焊瘤、表面裂纹、气孔、夹渣及焊穿等。焊缝的外形尺寸还可采用焊口检测器或样板进行测量。

2. 致密性检验

对于压力容器和管道焊接接头的缺陷，一般均采用致密性检验的方法，如渗透性试验、水压试验、气压试验及质谱检漏法。渗透性试验也称为渗透探伤，是把渗透能力很强的液体涂在焊件表面上，擦净后再涂上显示物质，使渗透到缺陷中的渗透液被吸附出来，从而显示出缺陷的位置、性质和大小。水压试验主要用于检验焊接容器上焊缝的严密性和强度，采用的试验压力为工作压力的 1.5～2 倍，升压前要排尽里面的空气，试验水温要高于局围空气的温度，以防止外表凝结露水。

3. 无损探伤

无损探伤除渗透探伤外还包括荧光探伤、磁粉探伤、射线探伤和超声波探伤等检验手段。

1）磁粉探伤

主要用来检查铁磁性材料表面和近表面的微小裂纹、夹渣等缺陷。磁粉探伤的原理如图 10-14 所示。将被检验的工件放在较强的磁场中，在焊接区撒上铁磁粉。当被检验表面和近表面有缺陷时，就相当于那里有一对磁极的局部磁场，就会吸引较多的铁磁粉，从而显示出缺陷的轮廓。只有当磁力线的方向与缺陷垂直时，检验的灵敏度才高。所以，在实际应用中，要从几个方向对焊件进行磁化，观察铁磁粉所显示出来的缺陷形状。

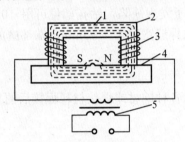

图 10-14　磁粉探伤原理图

1—磁力线；2—铁芯；3—线圈；4—试件；5—变压器

2）荧光探伤

其原理与渗透探伤相似，主要不同处是在渗透液中加入荧光粉。涂显示物质后，用水银石英灯照射焊件，利用水银石英灯发出的紫外线激发发光材料。所涂显示物质从缺陷中吸附出的渗透液，在紫外线的照射下发出萤光，从而显示出缺陷的形状。

3）射线探伤

射线探伤是用 X 射线或 γ 射线透过金属材料对照相胶片发生感光作用，从而判断和鉴定焊缝内部质量的方法，是检查焊缝内部缺陷的一种比较准确可靠的手段。

当 X 射线或 γ 射线通过被检查的焊缝时，由于焊缝内的缺陷对射线的衰减和吸收能力不同，使射线通过焊接接头的强度不一样，作用到感光胶片上，使胶片有不同程度的感光，胶片冲洗后，即可用来判断缺陷的位置、性质和大小。

对于母材厚度在 30mm 以下的工件，用 X 射线透视照相检查裂纹、未焊透、气孔和夹渣等焊接缺陷。对于厚度较大的工件，常用 γ 射线透视来识别焊接缺陷。

4）超声波探伤

金属探伤的超声波频率在 0.5～5MHz 之间，可在金属中传播很远的距离。当遇到两介质的分界面（缺陷）时，被反射回来，在荧光屏上形成反射脉冲波。根据脉冲波的位置和特征，就可以确定缺陷的位置、形状和大小。

超声波探伤主要用于厚壁焊件的探伤，检查裂纹的灵敏度较高。其缺点是判断缺陷性质的直观性差,而且对缺陷尺寸的判断不够准确,靠近表面层的缺陷不易被发现。

4. 破坏性检验

1)折断面检验

焊缝的折断面检查简单、迅速,不需要特殊设备,在生产中和安装工地现场广泛地采用。

折断面检查时,为保证焊缝在纵剖面处断开,可先在焊缝表面沿焊缝方向刻一条沟槽,铣、刨、锯均可,槽深约为焊缝厚度的 1/3,然后用拉力机械或锤子将试样折断,即可观察到焊接缺陷,如气孔、夹渣、未焊透和裂纹等。根据折断面有无塑性变形的情况,还可判断断口是韧性破坏还是脆性破坏。

2)钻孔检验

在无条件进行非破坏性检验的情况下,可以对焊缝进行局部钻孔检验。一般钻孔深度约为焊件厚度的 2/3,为了便于发现缺陷,钻孔部位可用 10%的硝酸水溶液浸蚀,检查后钻孔处予以补焊。钻头直径比焊缝宽度大 2～3mm,端部磨成 90° 角。

5. 机械性能试验

机械性能试验是为了评定各种钢材或焊接材料焊接后的接头和焊缝的机械性能。其试验内容如下。

1)拉伸试验

拉伸试验是为了测定焊接接头或焊缝金属的抗拉强度、屈服强度、断面收缩率和延伸率等机械性能指标。拉伸试样可以从焊接试验板或实际焊件中截取,试样的截取位置及形式见图 10-15。

2)弯曲试验

弯曲试验的目的是测定焊接接头的塑性,以试样任何部位出现第一条裂缝时的弯曲角度作为评定标准。也可以将试样弯到技术条件规定的角度后,再检查有无裂纹。弯曲试样的取样位置和弯曲试验的示意图如图 10-16、图 10-17 所示。

3)冲击试验

冲击试验是为测定焊接接头或焊缝金属在受冲击时的抗折断能力。通常是在一定温度下,把有缺口的冲击试样放在试验机上,测定试样的冲击值。试样的缺口位置与试验的目的有关,可以开在焊缝中间、熔合线上,或热影响区,如图 10-18 所示。

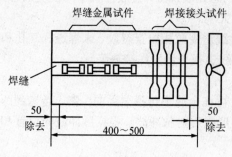

图 10-15　试样的截取位置及形式

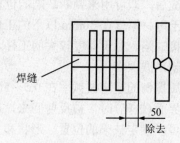

图 10-16　弯曲试样取样位置

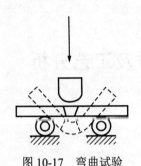

图 10-17 弯曲试验

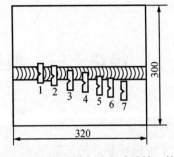

图 10-18 焊接试样上冲击试验缺口的位置

6. 化学分析试验

焊缝的化学分析试验是检查焊缝金属的化学成分。其试验方法通常用直径为 6mm 的钻头，从焊缝中钻取试样。一般常规分析需试样 50~60g。碳钢分析的元素有碳、锰、硅、硫和磷等；合金钢或不锈钢焊缝，需分析铬、钼、钒、钛、镍、铝、铜等；必要时还要分析焊缝中的氢、氧或氮的含量。

7. 焊接接头的金相组织检验

焊接接头的金相组织检验是在焊接试板上截取试样，经过打磨、抛光、浸蚀等步骤，然后在金相显微镜下进行观察，可以观察到焊缝金属中各种夹杂物的数量及其分布、晶粒的大小以及热影响区的组织状况。必要时可把典型的金相组织摄制成金相照片，为改进焊接工艺、选择焊条、制定热处理规范提供必要的资料。

习　　题

1. 什么是焊接？常用的焊接方法有哪几种？
2. 焊接过程中有哪些有害因素？我们如何防护？
3. 常见的焊接位置有哪几种？各有什么特点？
4. 什么是碱性焊条？什么是酸性焊条？它们有什么区别？适用什么场合？
5. 焊条电弧焊为什么要运条？如何运条？
6. 埋弧焊用到的焊接材料有哪些？各有什么作用？
7. 埋弧焊常见的缺陷有哪些？如何防止？
8. 气体保护焊如何分类？二氧化碳气体保护焊和钨极氩弧焊有什么区别？
9. 什么叫钎焊？常见的钎料有哪几种？
10. 什么叫电阻焊？电阻焊如何分类？
11. 激光焊和电子束焊有什么区别？
12. 什么叫焊接变形？如何防止焊接变形？
13. 焊接裂纹有哪些危害？如何防止焊接裂纹？
14. 无损检测方法有哪几种？

模块十一　典型零件的选材及工艺分析

知识目标：

1. 了解机械零件的失效形式；
2. 了解零件选用材料的一般原则；
3. 掌握典型零件的选材，会对其进行工艺分析。

技能目标：

1. 能对典型机械零件进行选材；
2. 能对典型机械零件进行工艺分析。

教学重点：

零件选用材料的一般原则。

教学难点：

典型零件的选材及工艺分析。

11.1　机械零件的失效形式

11.1.1　机械零件的失效形式分析

机械零件由于各种原因造成不能完成规定的功能称为机械零件失效，简称失效。为了使机械零件可靠工作，在设计机械零件时应首先进行失效分析，即通过理论计算、实验和实际观察等方式，充分预计机械零件在一定的工作条件下可能的失效，并采取有效措施加以避免。

根据零件承受载荷的类型和失效的特点，可将失效分为三大类，即变形失效、断裂失效、表面损伤失效。如图 11-1 所示。

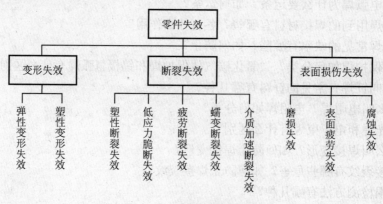

图 11-1　零件失效种类图

1. 变形失效

变形失效是指零件在工作过程中产生了超过其允许范围内的变形量，导致零件无法正常工作的现象。主要包括弹性变形失效、塑形变形失效。

当应力或温度引起零件可恢复的弹性变形大到足以妨碍装备正常发挥预定功能时，即产生弹性变形失效。弹性变形是受力作用时的必然结果，一般不会失效。但在一些精密机械中，对零件的尺寸和匹配关系要求严格，当弹性变形超过规定的限量(在弹性极限以内)时，会造成零件的不正常匹配关系。

当受力零件产生不可恢复的塑性变形大到足以妨碍装备正常发挥预定功能时，即产生塑形变形失效。在零件正常工作时，塑性变形一般是不允许的，它的出现说明零件受力过大。

2. 断裂失效

断裂失效是指零件完全断裂而在工作中丧失或达不到预期工能。断裂失效是机械产品最主要和最具危险性的失效。例如，钢丝绳在吊运过程中的断裂。断裂方式有：韧性断裂、脆性断裂、疲劳断裂、蠕变断裂等。

1) 韧性断裂失效

又叫延性断裂和塑性断裂，即零件断裂之前，在断裂部位出现较为明显的塑性变形。在工程结构中，韧性断裂一般表现为过载断裂，即零件危险截面处所承受的实际应力超过了材料的屈服强度或强度极限而发生的断裂。

在正常情况下，机载零件的设计都将零件危险截面处的实际应力控制在材料的屈服强度以下，一般不会出现韧性断裂失效。

2) 脆性断裂失效

零件在不产生明显塑性变形情况下发生的断裂称作脆性断裂，因其断裂应力低于材料的屈服强度，故又称作低应力断裂。

由于脆性断裂大都没有事先预兆，突发性强，对机械设备以及人身安全常常造成极其严重的后果。因此，脆性断裂是人们力图予以避免的一种断裂失效模式。

3) 疲劳断裂失效

工程构件在交变应力作用下，经一定循环周次后发生的断裂称作疲劳断裂。工程实际中，较多的机器零件承受的应力都是呈周期性变化的，称为循环交变应力。如活塞式发动机的曲轴、传动齿轮，涡轮发动机的主轴、涡轮盘与叶片，飞机螺旋桨以及各种轴承等。这些零件的失效，据统计 60%～80%是属于疲劳断裂失效。疲劳破坏表现为突然断裂，断裂前无明显变形。不用特殊探伤设备，无法检测损伤痕迹。除定期检查外，很难防范偶发性事故。

4) 蠕变断裂失效

蠕变是指材料在长时间的恒温、恒载荷作用下缓慢地产生塑性变形的现象。产生的断裂叫作蠕变断裂。

3. 表面损伤失效

由于磨损、疲劳、腐蚀等原因，使零部件表面失去正常工作所必需的形状、尺寸和表面粗糙度造成的失效，称为表面损伤失效。

1) 磨损失效

两个相互接触的零部件发生相对运动时，表面发生磨损，造成零部件尺寸变化、精度降低的现象，称为磨损失效。例如轴与轴承、齿轮的啮合，活塞环与汽缸套等长时间使用就会发生磨损失效。

工程上通过以下几个方面提高材料的耐磨性：进行表面强化；提高材料的硬度；增加材料组织中均匀、细小的硬质相数量；选择合理的摩擦副硬度配比；提高零部件表面加工质量；改善润滑条件等。

2) 腐蚀失效

由于化学或电化学腐蚀而造成零部件尺寸和性能的改变而导致的失效称为腐蚀失效。合理地选用耐腐蚀材料，在材料表面涂覆防护层，采用电化学保护及采用缓蚀剂等可有效提高材料的抗腐蚀能力。

3) 表面疲劳失效

表面疲劳失效是指两个相互接触的零部件相对运动时，在交变接触应力作用下，零部件表面层材料发生疲劳而脱落所造成的失效。

11.1.2　机械零件的失效原因分析

造成零部件失效的原因很多，在实际生产中，零件失效往往是几个因素综合作用的结果。归纳起来可分为设计、材料、加工和安装使用四个方面。可能的原因如下。

1. 设计不合理

零部件设计不合理主要表现在零部件尺寸和结构设计上，零件的高应力区存在明显的应力集中源，例如过小的过渡圆角、缺口、尖角等会造成较大的应力集中而导致失效。另外，对零部件的工作条件及过载情况估计不足，所设计的零部件承载能力不够；或对环境的恶劣程度估计不足，忽略和低估了温度、介质等因素的影响等，造成零部件过早失效。

2. 选材不合理

选材不当是材料方面导致失效的主要原因。最常见的是设计人员仅根据材料的常规性能指标来作出决定，而这些指标不能反映材料对实际失效形式的抗力，不能满足工作条件的要求；材料本身的缺陷(如缩孔、疏松、气孔、夹杂、微裂纹等)也导致零件失效。

3. 加工工艺不当

零部件在加工或成形过程中，由于采用的工艺不当而产生各种质量缺陷。如热处理工艺控制不当导致过热、脱碳、回火不足、淬火变形和开裂等；锻造工艺不良造成带状组织、过热或过烧现象等；冷加工工艺不良造成光洁度太低，刀痕过深、磨削裂纹等都可导致零件的失效。

4. 装配使用不当

在将零部件装配成机器或装置的过程中，由于装配不当、对中不好、过紧或过松都会使零部件产生附加应力或振动，使零部件不能正常工作，造成零部件的失效。使用维护不良，不按工艺规程操作，也可使零部件在不正常的条件下运转，造成零部件过早失效。

11.2　选用材料的一般原则

在掌握各种工程材料性能的基础上，正确、合理地选择和使用材料是从事工程构件和机械零件设计与制造的工程技术人员的一项重要的任务。要做到合理选材，应是在满足零件使用性能的基础之上，最大限度地发挥材料的潜力，既要考虑材料的成本又要考虑加工的难度和成本。即从材料的使用性能、工艺性能和经济性三个方面进行考虑。

11.2.1　使用性能原则

使用性能是保证零部件完成指定功能的必要条件。使用性能是指零部件在工作过程中应具备的力学性能、物理性能和化学性能，它是保证零部件具备规定功能的必要条件，是选材时首先应该考虑的因素。对于机械零部件，最重要的使用性能是力学性能。

1. 分析零部件的工作条件

零部件的工作条件是复杂的。工作条件分析包括受力状态(拉、压、弯、剪切)、载荷性质(静载、动载、交变载荷)、载荷大小及分布、工作温度(低温、室温、高温、变温)、环境介质(润滑剂、海水、酸、碱、盐等)、对零部件的特殊性能要求(电、磁、热)等。在对工作条件进行全面分析的基础上确定零部件的使用性能。

2. 分析零部件的失效原因

零部件的性能指标的确定大多是根据零部件的失效形式来确定的，例如，曲轴在工作时承受冲击、交变等载荷作用，而失效分析表明，曲轴的主要失效形式是疲劳断裂，而不是冲击断裂，因此应以疲劳抗力作为主要使用性能要求来进行曲轴的设计。制造曲轴的材料也可由锻钢改为价格便宜、工艺简单的球墨铸铁。表 11-1 列出了几种常见零部件的工作条件、失效形式及对性能的要求。

表 11-1　几种常用零部件的工作条件及对性能要求

零部件	工作条件		失效形式	主要力学性能
	承受应力	载荷性质		
紧固螺栓	拉、剪	静	过量变形、断裂	强度、塑性
传动齿轮	压、弯	循环、冲击	磨损、麻点、剥落、疲劳断裂	表面硬度、疲劳强度、心部韧性
传动轴	弯、剪	循环、冲击	疲劳断裂、过量变形、轴颈磨损	综合力学性能
弹　簧	弯、剪	循环、冲击	疲劳断裂	屈强比、疲劳强度
连　杆	拉、压	循环、冲击	断裂	综合力学性能
轴　承	压	循环、冲击	磨损、麻点剥落、疲劳断裂	硬度、按触疲劳强度
冷作模具	复杂	循环、冲击	磨损、断裂	硬度、足够的强度和韧性

3. 对零部件的使用性能要求转化为对材料性能指标的要求

有了对零部件使用性能的要求，还不能马上进行选材。还需要通过分析、计算或模拟试验将使用性能要求指标化和量化。需根据零部件的尺寸及工作时所承受的载荷，计算出应力分布，再由工作应力、使用寿命或安全性与材料性能指标的关系，确定性能指标的具体数值。例如"高硬度"这一使用性能要求，需转化为具体的材料硬度值："＞60HRC"或"62～65HRC"等。

4. 材料的预选

根据对零部件材料性能指标数据的要求查阅有关手册，找到合适的材料，根据这些材料的大致应用范围进行判断、选材。对用预选材料设计的零部件，其危险截面在考虑安全系数后的工作应力，必须小于所确定的性能指标数据值。然后再比较加工工艺的可行性和制造成本的高低、以最优方案的材料作为所选定的材料。

11.2.2　工艺性能原则

材料的工艺性能表示材料加工的难易程度。任何零部件都要由所选材料通过一定的加工工艺制造出来。因此在满足材料使用性能的同时，必须兼顾材料的工艺性能。工艺性能的好坏，直接影响零部件的质量、生产效率和成本。工艺性能对大批量生产的零部件尤为重要，因为在大批量生产时，工艺周期的长短和加工费用的高低，常常是生产的关键。

1. 金属材料的工艺性能

金属材料的工艺性能是指金属采用某种加工方法制成成品的难易程度，包括：切削加工性能、材料的成形性能(铸造、锻造、焊接)和热处理性能(淬透性、变形、氧化和脱碳倾向等)。

铸造性能主要指流动性、收缩性、热裂倾向性、偏折和吸气性等。接近共晶成分合金的铸造性能最好。铸铁、硅铝明等一般都接近共晶成分。铸造铝合金和铜合金的铸造性能优于铸铁，铸铁又优于铸钢。

锻造性能主要指冷、热压力加工时的塑性变形能力以及可热压力加工的温度范围，抗氧化性和对加热、冷却的要求等。低碳钢的锻造性最好，中碳钢次之，高碳钢则较差。低合金钢的锻造性接近中碳钢。高碳高合金钢(高速钢、高镍铬钢等)由于导热性差、变形抗力大、锻造温度范围小，其锻造性能较差，不能进行冷压力加工。形变铝合金和铜合金的塑性好，其锻造性较好。铸铁、铸造铝合金不能进行冷热压力加工。

切削加工性能是指材料接受切削加工的能力。一般用切削硬度、被加工表面的粗糙度、排除切屑的难易程度以及对刀具的磨损程度来衡量。材料硬度在160～230HB范围内时，切削加工性能好。硬度太高，则切削抗力大，刀具磨损严重，切削加工性下降。硬度太低，则不易断屑，表面粗糙度加大，切削加工性也差。高碳钢具有球状碳化物组织时，其切削加工性优于层片状组织。马氏体和奥氏体的切削加工性差。高碳高合金钢(高速钢、高镍铬钢等)切削加工性也差。

焊接性能是指金属接受焊接的能力。一般以焊接接头形成冷裂或热裂以及气孔等缺陷的倾向大小来衡量。碳的质量分数大于 0.45% 的碳钢和碳的质量分数大于 0.38% 的合金钢，其焊接性能较差，碳的质量分数和合金元素的质量分数越高、焊接性能越差，铸铁则很难焊接。铝合金和铜合金，由于易吸气、散热快，其焊接性比碳钢差。

热处理工艺性能主要指淬透性、变形开裂倾向及氧化、脱碳倾向等。钢和铝合金、钛合金都可以进行热处理强化。合金钢的热处理工艺性能优于碳钢，形状复杂或尺寸大、承载高的重要零部件要用合金钢制作。碳钢碳的质量分数越高，其淬火变形和开裂倾向越大。选渗碳用钢时，要注意钢的过热敏感性；选调质钢时，要注意钢的高温回火脆性；选弹簧钢时，要注意钢的氧化、脱碳倾向。

2. 高分子材料工艺性能

高分子材料的加工工艺比较简单，主要是成形加工，成形加工方法也比较多。高分子材料的切削加工性能较好，与金属基本相同。但由于高分子材料的导热性差，在切削过程中易使工件温度急剧升高，使热塑性塑料变软，使热固性塑料烧焦。

3. 陶瓷材料的工艺性能

陶瓷材料的加工工艺路线为：备料→成形加工(配料、压制、烧结)→磨加工→装配。陶瓷材料的加工工艺也比较简单，主要工艺是成形。按零部件的形状、尺寸精度和性能要求的不同，可采用不同的成形加工方法(粉浆、热压、挤压、可塑)。陶瓷材料的切削加工性差，除了采用碳化硅或金刚石砂轮进行磨加工外，几乎不能进行任何切削加工。

11.2.3　经济性原则

选材的经济性原则是在满足使用性能要求的前提下，采用便宜的材料，使零部件的总成本，包括材料的价格、加工费、试验研究费、维修管理费等达到最低，以取得最大的经济效益。为此，材料选用应充分利用资源优势，尽可能采用标准化、通用化的材料，以降低原材料成本，减少运输、实验研究费用。选用一般碳钢和铸铁能满足要求的，就不应选用合金钢。在满足使用要求的条件下，可以铁代钢，以铸代锻、以焊代锻，有效降低材料成本、简化加工工艺。例如用球墨铸铁代替锻钢制造中、低速柴油机曲轴、铣床主轴，其经济效益非常显著。对于要求表面性能高的零部件，可选用低廉的钢种进行表面强化处理来达到要求。

当然，选材的经济性原则并不仅是指选择价格最便宜的材料，或是生产成本最低的产品，而是指运用价值分析、成本分析等方法，综合考虑材料对产品功能和成本的影响，从而获得最优化的技术效果和经济效益。例如，一些能影响整体生产装置中的关键零部件，如果选用便宜材料制造，则需经常更换，其换件时停车所造成的损失可能大得多，这时选用性能好、价格高的材料，其总成本仍可能是最低的。

11.2.4　选择材料的一般方法

材料的选择是一个比较复杂的决策问题。目前还没有一种确定选材最佳方案的精确方法。它需要设计者熟悉零件的工作条件和失效形式，掌握有关的工程材料的理论及应用知识、机械加工工艺知识以及较丰富的生产实际经验。通过具体分析，进行必要的试验和选材方案对比，最后确定合理的选材方案。对于成熟产品中相同类型的零件、通用和简单零件，则大多数采用经验类比法来选择材料。另外，零件的选择一般需借助国家标准、部颁标准和有关手册。

选材一般可分为以下几个步骤：

(1)对零件的工作特性和使用条件进行周密的分析，找出主要的失效方式，从而恰当地提出主要抗力指标。

(2)根据工作条件需要和分析，对该零件的设计制造提出必要的技术条件。

(3)根据所提出的技术条件要求和工艺性、经济性方面的考虑，对材料进行预选择。材料的预选择通常是凭积累的经验，通过与类似的机器零件的比较和已有实践经验的判断，或者通过各种材料选用手册来进行选择。

(4)对预选方案材料进行计算，以确定是否能满足上述工作条件要求。

(5)材料的二次(或最终)选择。二次选择方案也不一定只是一种方案，也可以是若干种方案。

(6)通过实验室试验、台架试验和工艺性能试验，最终确定合理的选材方案。

(7)最后，在中、小型生产的基础上，接受生产考验。以检验选材方案的合理性。

11.3　典型零件选材及应用

11.3.1　机床零件的用材分析

机床零件的品种繁多，按结构特点、功用和受载特点可分为轴类零件、齿轮类零件、机床导轨等。

1. 机床轴类零件的选材

机床主轴是机床中最主要的轴类零件。机床类型不同，主轴的工作条件也不一样。根据主轴工作时所受载荷的大小和类型，大体上可以分为四类。

(1)轻载主轴。工作载荷小，冲击载荷不大，轴颈部位磨损不严重，例如普通车床的主轴。这类轴一般用 45 钢制造，经调质或正火处理，在要求耐磨的部位采用高频表面淬火强化。

(2)中载主轴。中等载荷，磨损较严重，有一定的冲击载荷，例如铣床主轴。一般用合金调质钢制造，如 40Cr 钢，经调质处理，要求耐磨部位进行表面淬火强化。

(3)重载主轴。工作载荷大，磨损及冲击都较严重，例如工作载荷大的组合机床主轴。一般用 20CrMnTi 钢制造，经渗碳、淬火处理。

(4)高精度主轴。有些机床主轴工作载荷并不大，但精度要求非常高，热处理后变形应极小。工作过程中磨损应极轻微，例如精密镗床的主轴。一般用 38CrMoAlA 专用氮化钢制造，经调质处理后，进行氮化及尺寸稳定化处理。

过去，主轴几乎全部都是用钢制造的，现在轻载和中载主轴已经可用球墨铸铁制造。

2. 机床齿轮类零件的选材

机床齿轮按工作条件分为三类。

(1)轻载齿轮。转动速度一般都不高，大多用 45 钢制造，经正火或调质处理。

(2)中载齿轮。一般用 45 钢制造，正火或调质后，再进行高频表面淬火强化，以提高齿轮的承载能力及耐磨性。对大尺寸齿轮，则需用 40Cr 等合金调质钢制造。一般机床主传动系统及进给系统中的齿轮，大部分属于这一类。

(3)重载齿轮。对于某些工作载荷较大，特别是运转速度高又承受较大冲击载荷的齿轮大多用 20Cr、20CrMnTi 等渗碳钢制造，经渗碳、淬火处理后使用。例如变速箱中一些重要传动齿轮等。

3. 机床导轨的选材

机床导轨的精度对整个机床的精度有很大的影响。必须防止其变形和磨损，所以机床导轨通常都是选用灰口铸铁制造，如 HT200 和 HT350 等。灰口铸铁在润滑条件下耐磨性较好，但抗磨粒磨损能力较差。为了提高耐磨性，可以对导轨表面进行淬火处理。

11.3.2　汽车零件的用材分析

1. 发动机和传动系统零件的选材

汽车发动机和传动系统零件中有大量的齿轮和轴，同时还有在高温下工作的零件(进气阀、排气阀、活塞等)，它们的用材一般都是根据使用经验来选择的。对于不同类型的汽车和不同的生产厂，发动机和传动系统的选材是不相同的。应该根据零件的具体工作条件及实际的失效方式，通过大量的计算和试验选出合适的材料。

2. 减轻汽车自重的选材

随着能源和原材料供应的日趋短缺，人们对汽车节能降耗的要求越来越高。而减轻自重可提高汽车的重量利用系数，减少材料消耗和燃油消耗，这在资源、能源的节约和经济价值方面具有非常重要的意义。

减轻自重所选用的材料，比传统的用材应该更轻且能保证使用性能。比如，用铝合金或镁合金代替铸铁，重量可减轻至原来的 1/3～1/4，但并不影响其使用性能；采用新型的双相钢板材代替普通的低碳钢板材生产汽车的冲压件，可以使用比较薄的板材，减轻自重，又不降低构件的强度；在车身和某些不太重要的结构件中，采用塑料或纤维增强复合材料代替钢材，也可以降低自重并减少能耗。

11.3.3　热能装置的用材分析

热能装置主要指动力工程中所用的各种装置，如锅炉、汽轮机等。这类装置中很多零件都在高温下工作，因此必须选用各种高温材料，如耐热钢及高温合金等。

以锅炉—汽轮机的选材为例，锅炉—汽轮机的零、部件按工作温度可把零件分为两大类。一类的工作温度在 350℃ 以下，可不考虑高温蠕变现象，选材方法与一般的机械装置类似。另一类的工作温度在 350℃ 以上，这类零件的选材，首先应考虑工作温度，其次考虑应力大小。以锅炉管为例，某些高温高压锅炉的温度可达 600℃ 左右，其主要失效方式是爆裂，它是由蠕变断裂引起的。因此锅炉管的材料应具有足够高的持久强度、蠕变断裂塑性及蠕变极限。一般锅炉管都按持久强度设计，根据工作温度、管内压力及尺寸算出工作时管壁所受应力。表 11-2 中列出了几种主要耐热钢的持久强度值。对于一般的高、中压锅炉，材料的持久强度值在 60～80MPa 以上即可满足工作要求。由表 11-2 还可以看出，低碳钢 20A 只能用于工作温度低于 450℃，而 12Cr1MoV 的工作温度可以高于 580℃。

表 11-2　几种耐热钢的持久强度值

钢种	20A	15CrMo	12CrlMoV	12Cr3MoVSiTiB	Crl7Ni13W
温度/℃	450	550	580	600	600
持久强度/MPa	65	～70	80	～100	140

11.3.4　典型零件的选材实例

1. 机床主轴

图 11-2 是 C620 车床主轴的结构简图。车床主轴受交变弯曲和扭转复合应力作用，但载荷和转速均不高，冲击载荷也不大，所以具有一般综合机械性能即可满足要求。但大端的轴颈、锥孔与卡盘、顶尖之间有摩擦，这些部位要求有较高的硬度和耐磨性。大多采用45 钢制造，并进行调质处理，轴颈处由表面淬火来强化。载荷较大时则用 40Cr 等低合金结构钢来制造。

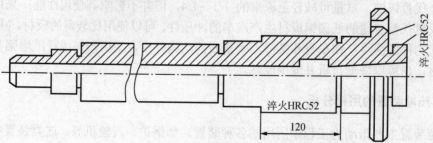

图 11-2　C620 车床主轴及热处理技术条件

对 C620 车床主轴的选材结果如下。

材料：45 钢。

热处理：整体调质，轴颈及锥孔表面淬火。

性能要求：整体硬度 220～240 HB；轴颈及锥孔处硬度 52HRC。

工艺路线：锻造→正火→粗加工→调质→精加工→表面淬火及低温回火→磨削。

该轴工作应力很低，冲击载荷不大，45 钢处理后屈服极限可达 400MPa 以上，完全可满足要求。现在有部分机床主轴已经可以用球墨铸铁制造。

2. 汽车半轴

汽车半轴是典型的受扭矩的轴件，但工作应力较大，且受相当大的冲击载荷，其结构如图 11-3 所示。最大直径达 50mm 左右，用 45 钢制造时，即使水淬也只能使表面淬透深度为 10%半径。为了提高淬透性，并在油中淬火防止变形和开裂，中、小型汽车的半轴一般用 40Cr 制造，重型车用 40CrMnMo 等淬透性很高的钢制造。

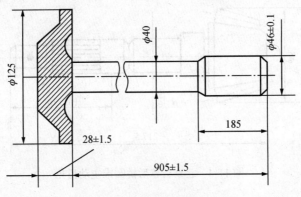

图 11-3　130 载重车半轴简图

例：130 载重车半轴。

材料：40Cr。

热处理：整体调质。

性能要求：杆部 37～44HRC；盘部外圆 24～34HRC。

工艺路线：下料→锻造→正火→机械加工→调质→盘部钻孔→磨花键。

3. 机床齿轮

机床中的齿轮担负着传递动力、改变运动速度和运动方向的任务。一般机床中的齿轮精度大部分是 7 级精度。实践证明，机床齿轮工作中受力不大，转速中等，工作平稳无强烈冲击，因此其齿面强度、心部强度和韧性的要求均不太高，一般机床齿轮选用中碳钢制造，并经高频感应热处理，所得到的硬度、耐磨性、强度及韧性能满足要求。对于一部分要求较高的齿轮，可用合金调质钢(如 40Cr 等)制造。这时心部强度及韧性都有所提高，弯曲疲劳及表面疲劳抗力也都增大。

下面以 C616 机床中齿轮为例分析。

材料：45 钢。

热处理：正火或调质，齿部高频淬火和低温回火。

性能要求：齿轮心部硬度为 220～250 HB；齿面硬度 52HRC。

工艺路线：下料→锻造→正火或退火→粗加工→调质或正火→精加工→高频淬火→低温回火(拉花键孔)→精磨。

4. 汽车齿轮

汽车齿轮的工作条件较为恶劣，特别是主传动系统中的齿轮，它们受力较大，超载与受冲击频繁，因此对材料的要求较高。由于弯曲与接触应力都很大，用高频淬火强化表面不能保证要求，所以汽车的重要齿轮都用渗碳、淬火进行强化处理。因此这类齿轮一般都用合金渗碳钢 20Cr 或 20CrMnTi 等制造，特别是后者在我国汽车齿轮生产中应用最广。为了进一步提高齿轮的耐用性，除了渗碳、淬火外，还可以采用喷丸处理等表面强化处理工艺。喷丸处理后，齿面硬度可提高 1～3HRC，耐用性可提高 7～11 倍。

例：图 11-4 所示为北京牌吉普车后桥圆锥主动齿轮。

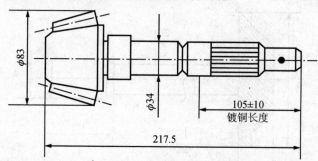

图 11-4　北京吉普后桥圆锥主动齿轮

材料：20CrMnTi 钢。

热处理：渗碳、淬火、低温回火，渗碳层深 1.2～1.6mm。

性能要求：齿面硬度 58～62HRC，心部硬度 33～48HRC。

工艺路线：下料→锻造→正火→切削加工→渗碳、淬火、低温回火→磨加工。

5. 175A 型农用柴油发动机曲轴

如图 11-5 所示，柴油发动机曲轴的承受载荷不大，但滑动轴承中工作轴颈部要有较高硬度及耐磨。

材料：QT700—2。

性能要求：$\sigma_b \geqslant 750$ MPa，整体硬度 240～260 HBS，轴颈表面硬度 $\geqslant 625$ HV，$\delta \geqslant 2\%$，$a_k \geqslant 150$ kJ/m^2。

工艺路线：铸造→高温正火→高温回火→切削加工→轴颈气体渗氮。

以上各类零件的选材，只能作为机械零件选材时进行类比的参照。其中不少是长期经验积累的结果。经验固然很重要，但若只凭经验是不能得到最好的效果的。在具体选材时，还要参考有关的机械设计手册、工程材料手册，结合实际情况进行初选，重要零件在初选后，需进行强度计算校核，确定零件尺寸后，还需审查所选材料淬透性是否符合要求，并确定热处理技术条件。目前比较好的方法是，根据零件的工作条件和失效方式，对零件可选用的材料进行定量分析，然后参考有关经验作出选材的最后决定。

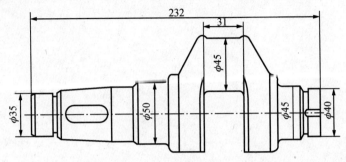

图 11-5　175A 型农用柴油发动机曲轴简图

习　题

1. 零件选材的一般原则是什么？

2. 什么是零件的失效？常见的失效形式有哪些？

3. 零件的选材的经济性应从哪些方面考虑？

4. 有 20CrMnTi、38CrMoAl、T12、ZG45 等四种钢材，请选择一种钢材制作汽车变速箱齿轮(高速中载受冲击)，并写出工艺路线，说明各热处理工序的作用。

5. C618 机床变速箱齿轮(该齿轮尺寸不大，其厚度为 15mm)工作时转速较高，性能要求如下：齿的表面硬度 50～56HRC，齿心部硬度 22～25HRC，整体强度 σ_b＝760～800MPa，整体韧性 a_k＝40～60J/cm^2。请从下列材料中进行合理选用，并制订其工艺流程：35、45、T12、20CrMnTi、38CrMoAl、0Cr18Ni9Ti、W18Cr4V。

6. 某汽车齿轮选用 20CrMnTi 材料制作，其工艺路线如下：下料→锻造→正火①→切削加工→渗碳②→淬火③→低温回火④→喷丸→磨削加工。请分别说明上述①、②、③、④四项热处理工艺的目的及工艺埋弧焊用到的焊接材料有哪些？各有什么作用？

7. 车床主轴要求轴颈部位的硬度为 56～58HRC，其余地方为 20～24HRC，其加工路线如下：锻造→正火→机加工→轴颈表面淬火→低温回火→磨加工。请说明：

(1)主轴应采用何种材料；

(2)正火的目的和大致处理工艺；

(3)表面淬火的目的和大致处理工艺；

(4)低温回火的目的和大致处理工艺；

(5)轴颈表面的组织和其余地方的组织。